英国人威廉·丹皮尔（1652~1715）是第一个三次环游世界的人

马可·波罗是意大利威尼斯商人、旅行家、探险家

蒙戈·帕克（1771~1806）是一名英国探险家，被认为是第一个考察尼日尔河的西方人

张骞，西汉时期著名的外交家、探险家，"丝绸之路"的开拓者

瓦斯科·达·伽马（1469~1524）是历史上第一位从欧洲航海到印度的人（1498年）

雅克·卡蒂埃（1491~1557）为欧洲人开启了加拿大的大门

由里夫·埃里克森（960~1025）领导的维京人可能是第一批到达美洲大陆的白人

郑和（1371~1433），中国明代航海家、外交家、宦官

亚美利哥·韦斯普奇（1451~1525）意大利的商人、航海家、探险家和旅行家

乘危历险

"维多利亚号"是麦哲伦舰队中唯一一艘成功返回西班牙的船,图为该船的复制品

巴伦支乘坐的探险船(绘画)

哥伦布首航舰队旗舰"圣玛利亚号"(仿制品)

郑和下西洋用的宝船,在旁的是哥伦布的船(模型)

1901年8月,英国极地探险家斯科特率领"发现号"离开英国,开始第一次远征南极

盛行于15世纪的卡拉维尔帆船,在大航海时代常被用作远洋探险航行(模型)

乘危历险

探索自然丛书编委会　编

科学普及出版社

POPULAR SCIENCE PRESS

自然科学普及读物

世界最高峰——珠穆朗玛峰

丝绸之路中线的交河故城

好望角。1487年，巴尔托洛梅乌·迪亚斯
（1450~1500）成为绕好望角航行的第一位
欧洲人

新疆罗布泊地区的地貌

法国医生帕卡尔1786年8月8日登上了阿尔卑
斯山的主峰——海拔4810米的勃朗峰顶峰

埃塞俄比亚青尼罗河上游的青尼罗河瀑布

世界第二高峰乔戈里峰

在船上指挥的达·伽马，他身边有代表葡萄牙的旗帜（绘画）

西班牙无敌舰队（绘画）

1597年6月20日，巴伦支死在一块漂浮的冰块上，那时他刚37岁（绘画）

15世纪时航海探险使用的星盘，用来测量船舶在海洋中的位置

张骞（约公元前164～前114年），对丝绸之路的开作出了有重大的贡献（绘画）

丹增·诺盖纪念雕像。他从18岁开始为各国登山队服务，屡次创造新的攀登纪录，被称为"有三个肺的奇人"

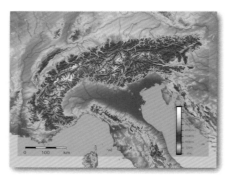

欧洲阿尔卑斯山地形图

南极点

阿蒙森－斯科特南极站鸟瞰图，该站是地球
长期有人居住的最南处

利用登山绳的登山者

马尔克·奥莱尔·斯坦因，曾经进行了四次
著名的中亚考察

麦克默多站是南极洲最大的科学研究中心

中国人自己第一次考察西北时发行的纪念邮票

探索自然丛书

乘危历险

探索自然丛书编委会 编

科学普及出版社

·北京·

图书在版编目(CIP)数据

乘危历险/《探索自然丛书》编委会编.—北京:科学普及
出版社,2012.1
(探索自然丛书)
ISBN 978-7-110-07612-5

Ⅰ.①乘… Ⅱ.①探… Ⅲ.①探险-世界-普及读物
Ⅳ.①N81-49

中国版本图书馆 CIP 数据核字(2011)第 259841 号

策划编辑	马冠英	谭建新
责任编辑	马冠英	谭建新
封面设计	李 丽	
责任校对	孟华英	
责任印制	王 沛	

出　　版	科学普及出版社
发　　行	科学普及出版社发行部
地　　址	北京市海淀区中关村南大街 16 号
邮　　编	100081
发行电话	010-62173865
传　　真	010-62179148
投稿电话	010-62176522
网　　址	http://www.cspbooks.com.cn

开　　本	880mm×1230mm　1/32
字　　数	386 千字
印　　张	12.625
彩　　插	2
印　　数	1—5000 册
版　　次	2012 年 3 月第 1 版
印　　次	2012 年 3 月第 1 次印刷
印　　刷	北京九歌天成彩色印刷有限公司

书　　号	ISBN 978-7-110-07612-5/N·153
定　　价	25.00 元

探索的动机

（代序）

在科学的神殿里有许多楼阁，住在里面的人真是各式各样，而引导他们到那里去的动机也各不相同。有许多人爱好科学是因为科学给他们以超乎常人的智力上的快感，科学是他们自己的特殊娱乐，他们在这种娱乐中寻求生动活泼的经验和对他们自己雄心壮志的满足。在这座神殿里，另外还有许多人是为了纯粹功利的目的而把他们的脑力产物奉献到祭坛上的。如果上帝的一位天使跑来把所有属于这两类的人都赶出神殿，那么集结在那里的人数就会大大减少，但是，仍然会有一些人留在里面，其中有古人，也有今人……他们大多数是沉默寡言、相当怪僻和孤独的人，但尽管有这些共同特点，他们之间却不像那些被赶走的一群那样彼此相似。究竟是什么力量把他们引到这座神殿中来的呢？这是一个难题，不能笼统地用一句话来回答。首先我同意叔本华所说的，把人们引向艺术和科学的最强烈的动机之一，是要逃避日常生活中令人厌恶的粗俗和使人绝望的沉闷，是要摆脱人们自由变化不定的欲望的桎梏。除了这种消极的动机外，还有一种积极的动机。人们总想以最适合于他自己的方式，画出一幅简单的和可理解的世界图像，然后他就试图用他的这种世界体系来代替经验的世界，并征服后者。这就是画家、诗人、思辨哲学家和自然科学家各按自己的方式去做的事。他们每个人把世界体系及其构成作为他的感情生活的中枢，以便由此找到他在个人经验的狭小范围内所不能找到的宁静和安定。

——爱因斯坦

探索自然丛书编委会

前　言

　　探险者的目的是什么呢？首先的答案是渴望冒险。请想象一下，当亲眼目睹以前从未有人看到过的景象，登上一座从未被人登上过的山峰，或者横渡一片从来没有船只驶过的海域，潜入人类从未到达过的深海，那是一种何等的心情！请再想象一下，当成为第一个到达南极或踏上月球的人，那又是一种何等的心情！

　　探险有各种各样的动机：取经，传教，朝圣，旅行，经商，征战，寻找香料和黄金，争夺海上霸权，索取"毛皮税款"，扩展殖民地，研究地理，科学考察等。很多勇敢的探险家他们踏荒漠，溯河源，穿峡谷，临深渊，向世界高山攀缘，向南北两极"冲刺"；他们驾一叶扁舟在汪洋大海中搏击风浪，乘狗拉雪橇在茫茫冰原苦斗严寒。有了这些探险活动，人类绘制的世界地图才有今天这样的格局，人们才知道地球确系圆形；海和洋本是一体，欧亚大陆与南北美洲仅隔一白令海峡；从欧罗巴航往亚细亚，不仅可以绕非洲好望角走印度，也可以穿南美麦哲伦海峡渡太平洋；密西西比河不是两洋通道；帕米尔乃亚洲山脉中心；北欧海岸线曲折蛇行；太平洋岛屿星罗棋布；南极洲是一块完整的大陆。这些探险活动，造就了一批批举世闻名的大探险家：张骞、玄奘、伊本·白图泰、马可·波罗、哥伦布、亚美利哥·韦思普奇、达·伽马、麦哲伦、白令、库克、阿蒙森、斯科特、埃德蒙·希拉里、三浦雄一郎、雷纳德·梅斯纳尔……

　　如果你不了解历史上的探险经典，就不容易体会人类在征服大自然的行为中的内在特质。特别是近200年的探险行动，的确是人类活动中最精彩、最富戏剧性的一幕。在那些富有传奇色彩的探险者的名字背后，是无限精彩的发现与令人感动的故事。

　　有些探险家，比如我国的高僧法显和玄奘，比如非洲探险的白图泰则是寻找自己宗教真谛的信徒；张骞、郑和和鉴真则是沟通民族交往，传播友谊的使者。然而,也有一些人被他们的统治者派遣去建立新的殖民地,开辟新的移居领土,劫掳别人的财富。有的探险家自身就是殖民者,甘心为其主子效力,或为自己的利益所驱使。也有的探险家在完成探险后,发现跟他们的期望大相径庭。

但凡是伟大的探险家,不管他们的探险是出于什么理由,都需要决心和克服巨大困难的勇气。他们是一批毅力坚强、百折不挠,备受人们尊崇的英雄。

我国在 20 世纪的 20、30 年代,还有一些对西域地区的探险,像中国西北科学考察团中就有中国本土的地理学者。20 世纪 50 年代以后,国家有组织性的冒险和发现遮掩了探险中个体的创造乐趣和发现,参加探险的个人被赋予的往往是社会性的政治荣誉。但探险的真正智慧与美感,恰恰是人类乃至个人的那种野生的理性,以及原始的探索和求知欲望。所以,这几十年以来,我们不曾拥有一个世界级的探险家。

当前是一个"创新"频出的时代。三浦雄一郎是世界上首位从珠穆朗玛峰上一口气滑下来的人,从滑雪技术上说,能滑雪的人很多,但关键是"看谁先干",所以这是一种率先性的探险。"地理大发现"的时代已经远远过去了,中国正处于崛起的划时代时期,期望要不了很久就可培育出传承张骞、玄奘这样探险家的时代精神。也许,在不远的未来某一天,也将诞生中国探险领域内的植村直已、梅斯纳尔……

这套丛书能够同广大读者见面,并被许多省(自治区)、市教育系统推荐为青少年暑期读物和"农村书屋"的选购书目,这同科学普及出版社领导的远见卓识、准确决策,责任编辑坚持不懈的敬业精神密切相关,作者在此表示深深的敬意。同时亦对帮助支持本丛书出版的国内外博物馆、图书馆、网站以及众多的大自然爱好者所提供的资料和图片深表谢意!但限于客观条件,无法一一注明并无法同所有作者取得联系,在此表示由衷的歉意。

作者于 2011 年仲夏

目 录

一、揭开非洲的神秘面纱

1. 非洲探险的沿革

非洲很早就是探险家向往之地。早在公元前 5 世纪,来自文明发达国度希腊的历史学家希罗多德(Herodotus,约公元前 484 ~ 约前 425)的著作《历史》一书中就记载了非洲的风土人情,特别提到了孕育非洲文明之河——尼罗河。但他没有弄清楚尼罗河到底发源于何处。从世界文明的历史进程而言,这个时代的非洲,文明之风未达,还隐在一片黑暗之中。

埃及人民对人类海上活动的一大贡献是开凿了苏伊士运河。早在约公元前 600 年,埃及法老尼霍二世决定重新开凿这古运河,此运河开凿于第十二王朝,公元前 1991 ~ 前 1778 年从靠近萨加齐格的尼罗河起,经过沙

希罗多德

漠到达俾忒湖,使来自地中海和孟斐斯的船只,能通过尼罗河的"布巴斯提斯"支流而进入波光潋滟的红海。为此,曾有数千名埃及劳动者牺牲,可是工程却因布托神庙中传来的一道莫名其妙的"神谕"而停止。后来由波斯王大流士一世所完成。从此,红海、地中海就是埃及人的活动舞台,他们张帆穿过红海的曼德海峡,航行在印度洋上。

为了开凿这条运河,尼霍二世派遣了一支由腓尼基人组成的考察队,从苏伊士湾经红海顺着非洲沿岸一带航行,绕道非洲南端,越过赫刺

克勒斯石拄(直布罗陀)和地中海,返回埃及,完成了历时3年的航海壮举。可惜,他们目睹的国家和民族的见闻,航行者本身并无任何文字记载。幸好,古希腊历史学家希罗多德对这次非洲航行作了精彩的描述。这位学者确实是一位忠实于历史的学者,尽管其中有些细节他本人难以置信,但他还是忠实地把航海者目睹见闻记录下来。后来的学者在翻译希罗多德所著的《历史》时才确信,正是由于记录了这些有趣的细节描述,证明了腓尼基人环绕利比亚(即非洲)的航行是完全可信的。

希罗多德的描述:"利比亚的四周好像濒临海水,只有在与亚洲接壤的一个地方除外,据我们所知,第一次证实这点的是埃及皇帝尼霍(尼霍二世),他派遣腓尼基人乘船驶入大海,命令他们返回时穿过赫刺克勒斯石柱……腓尼基人从厄立特里亚海(红海)启航,驶进南海(印度洋)。秋天来到了,他们靠近海岸,不论他们在利比亚何地登岸,登岸后就开垦土地播种种子,然后等待收获,收获完粮食后他们又继续向前航行……到了第三年,他们绕过了赫刺克勒斯石柱,返回埃及……当环绕利比亚航行时,太阳从腓尼基人的右边升起,这样,利比亚第一次被人们公认了。"

腓尼基人的船队

腓尼基人从南面环绕非洲航行,同时从东向西往前行驶,这样一来,太阳在他们右方升起,这就是说,太阳在北方。希罗多德是距今2500年以前的人物,他没有像我们现在这样的对地球和太阳系的认识。这段描述似乎是不可信的。对我们来说十分清楚的是恰恰这种情况使居住在北半球的腓尼基航海家感到惊讶万分,这种情况也正好证明腓尼基人确实穿过了赤道并在南半球的水域航行过。

可见,腓尼基人是一个优秀的民族,也是一个为海洋探险事业立下汗马功劳,并为世界文明、进步、发展作

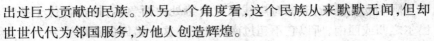

出过巨大贡献的民族。从另一个角度看,这个民族从来默默无闻,但却世世代代为邻国服务,为他人创造辉煌。

希罗多德在他的记述中同样指出,在南利比亚地区可能有农业耕作存在,这片土地并不是荒芜的被太阳烘干的不毛之地。然而古代和中世纪的大多数地理学家却认为,由于无法忍受的酷热,赤道非洲是无生命存在的地区。希罗多德所指出的这点是令人感到奇异的。

在埃及－腓尼基人探险后仅仅过了100多年,迦太基人在公元前5世纪末或公元前4世纪初便从米卡尔特石柱沿非洲海岸向西南作出了明显的推进,这是甘伦一世所完成的一次开拓殖民地的探险活动。他的笔记中所提供的事实资料非常有限,并且十分含糊不清,如同一些历史学家所确认的,似乎他已经航达塞拉利昂,甚至航到喀麦隆。

非洲的神秘一直诱惑着人类认识欲望。公元前3~4世纪,希腊、罗马时代有一批地中海的冒险家,想通过尼罗河上溯,进入非洲中部,一窥其腹地风采,但迷失在一条支流中。

公元前5年由于埃里·迦拉的远征,罗马人对阿拉伯地区的认识加深了。迦拉从埃及的红海沿岸一个海港启程,航行到阿拉伯,然后向南航行了几个月,离开海岸较远。从那里进入也门,但是他在萨那城之东的马里卜停下来,返回埃及。

公元初年前后,地中海沿岸的民族所取得的一项重大成果,是利用定期变化的季风在印度洋的西部海区航行。根据普塞弗多·阿利安的报道,有一个名叫基帕尔的人利用西南季风首次从西到东横渡阿拉伯海——从东北非到达印度。关于基帕尔航行情况没有留下资料,所以他的航行既可以认为是在公元前1世纪初期、中期或末期,也可以认为是在公元1世纪上半期。

按普塞弗多·阿里安的《航海指南》一书判断,罗马人在公元1世纪中期所熟知的非洲东部沿岸大约等于它的实际长度的3/5,即始于北纬30°(苏伊士海峡的顶端),终于南纬6°(桑给巴尔岛),或许再靠南一些(终于南纬8°的马菲亚岛)。如同从遥远的古代已经对埃及的东部沿海(红海沿岸)考察过一样,人们对索马里半岛的海岸边作了详细的记述(托勒玫称之为"南部之角")。与此同时,人们还正确地指出了它的海岸在瓜达富伊角改变走向的情况;由东南向南甚至向西南。按普塞弗多·阿利安的推断,非洲海岸线在拉普特处向西急转,拉普特位于桑给巴尔之西或西南,所以它不超过南纬10°。这个错误的论断受到一些古代地理学家的支持和赞许,一直流传到地理大发现时期,即14世纪,并在15世纪葡萄牙的发现过程中起到了人所共知的作用。

中世纪时期,尽管传言非洲内陆到处是钻石、银子,可外人一直无法由北非洲进入中非洲。15世纪,强盛时期的葡萄牙海军进占非洲西部邻海的平原,并想由西部的赞比西河进入非洲的内陆,结果被一连串的湍流、瀑布、漩涡击退。100多年后,葡萄牙人再组成一支400人的探险队,由非洲东部的莫桑比克进入中非洲,结果探险者全部死在疟蚊丛生的热带雨林中。对非洲的探险在此后的300多年间从未间断过。终于在距离希罗多德进入非洲2300多年后,来自欧洲(包括英国、法国、西班牙等国)的探险者,从探险尼日尔河开始,逐渐揭开了非洲的神秘面纱,非洲古老时代也在此时宣告终结。

对非洲的探险,原动力有二:废奴运动以及对地理学的热情;欧洲人极其渴望了解未经勘探过的地区。1788年"非洲协会"(African Association)成立,标志着对非洲大陆进行系统探险的开始。这一协会以英国

约瑟夫·班克斯

著名科学家约瑟夫·班克斯(Sir Joseph Banks,1743~1820)为首,其宗旨是"促进科学和人类的事业,探测神秘的地理环境,查明资源,改善这块招致不幸的大陆的条件。"

"非洲协会"最先注意的是尼日尔河。在1795年派出了苏格兰医生门戈·帕克去探险,但不敌恶劣的环境,这位医生两次对沿尼日尔河行进,都未走到其河口。完成这一任务的是理查德·莱蒙·兰德,他于1830年到达该河河口处。但是,尼日尔河仅仅是西非大陆边缘的一条河流,非洲的广阔腹地仍在探险家的视线之外。从非洲腹地源出的尼罗河再次受到那些雄心勃勃

的探险家所注意。但是,敌对的当地人、巨大的沼泽地和无数的急流漩涡已经使所有的探险家认识到,企图逆尼罗河而上直达其源头根本不可能。两位英国人约翰·汉宁·斯皮克(John Hanning Speke,1827～1864)和理查德·伯顿(Richarcl Francis Burton,1821～1890)另辟捷径,在 1856 年,他们从非洲东海岸向内地进发,终于取得了探险史上的一次重大的突破。1858 年 2 月,他们成为第一个发现坦噶尼喀湖的欧洲人;1858 年 8 月 3 日,在伯顿病倒后,独自前行探险的斯皮克又发现了一个比坦噶尼喀湖还要大的湖泊,激动万分的他称此湖为"维多利亚湖"。他认定,这就是尼罗河的源头。在第二次探险旅程中(1860～1863),斯皮克看到了从维多利亚湖的里彭瀑布倾泻而下的白尼罗河,他沿河而下,到达喀土穆,继而又穿过埃及抵达地中海。

但在非洲探险史上,最光辉的人物当属戴维·利文斯敦(Davicl Livingstone,1813～1873)。这位来自英国的医生兼传教士,在 1849 年渡过卡拉哈里河,随后发现了恩加米湖。三年后,他横穿非洲大陆,于 1856 年到达印度洋。此期间(1855),他在赞比西河发现了由他命名的维多利亚瀑布(今名莫西奥图尼亚瀑布)。随后他又两次进入非洲丛林中,探险赞比西河,寻找尼罗河的源头,直至 1873 年 5 月 1 日病死在班韦乌卢湖边的奇坦博村。他对几次探险都做了详细的记录,非洲腹地的真相开始为世人所熟知,填补了非洲地图上的许多空白。受他影响的亨利·莫顿·斯坦利继续其未竟的事业,他发现了坦噶尼喀湖同尼罗河毫无关系,又否决了卢阿拉巴河。最终,维多利亚湖是尼罗河源头的结论终于为举世所公认。从此引来了更多的带着各种欲望的梦想家,他们沿着从前探险家走过的路,成群结队进入非洲,此后,黑色大陆探险的时代宣告结束,进入欧洲列强瓜分非洲的时代。

2. 寻找廷巴克图

在今天的西非地图上,在马里境内可以找到一个并不起眼的小镇——廷巴克图(Timbuktu)。今天它只有几千居民,离西非大河尼日尔河北岸不远,出了城就是撒哈拉沙漠。但在历史上,廷巴克图却大大有名,它曾经是当地历史古国马里王国和桑海王国的主要城市,又是穿越撒哈拉的贸易重镇。至少在 200 年前,西方人对这片土地几乎还一无所知的时候，它的大名就已如雷贯耳。

廷巴克图位于撒哈拉沙漠南缘，尼日尔河中游北岸，是古代西非和北非骆驼商队的必经之地，为1087年图阿雷格人所建。图阿雷格人是非洲著名的游牧民族，在漫长的历史岁月里，为了寻找水源，他们赶着牛羊、带着骆驼，驮着帐篷和其他生活用品，常年往返于阿鲁万纳和尼日尔河沿岸之间。

廷巴克图从公元14世纪中叶起，相继成为马里帝国和桑海帝国的重要都市，在阿斯吉亚王朝(1493～1591)时期，是西非的文化和宗教中心，世界各地的伊斯兰学者纷纷到这里讲学布道，那些能工巧匠更是在这里大显身手，使这座城市声威远震，与开罗、巴格达和大马士革齐名。

廷巴克图的名字，始终跟尼日尔河联系在一起。这条非洲第三大河，如同一张拉满的弓，充满力度和紧张感，割破撒哈拉沙漠的南缘，最后在赤道附近流入大西洋。而廷巴克图，就像弓背上露出的那枚箭头，坚定地指向广阔的北方撒哈拉腹地。如此，就可以理解这座传奇城市的地理意义了。

几个世纪以来廷巴克图成为商队穿过撒哈拉到达西非海岸的十字路口。许多欧洲人曾被那里有大王宫和富商的传闻所吸引，设法去那里旅行。可在卡耶之前，没有一个探险者能活着回来。

作为航海民族，西方人对陌生大陆的探险，一般总习惯于沿着大河展开。弄清大河的流向，寻找它的源头，然后就可以建立贸易据点，最终

廷巴克图的建筑

控制整个地区。但是，如果仅从重要性来说，在非洲，尼日尔河恐怕要排到尼罗河和刚果河的后边，然而，为什么对那两条大河的探险却晚于尼日尔河几十年呢？恐怕我们不得不说，这完全是廷巴克图的吸引力造成的。如果没有廷巴克图的神奇传说，也许整个西非地区的历史都要改写。

于是，寻找廷巴克图，遂成为当时所有西方探险家深入西非的重要目标。正是对那里遍地黄金的幻想，鼓起了探险家们前赴后继虽九死而不悔的勇气。廷巴克图的财富传说刺激了欧洲人来此探险，殖民者占领廷巴克图后，大量的文献掠夺到巴黎、伦敦等地，也有的被藏入沙漠洞窟中。从欧洲人到达后，海上商业道路通航，廷巴克图的地位下降，失去了往日的繁华，现在只是一个贫穷的小镇。

到廷巴克图最早的探险者之一名叫门戈·帕克（Park Mungo，1771～1806），是一位苏格兰医生，1796 年受英国皇家学会非洲协会的派遣，从西非塞内加尔海岸向内地进发，他带着黑人仆从，还有布匹、小刀、火药之

帕克

类的物品，打算用这些小小的贿赂，打开通往尼日尔河以及廷巴克图之路。但是他很快发现，这些小礼品根本满足不了当地酋长的欲望，甚至他身上最后一件呢子大衣也被掠走。因此，当他牵着那匹看起来明天就会死掉的瘦马挣扎到尼日尔河河边的时候，帕克本人似乎也感到上帝已经向他召唤了，尽管当时他才 26 岁。如果不是碰到好心的奴隶贩子，帕克根本不可能原路返回海岸。

1805 年 5 月，帕克第二次也是最后一次深入尼日尔河流域。这回他比较威风，因为带了 35 名全副武装的英国士兵一起同行。但是可惜，正是这种威风，最终要了他的命。帕克很快发现，面对茫茫无际的热带雨林以及深怀敌意的当地土著，几十名士兵的力量实在微不足道。在队

伍不断死亡之后,他和另一个仅存的同伴在尼日尔河边抢到一条独木舟,顺流而下。他没有意识到,他在北岸看见的某个地方,就是梦寐以求的廷巴克图。如果不是一次意外,也许帕克终于可以漂完尼日尔河,从而得到"西非探险之王"的荣誉。在那个年代,对于一个探险家来说,对荣誉有着无限地渴望,这也是使他能够面对艰难险阻而九死不悔的动力。但是很遗憾,在离河口约500千米的地方,帕克又和当地人发生了冲突,在打完最后一发子弹后,他和同伴纵身跳进波涛滚滚的尼日尔河。土著们目送帕克在尼日尔河中挣扎的背影,而廷巴克图的背影继续隐藏在西方人的视野之外。往后的年代,欧洲忙于打拿破仑战争,因此直到把拿破仑在圣赫勒拿岛囚禁之前,廷巴克图不再被西方人想起。新的一轮尝试开始于1822年,不过这回是从北非利比亚的黎波里出发的。英国探险队由德纳姆(Major Dixon Denham,1786~1828)、克拉珀顿(Captain Hugh Clapperton,1788~1827)和奥德尼(Doctor Oudney)三人率领,他们计划向南穿过撒哈拉沙漠,然后寻找尼日尔河汇入尼罗河的证据。

德纳姆　　　　　　　　　　　克拉珀顿

在当时,认为尼日尔河汇入尼罗河是一种主流猜想。这支探险队装备比较强大,而且和沿途酋长关系不错,但毛病却出在领导者之间的矛盾上。爱好科学的克拉珀顿看不起德纳姆的行伍作风,德纳姆则一方面忙于向国内写信攻击克拉珀顿是个同性恋者,一方面不时帮助他的奴隶贩子朋友进行捕捉黑奴的战争。队伍最后在中非的乍得湖一带停下脚步,仅仅弄清楚一件事:尼日尔河跟尼罗河毫无关系。

但是克拉珀顿的雄心并没有熄灭，很快，他又投入和另一个英国人莱恩（Laing Alexander Gordon，1793～1826）对尼日尔探险的竞争中。1825年，克拉珀顿在赤道附近的几内亚湾上岸，开始了向尼日尔河内陆深处的冲刺。在20年前帕克遇难的地方，他证实了关于这位先行者死亡的种种传闻，但自己也终于一病不起。而他的竞争对手莱恩，则从相反的方向，沿着摩尔人的传统商路，终于进入传奇之城廷巴克图。接近廷巴克图的路异常艰难，而城内居民眼中的陌生人莱恩此时已经惨不忍睹：身中多处枪伤和刀伤，下颌被打破，右手

莱恩

几乎被砍断。一个如此狼狈不堪的探险者自然不可能留下关于廷巴克图的只言片语，他此前发出的信件，很大一部分内容是向远在的黎波里的妻子表达爱和思念。他们新婚三天就分开了。莱恩死于抵达廷巴克图一个月之后，由于拒绝皈依伊斯兰教，被图阿雷格人杀死，尸体扔到沙漠里喂秃鹫。

1824年，法国科学学会提供了一笔1万法郎的奖金，将奖给第一位探访位于撒哈拉沙漠边缘的城市廷巴克图，并且撰写一份考察报告的欧洲人。

勒内·奥古斯塔·卡耶（René Auguste Caillié，1799～1838）接受了这项挑战。他是一位对西非一带颇有经验的旅行家，而且会讲一口流利的阿拉伯语。

卡耶于1827年从海岸出发东行，将自己装扮成一名阿拉伯旅客。他参加过不少的商队才到达廷巴克图附近，但因在路上患热症而耽搁了5个月。他坐船完成了这次旅行的最后一段路程，终于在1828年4月20日抵达廷巴克图。他的化装很成功，以至他在这个城市里逗留了两周，居然未被觉察出是一位来自欧洲的旅行家。卡耶结束了他在该城的逗留后，便加入商队北行抵达摩洛哥，在这里他乘船返回法国。他回到

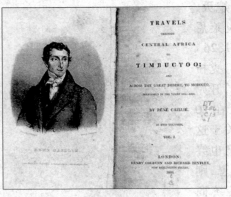

卡耶的探险报告

法国后获得了奖金,并且出版了3 卷探险报告。1838 年,他死于此次旅行所感染的热症,终年39 岁。

卡耶在有生之年一直背负着骗子的名声,直到20 年后德国人巴尔特再次证实了他的发现。但法国的确从这件事中获得了巨大的利益。1893 年,法军开进廷巴克图,他们的西非殖民地终于建立起来了。而在这一切发生之前,18 世纪爱尔兰诗人斯威夫特曾经写道:"绘制非洲地图的地理学家,用野蛮的景象来填补空白。在荒无人烟丘岗上,找不着城市,就画上大象。"无论如何,探险家们就这样一步一步地把"大象"从地图上挪开了。

3. 解开尼日尔河之谜

1788 年,12 名英国学者组成了"非洲内陆探险促进协会"(简称非洲协会),决定首先解开尼日尔河之谜。可是,直到1795 年以前,尼日尔河的勘探没有取得重大进展。当年,苏格兰青年医生门戈·帕克(Mun-

尼日尔河流域图

go Park，1771～1806），受非洲协会之托，再一次进行调查。他推翻了尼日尔河是塞内加尔河和冈比亚河支流的假说，证实了尼日尔河是向东而不是向西流入大海的。

1795 年，帕克这位年轻的苏格兰医师，从现今冈比亚的海岸向内地旅行，经过 900 千米后到达撒哈拉沙漠的边缘。

在这里帕克被摩尔人的首领捉拿，并被关押了 4 个月。他只携带了自己的一匹马和一只指南针逃跑，于 1796 年 7 月 21 日抵达马里境内塞古地区的尼日尔河。然后他又花了 11 个月，才回到海岸边自己的基地。

帕克的著作《在非洲内部地区旅行》(1799) 的插图

1805 年，帕克又出发进行第二次探险。他在写给妻子的信中说，他计划从塞古沿尼日尔河下游到达海口。这是她最后一次收到他的音讯。20 年后，一队被派去调查帕克失踪情况的人员将打听到的零星消息拼凑起来，才弄清他的悲惨的结局。

原来帕克向尼日尔河下游旅行了约 1600 千米。当到达现在尼日利亚境内的布萨瀑布时，他和同伴遭到岸上非洲人的攻击。他们企图逃跑，于是便纷纷跳入尼日尔河，结果在急流中溺死了。

帕克的儿子托马斯是被派去调查他父亲遭遇的调查团成员之一。他于 1827 年离开英国，从西非海岸向内陆旅行时听到传闻，说他的父亲正被关在尼日尔河一带的牢里。这传闻是假的，但托马斯并没有查明真相。他只走了很短一段路便死于热症。

探索自然丛书

帕克在与当地人的搏斗中丧命

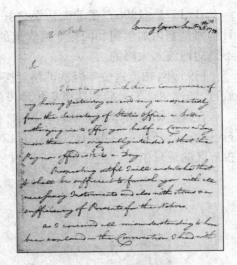

帕克的手迹

克拉珀顿和兰德继续帕克的调查,兰德终于沿尼日尔河顺流而下,到达了贝宁湾,找到了尼日尔河的出海口。

克拉珀顿第一次探险于 1822 年启程,其目的是查明尼日尔河是否流入乍得湖。克拉珀顿带着两名同伴和几名向导从现今利比亚的黎波里骑骆驼出发,南行越过撒哈拉沙漠。这是一次长达 2010 千米令人精疲力竭的旅行。他们成为首批亲眼看到乍得湖的欧洲人。克拉珀顿是非洲探险家和最早发现乍得湖的欧洲人。

克拉珀顿将一位同伴——迪克森·德纳姆留在乍得湖,偕同另一位同伴——沃尔特·乌德内西行 1450 千米,穿过今天的尼日利亚到达索科托。乌德内死在这段旅程上。克拉珀顿向东返回,与德纳姆一起于 1825 年回到英国。

同年晚些时候,克拉珀顿又率领一支由 4 个人组成的探险队,前往非洲调查门戈·帕克到底遇到了什么。帕克是 1806 年在尼日尔河探险时失踪的。当他们到达距今日尼日利亚拉各斯不远处的巴达格里时,探险队里有两名成员死于热症。克拉珀顿和他的仆人——后来凭自己的本领成为著名探险家的理查德·莱蒙·兰德,继续前往布萨急流,即帕克丧命的地方。然后两人再行至索科托。在这里,克拉珀顿曾被怀有敌意的非洲人关押起来，于1827年4月死于热症。

理查德·莱蒙·兰德（lander Richard lemon，1804～1834）是以克拉珀顿的仆人身份，跟随他的主人第二次去西非探险时才开始自己的探险生涯的。当仅11岁的兰德就给一位商人当仆人，开始旅行。到了19岁时，已是一名颇有经验的旅行家。兰德和克拉珀顿在历时整整两年的旅行中始终在一起。克拉珀顿死后，兰德回到了家乡，带回了克拉珀顿的探险日记。兰德设法将它出版，并附加上了自己的探险故事。

兰德

1830年，兰德奉命率领一支英国探险队前往尼日尔河的下游探测，这一带以前尚未被欧洲人探测过。兰德和他的弟弟约翰以及一群非洲向导从巴达格里（现属尼日利亚）出发。他们先走陆路，然后坐独木舟驶向下游，一路上准确地测绘航路。他们曾被敌对的非洲人关押起来，但经赎买获释后，仍继续旅行。最后他们终于到达了几内亚湾的尼日尔河河口，成为首批到达这里的欧洲人。

1830年兰德曾乘坐独木舟经过这里到达尼日尔河河口

探索自然丛书

13

兰德 1832 年的那次探险,是首次乘铁壳船从欧洲去非洲的旅行。这艘船是明轮船"奥勃卡号"。在最后一次赴尼日尔河探险时,兰德遭到非洲人的攻击,身受重伤。1834 年 1 月 20 日,他在尼日利亚海岸外一个名叫费尔南多波的岛上去世。

4. 穿越撒哈拉

纳赫蒂加尔

1863 年,普鲁士国王腓特烈三世委派古斯塔夫·纳赫蒂加尔(Gustav Nachtigal,1834 ~ 1885)去非洲乍得湖附近的博尔努探险。纳赫蒂加尔原为德国陆军外科医生,以前曾多次到非洲探险。当时博尔努是一个独立的穆斯林国家,腓特烈三世的意图是与之通商和进行军事上的联络。

纳赫蒂加尔的同行人有格哈得·罗尔斯和穆罕默德·加特鲁克。从利比亚的黎波里启程南行,途经撒哈拉沙漠的干旱荒地,在一站站的绿洲停歇,并且翻越了偏远的提贝斯提山脉。他终于到达了博尔努,得以将国王腓特烈三世的国书递呈苏丹。

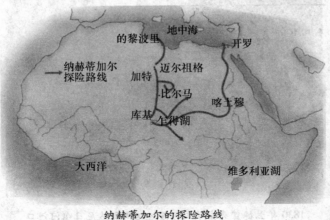

纳赫蒂加尔的探险路线

　　纳赫加尔曾在乍得湖以北作了几次远程旅行。后来他转向东行，越过撒哈拉沙漠南部，再折向北面到开罗。这次探险一共花了5年时间。

　　纳赫蒂加尔回到德国后，写了一篇首次详述撒哈拉东南部的报告。

　　提贝斯提山脉对外来人来说是难以逾越的，以致在纳赫蒂加尔那次探险之后45年内，再没有欧洲人到过那里。1915年，一支英国探险队测绘了该地区。1960年后，提贝斯提山脉成为乍得共和国的一部分。

纳赫蒂加尔翻越了偏远的提贝斯提高原

5. 非洲"内陆探险"

　　欧洲人对非洲内陆却仍然保持着一种"神奇"的观念，对非洲河川的发源地和流向、湖泊的大小、山脉的分布、人情风俗、社会经济和自然资源却不甚了了。因此，从18世纪末年开始的"内陆探险"，便成了殖民者实现瓜分非洲的必要前提。

　　南部非洲的地理调查是同利文斯敦的名字分不开的。

　　戴维·利文斯敦（David Livingstone，1818～1874）是一位苏格兰医生兼传教士。他将自己的一生奉献给了中部非洲的探险事业。

探索自然丛书

1840 年，他第一次去非洲探险，包括 1849 年穿越卡拉哈里沙漠，以及 1855 年在赞比西河发现由他命名的维多利亚瀑布。他在几次旅行中所做的详细记录，使非洲地图原来的许多空白处逐渐得以填满。

利文斯敦在非洲内陆探险时来到赞比亚，目睹了壮阔的瀑布景观，就以当时英国女王维多利亚的名字为之命名。其实维多利亚瀑布在此之前有自己的名字，赞比亚人称它为"莫西奥图尼亚"，意思是"声响如同雷鸣的雨雾"，这是赞比亚人对大瀑布富有诗意的深情描述。随着殖民统治的结束，人们恢复了它原有的名字"莫西奥图尼亚"。

利文斯敦

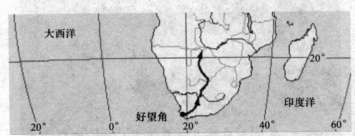

利文斯敦 1849～1852 年的探险路线

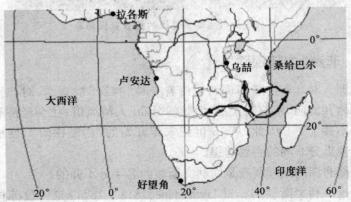

利文斯敦 1856～1863 年的探险路线

1849 年 8 月 1 日,英国探险家利文斯敦及家人到达南部非洲恩加米湖。这是利文斯敦的首次旅行,他和家人乘坐布尔人的领骨牛车,穿越了卡拉哈里沙漠,到达恩加米湖,并得到英国皇家地理学会的嘉奖

维多利亚瀑布是世界上最大的瀑布,整个瀑布被巴托卡峡谷上端的 4 个岛屿划分为 5 段,它们是东瀑布、虹瀑布(这里峡谷最深)、魔鬼瀑布、新月形的马蹄瀑布和主瀑布(高 60～100 米)。魔鬼瀑布只有约 30 米宽,因其流水侵蚀严重,比其他段平均落差低 10 米左右,故水势凶猛,水流湍急,汹涌翻腾,恰如魔鬼一般,虽在旱季也气势不减。与它毗邻的是主瀑布,水量巨大,如万马奔腾。它高约 93 米,十分宽阔,流量最大,有排山倒海之势,中间被礁石隔出一条裂缝,东边一段形如马蹄,有时也被单独称为马蹄瀑布。彩虹瀑布是整个瀑布中最高、也颇具神秘感的一段,最高处达 122 米,在这里除可欣赏巨帘似的大瀑布外,还可以经常看到出现在翠谷间一条条五彩缤纷的彩虹。彩虹随瀑布此起彼伏,有时能凭借其广阔的活动空间形成多层的或几乎能闭合成圆形的彩虹。游人至此,恍如置身于仙境。据说,当赞比西河涨水而逢满月时,人们可以看到月光下的彩虹,这就是神奇的"月虹"。

1855 年,利文斯敦是第一位看到维多利亚瀑布的欧洲人,这位伟大的探险家当时正沿着 2700 千米长的赞比西河进行考察,了解赞比西河的通航潜力,希望把它开拓成非洲内陆的交通要道。他是乘坐独木舟顺流而下,最后抵达该瀑布的。

利文斯敦并没有因发现了维多利亚瀑布而兴高采烈,尽管他后来对此有"如此动人的景色一定会被飞行中的天使所注意"这样的描述。在利文斯敦眼里,维多利亚瀑布实质上就是一堵长 1676 米、下冲 107 米的水墙,是到达内陆土著村落的障碍,对他而言,旅行的重点是发现瀑布以东的巴托卡高原。如果赞比西河被证实是可全线通航的话(它不能通航),那么巴托卡高原就可以作为潜在的殖民点了。

尽管赞比西河到现在也不能全线通航,但利文斯敦还是得到了应有的荣誉,不久以后,欧洲殖民者在维多利亚瀑布东北 11 千米处建立了殖民点,命名为利文斯敦镇。该镇现有人口 7.2 万,在镇上的利文斯敦博物馆,可以读到馆藏的利文斯敦当年的日记,感受他第一次见到维多利亚瀑布时的感受。

1866 年,利文斯敦回到非洲。这次他率领一支探险队去寻找尼罗河的源头。他的一队人马面临着热症、奴隶贩子的威胁以及食物和药品补给品被盗之虞,最后终于在坦噶尼喀湖边的乌吉吉安营扎寨。

利文斯敦在赞比西河探险

1871 年,正当世人许久没有听到利文斯敦的消息时,美国《纽约先驱报》发起了由亨利·莫顿·斯坦利(Sir Henry Morton Stanley,1841 ~ 1904)带队对他的寻找。1871 年 10 月,斯坦利在乌吉吉找到了利文斯敦。斯坦利和利文斯敦相遇,是以一句在探险史上很有名的简短问话开始的。斯坦利向前步入丛林中的一块空地,利文斯敦正坐在那里。斯坦利伸出手来,说道:"我猜想,你是利文斯敦医生吧?"从此两位探险家成了忠实的朋友并一起旅行。

1873 年 5 月 1 日,利文斯敦在非洲班韦卢乌湖小城伊拉拉的金坦博村逝世。当他死后,他的非洲仆人背着他涂过香油的尸体走了 1600 千米来到海岸边。尸体由船载运回英国,被安葬在伦敦威斯特敏特教堂。

利文斯敦的探险揭开了"非洲心脏"的秘密,找到了刚果河的几个主要河源。斯坦利继续完成了利文斯敦的工作。他在 1874 ~ 1878 年环航了坦噶尼喀湖和维多利亚湖,沿着刚果河直到它的河口。

到非洲内陆探险的探险家中还有一位女性——玛丽·金斯利。

玛丽·金斯利(Mary Kingsley,1862 ~ 1900)在伦敦长大,从小阅读了她父亲藏书房中的许多游记,怀有远游四方的雄心壮志。由于她的双亲都成了病残者,不得不待在家里照料他们,她根本不能出外旅行。

当父母去世后,玛丽·金斯利抓紧时间筹划她第一次去西非的旅行。1893 ~ 1894 年,她在刚果河附近一带花了 5 个月来观察非洲的风俗习惯。

玛丽·金斯利

她的第二次旅行开始于 1894 年 12 月,比上一次更为惊险。她在加蓬海岸登陆,并且乘独木舟沿奥戈韦河上行。玛丽·金斯利是一位非凡的探险家,不仅因为她是一个女子,而且还因为她对所遇到的所有人都表示出友好和理解的态度。

玛丽·金斯利似乎毫无所惧。她在这个会吃人肉的芳族人区域里自由来往,并以易货方式与他们做生意。她以自己的亲身经验来证明她的信念:如果欧洲人对非洲人友好,他们就不必害怕非洲人。

经过几个月的艰苦旅行,包括沿一条前人没有走过的路线攀登4070 米高的喀麦隆火山;在鳄鱼意图攀上她的小船时,以独木舟保卫自己;后来玛丽·金斯利跌入埋有尖锐的桩杆的猎井时,她被自己肥厚的裙子所救。玛丽·金斯利终于在 1895 年 10 月回到了伦敦。

玛丽·金斯利第三次去西非探险的计划,因南非爆发了与布尔人的战争而停顿下来。她前往南非去护理布尔人战俘,但得了热症,于 1900年 6 月 3 日病故。

不幸的是,探险家们的活动和他们搜集的河流航道、山脉、道路和人文情况的材料,适应了列强把非洲变成殖民地的需要。正如非洲人曾经担心的那样,继探险队之后,在通往内陆的道路上便出现了商人和士兵的队伍。

6. 寻找尼罗河的源头

尼罗河是世界上最长的河流,流域面积287万平方千米,约占非洲面积的10%。但是,河水平均入海流量每秒2300立方米,年径流量725亿立方米,却是世界上水量较少的大河。尼罗河两大支流,主支白尼罗河长约3650千米。它从乌干达西北部进入苏丹,汇纳百川,沟通众湖,水势浩大。但一到苏丹南部地区,因河道不畅,遂潴积成大片沼泽。这里阳光炽烈,气候燥热,约有2/3的河水就地蒸发。待流到喀土穆附近同青尼罗河汇合时,两河相比,白尼罗河简直就成了一条可怜巴巴的涓涓溪流。青尼罗河长1450千米,发源于埃塞俄比亚高原。那里常年多雨,年降雨量为1500~3000毫米。大量雨水汇集,沿着陡峭的峡谷直流而下,气度更为不凡。据估计,青尼罗河的水量,约占整个尼罗河水量的70%。从这个意义上说,青尼罗河可称为尼罗河的主支。

尼罗河水几千年来造福人类,是一笔无穷无尽的宝贵财富。开罗以下巨大的扇形三角洲,为尼罗河冲积淤土形成,土质肥沃,又有河水灌溉之利,是埃及长绒棉、玉米和其他农作物的主要产区。喀土穆以南青、白尼罗河之间的杰济拉三角平原,修建有宏大的灌溉工程,是苏丹长绒棉和水稻的生产基地。尼罗河为埃及和苏丹两国人民解决衣食问题,因而被称为"哈比"——富足的源泉。

史书记载,从公元前6世纪起,希腊科学家泰勒斯(Thales,前624~前547)先后提出过地下水、海洋流、季风雨、高山融雪等多种解释。可惜这些解释没有实地考察为依据,多属猜想。在公元前2世纪至1世纪,希腊人波塞多尼奥斯(Poseidonius,前135~前50)认为,终年多雨的埃塞俄比亚西部山区是尼罗河的发源地。当时,他们还不清楚,来自埃塞俄比亚西部山区的水流,其实只是尼罗河的一个支流。但这个已接近正确的结论,直到1000多年后才为人接受。

1618年,西班牙传教士佩德罗·派斯(Pedro de Páez,1564~1622)作为第一个欧洲人到达埃塞俄比亚高原西部的塔纳湖畔,发现从此湖流出的阿巴伊河就是青尼罗河的上源。英国探险家詹姆斯·布鲁斯（Bruce James，1730～1794）于 1770 年 11 月 14 日来到塔纳湖，确认了这一点。他将这一发现首先告诉法国当局，招致英国人的不满和质疑，直到 1790 年，他出版《尼罗河源头探行记》，争论才止。

对尼罗河主支白尼罗河源头的探察，着手较晚，进展缓慢。这主要是因为现今苏丹首都喀土穆以南地区，沼泽连片，人难涉足。所以源头问题在 2000 多年的时间里一直有争议。19 世纪初，欧洲殖民势力向非洲内地推进，非洲地理考察的热潮兴起。葡萄牙人、英国人、德国人最后都

西班牙传教士佩德罗·派斯到达埃塞俄比亚高原西部的塔纳湖畔

绕开苏丹南部，从非洲东部出发，直插可能是河流源头所在的非洲中部内陆地区。英国探险家约翰·斯皮克和里查德·伯顿是采用这种方法探寻尼罗河源的先行者，收获最大。

1862 年 7 月 28 日，约翰·汉宁·斯皮克（John Hanning Speke，1827～1864）来到这儿，看到维多利亚湖湖水从这里流入维多利亚尼罗河，然后流入白尼罗河。

斯皮克是一名英国陆军军官，曾在印度服役。1857 年，他和理查德·伯顿（Richard Francis Burton，1821～1890）一起去寻找被"白尼罗河"的尼罗河西支的源头。

两人从现属坦桑尼亚海岸外的桑给巴尔出发，向西航行。由于患病和虚弱，他们在途中只得多次停歇。直到 1858 年 2 月，他们才成为首先看到坦噶尼喀湖的欧洲人。

斯皮克

理查德·伯顿

伯顿因病需要继续休养。斯皮克将同伴留在他们在乌吉吉的基地，独自踏上征途。他走了3周，终于发现了非洲最大的湖泊，并以英国女王的名字将它命名为维多利亚湖。

斯皮克确信，维多利亚湖是尼罗河的主要发源地之一。但伯顿不同意这一看法，他相信坦噶尼喀湖才是真正的发源地。1860～1862，斯皮克对维多利亚湖再次进行探测。这次他换了一个同伴，即詹姆斯·格兰特。斯皮克发现有一条大河从维多利亚湖的北岸流出。他确信这条大河就是尼罗河，但伯顿还是不信。

有趣的是，在湖水出口处约200米宽的河床中央，有一块巨石从水中突兀而起，石上还顽强地长了一棵树。巨石内外，截然是两个世界：石内维多利亚湖，安谧平静，波光粼粼，群山倒影，秀丽多姿；石外的河流，如一条蛟龙，浪高流急，哗哗作响，一泻千里。这奇特的自然现象，使斯皮克乐不可支，他认为找到了尼罗河河源，并认为河中这块巨石就是标志，里面是维多利亚湖，外面就是尼罗河河源。

斯皮克将结论报告发到伦敦，引起两种截然不同的反响。有拥护者，有反对者。表示反对最激烈的，是曾经同斯皮克一起探寻过河源的

伯顿。他以毋庸置疑的权威自居，认为斯皮克还没有足够的科学依据。伯顿提出，真正的尼罗河源头很可能是坦噶尼喀湖。斯皮克坚信自己的结论，准备同伯顿当面进行辩论。但就在辩论的前一天，斯皮克却因猎枪走火而殒命。人死了，辩论会未能举行。但历史最终裁定，胜者是斯皮克。

可是，从地理上来看，斯皮克所说之处并不是尼罗河河源。虽然维多利亚湖湖水供给尼罗河，使这条世界大河处于干热的气候下，奔腾几千千米川流不息，但维多利亚湖四周有许多河流注入，尼罗河的长度也应该包括这些河流中的最长一条。所以，

一条大河从维多利亚湖的北岸流出

斯皮克发现的维多利亚尼罗河河源，后人则把它称为"假尼罗河河源"。

维多利亚湖湖水出口处

探索自然丛书

尽管如此,斯皮克在地理探险上还是有功劳的。人们为了纪念他,在他所认为的"河源"对面山坡上,建造了一座纪念碑,其上写道:"约翰·汉宁·斯皮克于 1862 年 7 月 28 日首次发现河源,它是以位于对面河中的一块巨石为标志。这个纪念碑,就是面对斯皮克一个提出河水变化的地方"。

"河源"纪念碑

乌干达政府十分重视对"假尼罗河河源"地区的保护和建设。人们看到河源附近的山坡已辟成了一个大公园。有一条专门的公路,汽车可直接开到"河源"岸边。在"河源"之处,用钢筋加木板造了一条小浮桥,走过浮桥,爬到河水的巨石上,就能欣赏了"河源"瑰丽的大自然美景。

伯顿在当时是一位很有学问的旅行家。他能说 30 多种东方语言,并把许多东方文献译成了英文。1853 年,他化装成阿拉伯人,拜访了伊斯兰教的圣地麦加和麦地那。

在斯皮克和伯顿就尼罗河源头问题激烈争论的时候,已有两次在非洲中部探险经历的英国人戴维·利文斯敦提出,斯皮克和伯顿的说法都是错误的。真正的河源可能是维多利亚湖和坦噶尼喀湖以南的一个尚不知名的大湖。为证实这一说法,他于生命最后几年里艰苦探寻,但人们后来发现,他最后阶段竭力勘察的那条水系,其实根本不是尼罗河水系,而是刚果河水系。据说,利文斯敦本人在临终前已经隐约觉察到这一点，但终于没有足够的勇气承认自己的错误。

利文斯敦去世之后，另一位英国探险家亨利·斯坦利决定承继他的未竟之业。他先是想办法弄清了坦噶尼喀湖确实同尼罗河毫无关系，然后又在备选中否决了卢阿拉巴河。这样，经过诸多探险家的反复考察，斯皮克关于维多利亚湖是尼罗河源头的结论终于为举世所公认。

河源以一块叫做里本岩的巨石为标识。巨石之上，维多利亚湖湖光潋滟，平静如镜。巨石之下，飞流直泻，浪高涛险。离巨石不远的岸畔草地上，树立着一块白色的石碑，确认这里就是尼罗河的源头，并记载着发现者的姓名和日期。而在河对岸的高地上，则耸立着一座高比云天的尼罗河源头发现纪念碑。前来参观河源的人们，总是隔河眺望，遥寄对斯皮克的敬意。

乌干达（Uganda）金贾市（Jinja）附近，尼罗河源头风景

人世间几度风雨，斯皮克的发现受到严峻挑战。尼罗河主支从维多利亚湖流出，这已毫无疑义。问题在于，维多利亚湖四周有许多小河注入，湖水还有个本源问题。因此，近几十年来，一些地理学家认为，尼罗河的源头，应该越过维多利亚湖，上溯到这众多小河中长度最长、水量最大的卡格拉河。卡格拉河的上源发源于卢旺达西部高地，全长792千米。这样，旧说5800多千米的尼罗河，就延长到6671千米，成为世界上

探索自然丛书

最长的河流。现在,维多利亚湖河源说虽然仍为一些地理学家所沿用,而承认卡格拉河为尼罗河源头的人却越来越多。尽管如此,那两座石碑和纪念碑仍兀立在那里,因为它们毕竟是人类探察和认识尼罗河历史上的精神之碑啊。

当 1861 年,斯皮克和格兰特也正在寻找尼罗河的源头时,还有一队夫妇——塞缪尔·怀特·贝克夫妇则从开罗往南前去寻找。结果,这两队探险人马相遇于苏丹南部的贡多科罗。

塞缪尔·怀特·贝克(Samuel White Baker,1821～1893)是一位颇有经验的英国旅行家。40 岁时,他开始去非洲探险。他偕同妻子洛伦斯一起旅行,这在当时是非常少见的。他俩动身去寻找尼罗河的源头。

塞缪尔·怀特·贝克夫妇

贝克夫妇听说,斯皮克和格兰特早已确定维多利亚湖是尼罗河的主要源头,心中颇感失望。但是,探险队友们建议或许那里还另有一个待发现的大湖,因此贝克夫妇继续南下寻找。

他们在尼罗河上游流域跋涉了一个月,终于在 1864 年 3 月 14 日看到了这个湖泊。贝克以维多利亚女王丈夫的名字命名该湖为艾伯特湖。

7. 横穿非洲大陆

亨利·莫顿·斯坦利(Henry Morton Stanley,1841～1904)的真名叫约翰·罗兰兹。他出生于英国威尔士,15 岁时便离家去过海上生活,在美国度完余生。他被富商约翰·莫顿·斯坦利收养,后来便改姓养父的姓。在美国内战时期,斯坦利替南方打仗。后来,他成为了一名新闻记者。

1869 年,斯坦利工作的报馆《纽约先驱报》派他前往非洲,寻找在那里失踪的英国探险家戴维·利文斯敦。途中他曾在埃及停留,报道了苏伊士运河的开通。

1871 年 3 月,斯坦利从如今坦桑尼亚海岸外的桑给巴尔岛出发,去寻找利文斯敦。他向西行走,终于在 1871 年 11 月 10 日在坦噶尼喀湖岸的乌吉吉找到了利文斯敦。

斯坦利

探索自然丛书

"艾丽丝小姐号"启航,载于 1878 年斯坦利《穿越黑色大陆》(THROUGH THE DARK CONTINENT, 1886)。斯坦利为 1874 年寻找刚果河的探险,建造了 13 米长的"艾丽丝小姐号",在这次持续近 3 年的探险活动中,斯坦利经常与土著发生冲突

探索自然丛书

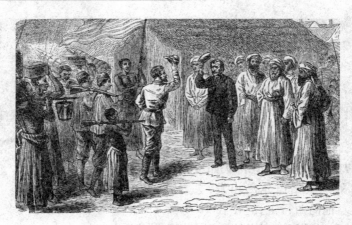

斯坦利穿越黑色大陆途中

后来斯坦利又 3 次前往非洲旅行。1874～1877 年,他从坦噶尼喀湖出发,沿着卢阿拉巴河西行。该河与浩大的刚果河相连。他沿着刚果河到达了海边。1879～1884 年,他奉比利时国王利奥波德二世之命,第二次去非洲探险。斯坦利在中非的丛林里建立了"刚果自由邦"。他的第三次非洲探险之行是在 1887～1889 年,这一次是替苏丹的艾敏·帕夏效力。

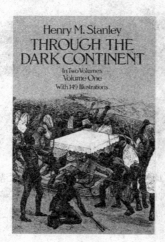

《穿越黑色大陆》(2 卷)的封面

探索自然丛书

[附]《穿越黑色大陆》发表时斯坦利的演说：

主席先生，荷花俱乐部的先生们：

为了表达我现时的情感，不妨从许多需要加以阐发的原则和思想开始。我意识到，在我身边就有早在我孩提时代即已闻名遐迩的伟人。记得我还是个无名小卒时被派去报道坐在对面的老友乔治·阿尔弗雷德·汤申德的一次讲演，他在圣路易斯商业会堂讲台上讲话的情景依旧历历在目："伽利略说过，'地球在旋转'，地球确实在旋转"——真是了不起的说法。另有一次我务必到场的重大场合是在桑威奇群岛聆听马克·吐温演讲，我也是被派去作报道的。当我朝我的左边看时，看见了安德森上校，他那面容使我觉得贝内特接到了电报，正准备派我到某一可怖地区去执行某种紧急使命。

而你们当然知道，我之所以脱下温文尔雅的记者服装，披上非洲旅行者的外衣，是由于一家报纸的老板兼编辑的缘故。像我这样一个在新闻队伍里职位低微的人是不配问报纸老板的动机的。他是位能干的编辑，很富有，又专横跋扈。他指挥着一大批流动作家，都是新闻界的出名人物，他们走遍天下，见识过从大西洋底到世界最高山峰的一切事物；他们愿意像给各国政府进言一样给美国最小的违警罪法庭提建议。我属于这个流动作家营垒，现在我的确可以说那时我竭尽全力、孜孜不倦地恪尽职守，想以此崭露头角，仿佛宇宙的正常运转全靠我的努力。正如你们有人猜想的，要是那位能干的编辑的企业以最大的发行量为目标，那么如果我没记错的话，我的百折不挠的行动方针就是按照《英国国教教义问答手册》全力以赴地对此尽责，以博取他的欢心，"召我升天正合上帝心意"。

老板让我干的第一件事是派我去阿比西尼亚——从密苏里直赴阿比西尼亚。先生们，这是多大的跨越呀？我想居住在密苏里河西岸的人们对阿比西尼亚几乎一无所知，这一点在座的一些绅士可为我作证，但是，阿比西尼亚对贝内特先生来说是件极平凡的事，对他在伦敦的代理人来说也是件极平凡的事，我当然就得照办。我认为这是件极平凡的事情而去了阿比西尼亚。不知为什么好运会落到我头上，我报道马杰达拉陷落的电文碰巧比英国政府的早一星期，人们说干得漂亮，虽然伦敦报纸说我是个骗子。

　　第二件事是我受命去希腊的克里特偷越封锁线，从克里特方面和土耳其方面报道克里特叛乱。接着，我被派到了西班牙，从共和派方面和西班牙王室正统派方面进行不带任何偏见的报道。随后，我又突然奉召去巴黎。于是，贝内特先生以他那种霸道的口气说："我要你去找利文斯敦。"正如我告诉你们的，我仅仅是一名新闻记者，我不敢自行其是。贝内特先生说"去"，我只好去了。他给我一杯香槟酒，我想那是特别香醇的。我向他表示必将尽职，随后就出发。我吉星高照，居然找到了利文斯敦。我回来后讲述了经过，那是一个好公民，一个好通讯员，一个好记者应该做的。到了亚丁，我发电请求在去中国以前可否访问文明世界。我来到了文明世界，你们猜，结果又如何呢？嗨，不料谁都不信我讲的故事。哎呀！我若有什么值得自豪的，那就是：我所讲的全是事实；凡我说过要做的事就一定全力做到，或者，像许多好人以前所做的那样，像我的先辈所做的那样，不惜埋骨异乡。这就是我所引以为自豪的。对我的要求是即席提出来的，正如这里的荷花俱乐部会员都会说："你不介意将你的地理探测的梗概告诉我们吧？"我说："先生，一点也不介意；我没有丝毫反对意见。"你们是否晓得为了使那份梗概完全探讨地理知识而不带一点感情色彩，我可费尽了心机，写了一篇论文，印出来有那么厚（做手势约 1 英寸）。论文约有 100 个多音节非洲语单词。然而由于这样那样的原因，布赖顿地理学会那些博学的权威们仍说，他们来此并非是要听耸人听闻的故事，而是要了解事实真相。喔，有一位非常可敬的身材矮小的先生，精通库法字体铭文和楔形文字，写信给《泰晤士报》说，并非斯坦利发现了利文斯敦，而是利文斯敦发现了斯坦利。

　　如果不是由于此类怀疑，我不信自己还会再访非洲；我本应经过里德先生同意，成为或者争取成为荷花俱乐部的一名保守会员。我本应定居下来，像你们这里的某些爱国者一样过安全平静的生活，不说任何无礼的话。我本应讲究"客套"。我本应向人敬烟，也许周末晚上，我要开瓶香槟酒，款待我的朋友。但是事实并非如此。我离开纽约去了西班牙，接着阿散蒂战争爆发了；而我又一次吉星高照，我比其他人更早获得缔结和约的消息，而当我从阿散蒂战场去英格兰时，在圣文森特岛收到电报说利文斯敦已谢世。我说："这消息对我来说意味着什么？纽约人不相信我，我怎么才能证明我说的话是真的？确实难呀！我要去完成利文斯敦的未竟之业,我将证明我发现利文斯敦算不了什么,我要向纽约人证明我是一个出色的人,是真正的人。"这就是我之所求。

我将利文斯敦的遗体护送到了威斯敏斯特教堂,看着遗体下葬,而在16个月前分别时,他还生机勃勃,满怀希望。《每日电讯报》老板打电报给贝内特说:"你是否同意我们共同派遣斯坦利去完成利文斯敦未竟的探险?"贝内特在纽约接到电文,沉思片刻,拿起一张白纸写道:"同意。贝内特。"那就是我的使命,我动身去非洲意欲完成利文斯敦的探险任务,还要解开尼罗河之谜,弄清尼罗河的源头在哪里,维多利亚湖仅由一个湖泊、一个水体构成还是由若干浅湖组成;弄清塞缪尔·贝克爵士发现的阿伯特湖;还要找到坦噶尼喀湖的出口,然后找出那条诱使利文斯敦走上死亡之路的奇怪、神秘的河流是尼罗河,尼日尔河,还是刚果河?《亚洲之光》作者埃德温·阿诺德说:"您认为能办到这么多事吗?""请不要问我诸如此类难以回答的问题,拿出资金来,命令我出发。就这样。"是阿诺德劝说劳森老板同意,拿出了钱,我就这样走了。

首先我们解决维多利亚湖是不是一个水体的问题,它不是由一串浅湖或者沼泽地组成,而是一个水体,面积约21500平方英里(1平方英里约为2.59平方千米)。在探查塞缪尔·贝克发现的阿伯特湖时,我们发现了一个比阿伯特湖大得多的新湖(洛卡斯特死湖)。与此同时,戈登·帕夏派他的副官绕阿伯特湖探查一圈,结果伤心地发现其周长仅140英里(1英里约为1.6千米),因为贝克曾满怀热情地站在高原之巅俯瞰阿伯特湖深蓝的湖水,夸张地惊叫:"我看到它往西南无限延伸!"先生们,无限不是一个地理词语。我们发现坦噶尼喀湖虽然是淡水湖,却没有出口;我们解决了这个问题后,就夜以继日地沿着那吸引利文斯敦走上绝路的神秘的河顺流而下,想起利文斯敦在其最后一封信中写道:"我不会为任何不及尼罗河古老的河流去冒成为黑人口中之食的危险。"我们和利文斯敦一样怀有许多疑问。

旅行400英里之后,我们来到斯坦利瀑布,从瀑布这边,看到那条河偏离流向尼罗河的方向而朝西北流淌。然后它折向西,此时我们脑海中出现堡垒、城镇以及奇异的部落和奇特的民族的幻象。河流突然往西南转弯,我们不知道将会见到什么,我们的梦想也结束了。然后我们看到河流径直向刚果河流去。我们路遇一些土著,给他们看绯红色的念珠和精美的金属丝，对他们进行抚慰并说道："我们拿这些来换你们的回答。这是什么河？""噢，当然它是河。"答非所问，看来必须给头人作些开导，让他逐步开窍，最后终于使他声音洪亮地说道："这是科托亚刚果。""这是刚果河"，主呀！美梦成真了！是希罗多德传说中的克洛菲泉和莫菲泉！是法老之女发现摩西时的河岸！这就是暴发户般的刚果！我们随之慢慢漂流了约 1100 英里，途经奇特民族和食人生番居住的地方（没有遇见头生在腋下的民族），直抵那条河的环形外延部分，最后剩下来一直陪伴我的旅伴称它为"斯坦利水塘"。5 个月之后，我们的旅行结束了。

8. 被两个"探险者"瓜分的刚果

在 1870 年前后，欧洲国家开始将目光转向非洲，为他们的帝国扩充版图。人们所熟知的"瓜分非洲"的时期就此开始。法国在 1870～1871 年的战争中被普鲁士打败。因此尤其热衷于在非洲获取领土，试图挽回自己世界强国的地位。

德·布拉柴

皮埃尔·萨沃尔南·德·布拉柴（Pierre Savorgnan de Brazza, 1852～1905）法国殖民者，探险家，原籍意大利，1868 年入法国海军学校学习，后参加法国海军并取得法国国籍。这位法国海军军官请求去中非西部的加蓬地区探险。这次探险历时 3 年。布拉柴乘船从西非海岸溯奥果韦河而上。布拉柴认为这条河会与刚果河相连，但他未能找到汇合处。

1874 年布拉柴随同法国舰队抵达加蓬海岸。1875 年 10 月率探险队进入加蓬，溯奥果韦河而上，发现了阿利马河，因遭到富鲁人的抵抗被迫返回。1880 年布拉柴再次去加蓬和刚果。他先在奥果韦河和帕萨河的汇合处建立兵站。同年 9 月，布拉柴抵安济科王国首都姆贝，迫使该国国王马可可签订保护条约。法国取得了对该王国包括斯坦利湖两岸土地的保护权。布拉柴在湖右岸的恩古玛又建一兵站,该地后来改名为布拉柴维尔。

布拉柴 1875 年 10 月率探险队进入加蓬

1883 年 12 月法国把加蓬和刚果合并为法属刚果殖民地,任命布拉柴为政府特派员,负责管理这两块殖民地,直到 1897 年被召回国。1905年法国政府派遣布拉柴前往中央刚果,调查特许公司的弊端。返国途中病死于塞内加尔的达喀尔。

布拉柴在刚果所建立的殖民地一直隶属于法国,直到 1960 年刚果独立为止。它现名刚果共和国,简称刚果(布)。斯坦利所取得的土地名叫比属刚果。1960 年独立后,它成为刚果民主共和国,1971 年改名为扎伊尔。1998 年又改为原名,简称刚果(金)。

9. 解读撒哈拉壁画

北非的撒哈拉沙漠是世界上最大的沙漠。它西起大西洋,东到红海边,北沿阿特拉斯山脉,南抵苏丹草原,面积 800 多万平方千米。虽然荒凉至极,但是,这里贮藏着丰富的石油、天然气、铁、铀、锰等,可以说这是一块荒凉的宝地。

撒哈拉沙漠被称为"生命的坟墓",撒哈拉在阿拉伯语里是"空虚无物"的意思。但是,在很早以前,撒哈拉是一片生机勃勃的土地。考古学家在沙漠里发现过许多原始洞穴,洞穴岩壁留下的壁画上,绘有成群的长颈鹿、羚羊、水牛和大象,还有人类在河流里荡舟,猎人执矛追杀狮子的场面。壁画中的塞法大神则是当地民众的"丰收神",象征着六畜兴旺的太平景象。

可是令现代人迷惑不解的是:在这样一个极端干旱缺水、土地龟裂、植物干涸的旷野,竟然曾经有过高度繁荣的远古文明。难道这是真的吗?

巴思

1850年,德国探险家海因里希·巴思(Heinrich Bath,1821~1865)在撒哈拉的塔西亚高原惊奇地发现,当地砂岩的表面满是野牛、鸵鸟和人的画像。画面色彩雅致和谐,栩栩如生,但是画中并没有骆驼。后来人们又陆续发现了更多的岩画,成画时间约在公元前6000年到公元前1000年。1933年,法国骑兵队来到撒哈拉沙漠,偶然在沙漠中部塔西利台、恩阿哲尔高原上发现了长达数千米的壁画群,全绘在受水侵蚀而形成的岩印上,五颜六色,色彩雅致、调和,刻画出了远古人们生活的情景。

此后,世人注意力转到撒哈拉,欧美一些国家的考古学家纷至沓来,1956年,亨利·罗特率领法国探险队在撒哈拉沙漠发现了1万件壁画。翌年,将总面积约1100平方米的壁画复制品及照片带回巴黎,一时成为轰动世界的奇闻。从发掘出来的大量古文物看,距今约10000年至4000年前,撒哈拉不是沙漠,而是大草原,是草木茂盛的绿洲,当时有许多部落或民族生活在这块美丽的沃土上,创造了高度发达的文明。沙漠上许许多多绮丽多彩的大型壁画,就是远古文明的见证。人们不仅对这些壁画的绘制年代难以稽考,而且对壁画中那些奇怪形状的形象也茫然无知,成为人类文明史上的一个谜。

非洲的撒哈拉沙漠以其戈壁无垠、沙丘遍布、黄沙滚滚、植物罕见而著称于世。过去,人们一直认为在几十万年前这里是海底,目前持这种说法的也大有人在。然而,联合国地理和种族研究中心用最现代化仪器进行深层钻探,用电子计算机精密计算后,得出的结论是:撒哈拉远古时代不是海底,而是稠密的热带雨林。虽然有几处曾是沉积的湖底,但绝不是海底。数万年前,一些无人知晓的原因使漫漫黄沙吞没了茂密的森林。

20 世纪 80 年代,人们利用航天飞机的遥感技术,发现了荒漠下埋藏着的古代山谷与河床。随后,地质工作者进行了实地考察,发现沙漠下面的土壤良好,并且发掘出了古人的劳动工具和生活用品。这些古人的生活年代在 20 万到 1 万年前。那么,是什么原因使当年人烟稠密的绿洲变成了茫茫沙海呢?有的学者认为:远古时代,居住在撒哈拉的部落为了扩大自己的政治与经济实力,无节制地烧木伐林,放养超过草原承载能力的牲畜。几个世纪过去,森林面积锐

撒哈拉的大型壁画

减,草原退化,土地沙化,最后演变成为大沙漠;另一些学者认为:是地质历史大周期的转折改变了撒哈拉的古气候环境,年均降水量由 300 毫米左右突然降至仅 50 毫米,先是局部地区的沙漠化,然后节奏逐渐加快,沙漠不断蚕食周边的绿洲,最终将非洲 1/3 的土地都吞没了。

遥感图片还显示,在撒哈拉沙漠下几百米至几千米处,埋藏有 30 万立方千米的地下水。这些水从何而来呢?撒哈拉不是由海洋演化而成的,却发现了大规模的盐矿,撒哈拉最初的漫天黄沙又来自何方?这一切都需要得到一个正确的答案。撒哈拉沙漠位于非洲北部,是世界上最大的沙漠。横盘整个大陆,面积 907 万平方千米,占非洲总面积的 1/3。西南部还有纳米布沙漠和卡拉哈迪沙漠。

这种文化最主要的特征是磨光石器的广泛流行和陶器的制造,这是生产力发展的标志。在壁画中还有撒哈拉文字和提斐那古文字,说明当

探索自然丛书

探索自然丛书

塔西里雄壮的武士壁画

时的文化已发展到相当高的水平。壁画的表现形式或手法相当复杂，内容丰富多彩。从笔画来看，较粗犷朴实，所用颜料是不同的岩石和泥土，如红色的氧化铁，白色的高岭土，赭色、绿色或蓝色的页岩等。是把台地上的红岩石磨成粉末，加水作颜料绘制而成的，由于颜料水分充分地渗入岩壁内，与岩壁的长久接触而引起了化学变化，融为一体，因而画面的鲜明度能保持很长时间，几千年来，经过风吹日晒而颜色至今仍鲜艳夺目。这是一种颇为奇特的现象。

在壁画中有很多人是雄壮的武士，表现出一种凛然不可侵犯的威武神态。他们有的手持长矛、圆盾，乘坐在战车上迅猛飞驰，表现出征场面，有的手持弓箭，表现狩猎场面。还有重叠的女像，嬉笑欢闹的场面。在壁画人像中，有些身缠腰布，头戴小帽；有些不带武器，像是敲击乐器的样子；有些似献物状，像是欢迎"天神"降临的样子，是祭神的象征性写照；有些人像均作翩翩起舞的姿势。从画面上看，舞蹈、狩猎、祭祀和宗教信仰是当时人们生活和风俗习惯的重要内容。很可能当时人们喜欢在战斗、狩猎、舞蹈和祭礼前后作画于岩壁上，借以表达他们对生活的热爱或鼓舞情绪。

壁画群中动物形象颇多，千姿百态，各具特色。动物受惊后四蹄腾空、势若飞行、到处狂奔的紧张场面，形象栩栩如生，创作技艺非常卓越，可以与同时代的任何国家杰出的壁画艺术作品相媲美。从这些动物图像可以相当可靠地推想出古代撒哈拉地区的自然面貌。如一些壁画上有划着独木舟捕猎河马，这说明撒哈拉曾有过水流不绝的江河。

撒哈拉岩画最集中的地方是在塔西里。塔西里位于阿杰尔高原，在离阿尔及利亚和利比亚边界不远的是撒哈拉沙漠中部的山脉中，塔西里在阿拉伯语里是"有水流的台地"的意思，但现在河流没有了，完全干涸了。周围都是断层的、险峻的、孤立的山地。这个山地中遗存有大量的史前的岩画点，都是撒哈拉沙漠化之前，仍处于湿润时期的作品。

考古学家在塔西里—阿杰尔发现了很多打制的、磨制的石斧、石镞等。此外，岩画上画着的大象、河马、犀牛等多种不能离水的动物。在非洲撒哈拉沙漠各地还发现了大象的遗骸，一天要吃 200 千克食物的大象等大型动物在此生息，证实塔西里—阿杰尔曾是草木繁茂之地。另据古花粉分析，塔西里—阿杰尔处于湿润期时曾生长过杉、栎、榆树、胡桃、木菠萝，其中的一部分残留至今。有的杉的树龄，据推算可达 4000 年。因此，湿润期的塔西里—阿杰尔应该是河中流水，草木繁茂，动物栖息，人类也在这里繁衍生息，这里也成为新石器时代文化革命的发祥地。

这种气候条件极好的非洲撒哈拉，正处于中国、印度、伊朗、美索布达米亚、巴基斯坦、埃及等孕育着世界最初文明的地球上最佳气候的西端。从亚洲到非洲这个地带可称为亚非文明带。塔西里岩画时代的经历，一方面可以从主题内容、动物种属的变化中看出来；另一面也可以从作画民族的更迭看出来。这里有黑人、富尔贝人、利比亚人和兹阿雷库人，有他们的狩猎、战斗、畜牧、舞蹈、性爱以及日常生活的种种表现，在月夜中观看岩画，那景观更加使人们充满想象力。

德国的探险家巴鲁特也曾于 1850～1855 年踏勘过费赞（利比亚）、塔西里—阿杰尔、艾尔（尼日尔）等处，他的足迹东起乍得湖，西达廷巴克图。当他在艾尔和费赞的时候，对岩刻进行了调查，无意中为非洲撒哈拉沙漠的考古学奠定了基础。他所发现的是牛的岩刻，与 1847 年在阿尔及利亚的南奥兰省发现的岩画相似。

1956 年秋，国际知名学者，法国考古学家、人类学家亨利洛特博士率领一个由 10 人组成的考察队，到北非进行考古调查，当他们到达撒哈拉沙漠中部一个被当地人称为"川流乐园"的奇幻高原时，发现一处有巨大壁画群的岩壁，壁画上有驯鹿、巨象等动物，还有手持长矛的猎人、战士，身上戴满饰物的妇女，嬉戏的小孩等，均用鲜艳颜料绘制而成。经

探
索
自
然
丛
书

探索自然丛书

鉴定,确定是 8000 年前的东西,但令人惊奇的是,其中一幅 5 米高的人画像,脸部没有眼鼻,中间有一个同心圆,在右颊上也有一个小同心圆。更奇怪的是画中人的头部似乎罩着一个金属头盔。整体看去,给人的印象是穿着紧身的太空服。事后,调查队把壁画副本寄给世界各地的学者专家研究,得到的结果是"不得其解"。

后来,类似撒哈拉沙漠的奇怪壁画在世界上陆续被发现,如澳大利亚国立博物馆调查队在东部的京巴里山脉的原始部落发现了一幅人像壁画,头部罩着一个圆形透明头罩,没有鼻口,只有两只眼睛,身穿长黑服,另有 6 个奇异方字。法国人类学家阿纳尔汀,也在 1960 年于阿尔卑斯山脉的卡摩尼卡峡谷,发现了一幅巨大石雕人像,戴着头盔,头盔上有七八根像是天线管的东西,手握一把三角形的定规,好像是一种器械,人像的姿势似乎是在无地心引力的状态中漂浮着。

这一新的发现使这个沙石飞舞的荒漠又笼罩上了一层神秘的色彩。越来越多的科学家对撒哈拉产生了浓厚的兴趣。各国的考古学家、地质学家和生物学家纷纷到那里去考察。

一个意大利考察小组于 1982 年末考察了一个叫瓦基－别尔德尤格的盆地。这里有一条很久很久以前就消逝了的河床。在褐色化石中,可以清晰地看见保留活动姿态的长颈鹿,还有长着特大犄角的水牛,也有象、犀牛、河马、鳄鱼等动物化石。就是没有骆驼那样的沙漠动物。

考古学家们还在这里发现了一座完整的旧石器时代的人类遗迹,看到了完整的动物写生画和人物素描。象围捕犀牛,它是人们心中的"原始女神"——显然是当时人们崇拜的图腾。这个发现证实了过去的猜测,即古埃及文化曾在撒哈拉出现过或者它的巨大影响曾波及到这里。因为不少岩画都富有埃及文化的特征和艺术风格。

接着,德国的考古学家在考古计算机的帮助下,又得到了不少收益。首先,根据对岩画计算的结果得出,这个博物馆是在漫长的岁月里在极艰苦的条件下,付出巨大代价而建成的,时间是在 2 万年前。其次,电子计算机惊奇地发现,撒哈拉曾生存过两个人种——黑种人和白种人。因为绘画不仅在着色上有区别,而且在种族特征和生活习惯上,岩画手法上都有区别。岩画上的黑种人多使用合成武器——弓箭，饲养的都是大牲畜。而白种人都使用斧子，饲养的是山羊和绵羊。

那么，是什么原因毁掉了那些远古的文明？至今无人知晓。仅从这些考古新发现上来看，在这片广阔的黄沙的下面，的的确确还蕴藏着一些有待研究的奥秘。

二、马可·波罗的东方之旅和 郑和"七下西洋"

1. 马可·波罗的东方之旅

公元1295年的一个黄昏,有三个风尘仆仆的男人从一艘并不很大的带桨帆船上走了下来,在威尼斯的石铺码头登岸。他们刚度过许多日子的海上生活,两腿还不怎么适应坚硬的地面,走起路来摇摇晃晃。他们从神态到口音都带着一种说不出来的鞑靼味。他们脚蹬高至膝盖的脏皮靴,身穿绸面皮袍,另有缎带紧系腰间。破烂不堪的大袍是蒙古式的,下摆只长及膝,前胸用一排圆形铜纽扣扣住。这就是马可·波罗和他的父亲尼可罗、叔叔马飞阿在阔别故乡25年后,重新踏上威尼斯的土地的情景。

马可·波罗（Marco Polo, 1254～1324）,是世界著名的旅行家,1254年生于意大利威尼斯一个商人家庭。

马可·波罗画像

17岁时跟随父亲和叔叔,途径中东,历时4年多来到中国,在中国游历了17年。回国后出了一本《马可·波罗游记》,记述了他在东方最富有的国家——中国的见闻,激起了欧洲人对东方的热烈向往,对以后新航路的开辟产生了巨大的影响。同时,西方地理学家还根据书中的描述,绘制了早期的"世界地图"。

马可·波罗小时候母亲便故去了。他的父亲尼可罗和叔叔到东方

40

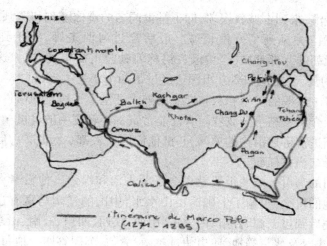

马可·波罗游历图

经商,他也从未见过他们。他们回家后,经历了团聚的喜悦,小马可·波罗天天缠着他们讲东方旅行的故事。尼可罗在威尼斯度过了两年的时光。这期间,尼可罗无时不在关注新的罗马教皇的选举。这是因为,在他和马飞阿第一次的东方之行中,远方的忽必烈汗交给他们一项使命,就是递交忽必烈致教皇的书信,并要求教皇选派 100 名懂技术、有修养的教士到东方传教。不幸的是,当时的教皇克莱门特四世刚刚逝世,而他的继承者还没有选出。

1271 年,马可·波罗 17 岁时,父亲和叔叔拿着教皇的复信和礼品,带领马可·波罗与十几位旅伴一起向东方进发了。他们从威尼斯进入地中海,然后横渡黑海,经过两河流域来到中东古城巴格达,从这里到波斯湾的出海口霍尔木兹就可以乘船直驶中国了。

马可·波罗和父亲、叔叔来到霍尔木兹,一直等了两个月,也没遇上去中国的船只,只好改走陆路。这是一条充满艰难险阻的路,是让最有雄心的旅行家也望而却步的路。他们从霍尔木兹向东,越过荒凉恐怖的伊朗沙漠,跨过险峻寒冷的帕米尔高原,一路上跋山涉水,克服了疾病、饥渴的困扰,躲开了强盗、猛兽的侵袭,终于来到了中国新疆。

一到这里,马可·波罗的眼睛便被吸引住了。美丽繁华的喀什、盛产美玉的和田,还有处处花香扑鼻的果园,马可他们继续向东,穿过塔克拉玛干沙漠,来到古城敦煌,瞻仰了举世闻名的佛像雕刻和壁画。接着,他们经玉门关见到了万里长城。最后穿过河西走廊,终于到达了上都——元朝的北部都城(今内蒙古锡林郭勒盟正蓝旗境内)。这时已是1275年的夏天,距他们离开祖国已经过了四个寒暑了!

马可·波罗的父亲和叔叔向忽必烈大汗呈上了教皇的信件和礼物,并向大汗介绍了马可·波罗。大汗非常赏识年轻聪明的马可·波罗,特意请他们进宫讲述沿途的见闻,并携他们同返大都(今北京),后来还留他们在元朝当官任职。

聪明的马可·波罗很快就学会了蒙古语和汉语。他借奉大汗之命巡视各地的机会,走遍了中国的山山水水,中国的辽阔与富有让他惊叹了。他先后到过新疆、甘肃、内蒙古、山西、陕西、四川、云南、山东、江苏、浙江、福建以及北京等地,还出使过越南、缅甸、苏门答腊。他每到一处,总要详细地考察当地的风俗、地理、人情。在回到大都后,又详细地向忽必烈大汗进行了汇报。

光阴很快就过去了,在忽必烈大汗的朝廷里任职多年之后,这些威尼斯人开始想家,决定返回祖国。1291年春天,马可·波罗和父亲、叔叔受忽必烈大汗委托护送两位公主前往伊朗(一个中国公主,一个蒙古公主),她们将许配给伊尔汗(伊朗的蒙古统治者)或这位统治者的皇太子。他们趁机向大汗提出回国的请求。大汗答应他们,在完成使命后,可以转路回国。

中国的船队从刺桐(今泉州)启航,向西南行驶,穿过钦海(南中国海)。在这次航行期间,马可·波罗听到了有关印度尼西亚的情况,即在钦海上"有7448个海岛"的传说,然而他仅仅抵达苏门答腊岛,在此岛上停留了五个月之久。从苏门答腊岛出发,中国船队经尼科巴群岛和安达曼群岛向锡兰岛驶去。马可·波罗错误地认为锡兰岛是"世界上最大的海岛之一",但是他却十分真实地记述了锡兰岛的居民生活方式、宝石产地和保克海峡的负有盛名的珍珠采集场。离开锡兰后航船沿西印度斯坦和伊朗南岸继续行进,穿过霍尔木兹海峡,进入波斯湾。

经过三年多的航行,这些威尼斯人把公主们护送到伊朗(约在1294年),1295年末,他们三人终于回到了阔别二十四载的亲人身边。他们从中国回来的消息迅速传遍了整个威尼斯。但对马可·波罗的"天方夜谭",他的邻居不屑一顾。马可常常对邻居们谈起忽必烈大汗的富有,说起高堂庙宇中的尊尊金像以及朝中大员妻妾们的件件丝绸衣裳,人们怎么会相信这样的奇谈呢,当时,谁都知道,连君士坦丁堡帝国的皇后也仅仅拥有两双丝绸袜子。所以,他们就送一个"马可百万"的绰号给他!

如果不是生逢其时,如果威尼斯与热那亚之间没有出现一个小小的争端,如果"马可百万"不是一条威尼斯战舰上的指挥官,不曾沦为胜利者热那亚的阶下囚,他的传奇故事也许会同他一起湮没无闻,默默消逝。马可·波罗在监狱里待了一年,他的狱友是一个比萨人,名叫鲁思梯谦。鲁思梯谦当过作家,经过他的改写,亚瑟王故事和法国低级小说中一个中世纪的尼克·卡特的故事一度成为了意大利语通俗读物。他马上认识到马可·波罗的所见所闻具有极大的商业价值。于是,在监狱里,他就把马可·波罗的传奇故事全部记录下来了。一部巨著就这样被他奉献给了世人。人们对这部作品的兴趣同14世纪初版时一样至今仍然不减当年。这部作品之所以能畅销不衰,或许就是由于书中不断提起了黄金和其他各种各样的财富。对东方帝王的豪华与富有,罗马人和希腊人也曾含糊地提及,可是,马可·波罗却不一样,他是身临其境,耳闻目睹。从此,欧洲人寻找直通印度的捷径这个计划就提上了历史的日程。

国外出版《马可·波罗游记》

1299年，马可·波罗被释放，返回威尼斯。传记作家们所引用的有关他此后生活情况的全部资料几乎全是一些传闻。这些传闻一部分是16世纪产生的，而14世纪里关于马可·波罗本人的历史和家庭情况的文献流传至今的很少。已经得到证实的是，马可·波罗直到晚年仍旧是一个自食其力的人，远非一个富有的威尼斯公民。他于1324年逝世。

《马可·波罗游记》这本书在欧洲广泛流传，激起了欧洲人对中国文明与财富的倾慕，最终引发了新航路和新大陆的发现。

在14～15世纪里，马可·波罗的书成了当时人们绘制亚洲地图的指导性文献之一。在1375年绘制的天主教世界地图上和其他许多著名的地图上，其中包括1459年弗拉—毛罗的圆形世界地图，很大程度都使用了马可·波罗的地名录。当然，后来一些中世纪绘图家们也使用了另外一些历史文献，但是那些文献就其真实性和可靠性而言比这位求实的威尼斯人所著的书逊色很多。

无疑，马可·波罗的书在地理大发现的历史上发挥了极大的作用。不仅15～16世纪葡萄牙和西班牙首次探险活动的领导者和组织者使用了在马可·波罗强烈影响下绘制的地图，而且，马可·波罗的书还成了许多著名"天文学家"和航海家——包括哥伦布——手边的必读之物。

马可·波罗的这本书是一部关于亚洲的游记，它记录了中亚、西亚、东南亚等地区的许多国家的情况，而其重点部分则是关于中国的叙述，马可·波罗在中国停留的时间最长，他的足迹所至，遍及西北、华北、西南和华东等地区。在书的第二卷共82章中，以大量的篇章，热情洋溢的语言，记述了中国无穷无尽的财富，巨大的商业城市，极好的交通设施以及华丽的宫殿建筑，这些在全书中的分量很大。在这卷中有很多篇幅是关于忽必烈和北京的描述。

还对杭州有详细的记述。书中称杭州为"行在"，"天城"，称苏州为"地城"。"行在"是南宋时代对杭州的一般称呼，指帝皇行幸所在的地方；而"天城"，"地城"，也就是我国谚语"上有天堂，下有苏杭"的一种译称。对于号称天堂的杭州，马可·波罗更是赞不绝口，书里记载杭州人烟稠密，房屋达160万所，商业发达，说"城中有大市10所，沿街小市无数"。并说杭州人对来贸易之外人很亲切，"待遇周到，辅助及劝导，尽其所能"。又讲到杭州市容整齐清洁，街道都用石铺筑；人民讲究卫生，全城到处有冷热澡堂,以供沐浴之用,户口登记严密,人口统计清楚,对西湖的美丽和游览设施,书中更有详细的记述,马可·波罗称赞"行在城所供给之快乐,世界诸城无有及之者,人处其中自信为置身天堂"。由于他对杭州特别赞赏,所以几次来到这里游览。

马可·波罗的书被列于中世纪罕见的作品——文学或科学著作之林,直当今日,人们还反复阅读,爱不释手。《马可·波罗游记》问世后,广为流传。600多年来,世界各地用各种文字辗转翻译,译本之多,可能超过了100种,另外,还有许多学者对照各种版本进行校勘注释,做了大量的整理研究工作。我国学者根据不同版本也翻译过7种,其中1935年冯承钧将法人沙海昂的注本翻译过来译名为《马可·波罗行纪》,在中国流行较广。

2. 郑和"七下西洋"

1405年7月11日,我国伟大的航海家郑和正式受命出使西洋。在随后的28年里,郑和率领由208艘船舶和2.78万人组成的船队,以不畏艰险、勇往直前的气概和开放进取、海纳百川的胸怀完成了"七下西洋"的伟大创举,足迹遍及30多个国家和地区。这和平之旅是世界古代航海史上时间最早、规模宏大、技术先进、活动范围广的洲际航海活动,堪称十五、十六世纪世界大航海时代的先驱。

郑和(1371～1435)是举世闻名的中国航海家。在明永乐三年(1405)至宣德八年(1433)的28年时间里,他率大批船队,先后七次远洋出海,纵横于太平洋与印度洋,遍访亚非30多个国家,最远到达东非南纬4°以南的慢八撒(今肯尼亚蒙巴萨),跋涉7万余海里,相当于绕地球3周多。郑和的航海事业,畅通了中国与亚非各国的海上"丝瓷之路",发展了海外贸易,促进了中国与亚非各国人民之间的相互了解和友谊,为华侨在南洋定居、生存、开发

郑和

创造了有利条件;同时也刺激了中国造船业的发展,提高了人们的航海技术,丰富了人们的地理知识,在中国海外交通史上,在世界航海史上,写下了极其光辉的一页。

郑和,原姓马,云南昆阳州人氏,出身于世代穆斯林家庭。其远祖名叫所菲尔,是"西域天方国普化力(布哈拉)国王"。

宋神宗熙宁三年(1070),因被邻国侵略,所菲尔舍国适宋,神宗封他为宁彝侯,后又加封为宁彝庆国公。郑和的曾祖伯颜,是所菲尔的八世孙。伯颜的长子名叫察尔·米的纳,元末被授滇阳侯,是为郑和的祖父。察尔·米的纳之子,即郑和之父,名叫米里金,生于元顺帝至正四年(1344),卒于明洪武十五年(1382),以马为姓,授云南行省参知政事,袭封滇阳侯;娶妻温氏,生二子四女,长子文铭,次子和。郑和的祖父、父亲,都曾去麦加朝觐,故有"哈只"的荣誉称号。

明洪武十四年(1381),朱元璋派大将傅友德、蓝玉、沐英等率兵征讨云南。年仅十二三岁的郑和被掳获,编入傅友德军中,随明军抵京师(南京),后又进燕王朱棣的府邸当了太监。郑和"丰躯伟貌,博辨机敏,有智略,习兵法",深得燕王朱棣的信任和喜爱。在燕王"靖难之役"中,特别是在建文元年(1399)十一月,燕王军队与曹国公李景隆的部队战于郑村坝(今北京大兴县东),燕王军大胜,其中郑和立下了汗马功劳,因此,朱棣当了永乐皇帝的第二年(1404)元旦,赐和以郑姓,并选他为内官太监,以示酬劳。

《明史·郑和传》载:"成祖疑惠帝亡海外,欲踪迹之,且欲耀兵异域,示中国富强,永乐三年六月,命和及其侪王景弘等通使西洋。"据此可知,促使明成祖朱棣决心派其亲信郑和率队下西洋的原因,主要有两条:第一,怀疑被赶下台的建文帝逃亡海外,为寻找其下落,消除这一政治隐患;第二,耀兵异域,以示中国之富强,进而壮大明成祖朱棣本人之声威。此外,还应有第三个原因,即明初经济的恢复和发展,促进了商业资本的繁荣,郑和下西洋可以发展海外贸易,换取海外珍宝,满足封建王公贵族和勋爵们的奢侈享用。这一点,可以从郑和的船队名为"宝船"、"西洋取宝船"及回国时"所取宝物不可胜计"等事实中得到证明。

无论明成祖的主观动机如何,有一点则是毫无疑义的:郑和以其非凡的组织力和创造力,充当了这部轰轰烈烈的下西洋活剧中的主角,成为中外航海史上的一代伟人,他所创造的航海伟绩将永垂青史。

郑和七次下西洋的时间:第一次,永乐三年(1405)五月己卯,"中官郑和等赍敕往谕西洋诸国";五年(1407)九月壬子,"太监郑和使西洋诸国还,械至海贼陈祖义等"。第二次,永乐五年回家不久复受命出使西洋,永乐七年(1409)回国。接着又第三次奉命出使,至永乐九年(1411)六月乙巳,"内官郑和使西洋诸国还,献所俘锡兰山国王亚烈苦奈儿并真家属"。第四次,据《明成祖实录》卷八十六载,永乐十年(1412)"十一月丙申,遣太监郑和等赍敕往赐满剌加、爪哇……诸国锦绮纱罗彩绢等物有差"。实际上该年郑和并未成行,而是驻军长乐县十洋街,并奏建长乐南山行宫以为官军祈报之所。

郑和每到一国,就向该地国王、酋长赠送珍贵礼品,
表示友好的诚意,因而受到所到国家的普遍欢迎

第二年(1413),又重修长乐南山三峰塔寺;四月,"道出陕西,求所以通译回语可佐通信者,乃得西安羊市大清真寺掌教哈三"。直至这一年冬天,郑和才统领舟师往忽鲁谟斯等国。永乐十三年(1415)七月癸卯,"郑和等第四次奉使西洋等国还。九月壬寅,郑和献所获苏门答剌贼首苏干剌等于行在"。第五次,永乐十五年(1417)五月十六日,郑和在泉州伊斯兰教灵山圣墓行香并勒石纪念,不久即统帅舟师下西洋;永

乐十七年(1419)七月戊午,"官军自西洋还",受到成祖的赏劳。第六次,永乐十九年(1421)正月癸巳,"郑和等第六次奉使西洋诸国";永乐二十年(1422)八月壬寅,"中官郑和等使诸番国还,暹罗、苏门答剌、阿丹等国悉遣使随和贡方物"。第七次,宣德五年(1430)六月戊寅,"遣太监郑和等赍诏往谕诸番国"。这时,郑和已年逾花甲。宣宗诏谕下达后,郑和并未立即成行。第二年(1431)正月,他在太仓刘家港天妃宫刊勒《通番事迹碑》;十一月,又在长乐南山寺刊立《天妃之神灵应碑》,并"驻泊兹港,等候朔风开洋"。直到这一年的十二月九日,他才率船队出五虎门,正式起航。宣德八年(1433),这位63岁的老人"奉使历忽鲁谟斯第十七国而还"。不久,约在宣德十年(1435),他默默地在南京辞世,终年65岁。郑和墓在南京市南郊牛首山南麓,当地群众俗称"马回回墓"。其后裔自明清以来世代相沿,定期来这里祭扫,从未间断过。

郑和七次下西洋所经过的国家和地区,据《明史·郑和传》记载共有36个:占城、爪哇、真腊、旧港、暹罗、古里、满剌加、勃泥、苏门答剌、阿鲁、柯枝、大葛兰、小葛兰、西洋琐里、苏禄、加异勒、阿丹、南巫里、甘巴里、锡兰山、彭亨、吉兰丹、忽鲁谟斯、溜山、孙剌、木骨都束、麻林、剌撒、祖法儿、竹步、慢八撒、天方、黎代、那孤儿、沙里湾尼(今印度半岛南端)、卜剌哇(今索马里境内)。

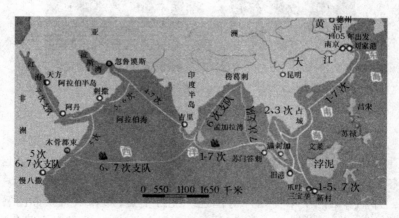

郑和七次下西洋航线图

从这些国家和地区的分布看,郑和率领船队到过中南半岛、南洋群岛、孟加拉国湾、波斯湾、马尔代夫群岛、阿拉伯海、亚丁湾等地。郑和先后4次横渡印度洋,"雷波岳涛,奔樟踔楫,掣掣泄泄,浮历数万里,往复几三十年",最远达到非洲东岸肯尼亚的蒙巴萨,确实是世界航海史上的空前壮举。

明朝初期的中国,是综合国力位居世界前列的强国。但是,与地理大发现时期欧洲国家的殖民政策不同,郑和船队始终奉行"共享太平之福"的宗旨,每到一地,入境随俗,尊重当地风土人情和宗教习惯,按照平等自愿、互惠互利原则开展多边贸易,把中国在建筑、绘画、雕刻、服饰、宗教艺术、医药、农业等领域的精湛技术

2005年7月11日,"郑和下西洋铜像"在福建泉州落成。当日是中国第一个航海日,也是郑和下西洋600周年的纪念日

带入亚非国家,促进了中外文化的双向交流和共同进步。郑和七下西洋,传播的是中华民族的科学技术,撒下的是文化和文明的种子,架起的是与世界沟通的友谊桥梁。

作为中国的"和平使者",郑和下西洋的"和平之旅"永载史册。这既是中国人民的光荣,也是全人类的自豪。郑和敬业献身、忠心为国,敢为人先、科学探索,百折不挠、奋勇拼搏,崇尚和平、敦信修睦的伟大精神彪炳中华;郑和船队对世界科学航海事业作出的杰出贡献世所公认。

2005年,国家主席胡锦涛访问了墨西哥,在墨西哥参议院发表演讲时说:中国人民深知和平之宝贵。"亲仁善邻,国之宝也"的思想在中华文化中根深蒂固,无论是举世闻名的"丝绸之路"的开辟,还是郑和"七下西洋"的壮举,给有关国家和人民带去的都是加强交流合作的诚意,传递的都是增进友好情谊的心声。

郑和下西洋简表

	奉诏日期	开洋时间	回京日期	所经主要国家和地区
一	永乐三年六月十五日（1405年7月11日）	永乐三年（1405年）冬	永乐五年九月初二（1407年10月2日）	占城（现为越南中南部）、暹罗（现称泰国）、爪哇（现为印尼爪哇岛）、旧港（现为印尼苏门答腊）、满剌加（现为马六甲）、苏门答剌（现为印尼苏门答腊）、锡兰山（现称斯里兰卡）、古里（现为印度卡利卡特）等。
二	永乐五年（1407年）	永乐五年（1407年）冬	永乐七年（1409年）夏末	占城、暹罗、渤泥（现为加里曼丹岛）、爪哇、满剌加、锡兰山、柯枝（现称印度科钦）、古里等。
三	永乐六年九月二十八日（1408年10月17日）	永乐七年十二月（1410年1月）	永乐九年六月十六日（1411年7月6日）	占城、暹罗、爪哇、满剌加、苏门答剌、锡兰山、溜山（现为印度西南之马尔代夫群岛）、小葛兰（现为印度南方之奎隆）、柯枝、古里等。
四	永乐十年十一月十五日（1412年12月18日）	永乐十一年（1413年）冬	永乐十三年七月八日（1415年8月12日）	占城、爪哇、吉兰丹、彭亨、满剌加、锡兰山、溜山、柯枝、古里、木骨都束（现称马里首都摩加迪沙）、忽鲁谟斯（现为伊朗格什姆岛）、麻林（现称坦桑尼亚）等。
五	永乐十四年十二月初十（1416年2月28日）	永乐十五年（1417年）冬	永乐十七年七月十七日（1419年8月8日）	占城、爪哇、彭亨、满剌加、锡兰山、溜山、柯枝、古里、木骨都束、卜剌哇（现称索马里）、阿丹（现为也门亚丁）、剌撒（现为红海东岸）、忽鲁谟斯、麻林等。
六	永乐十九年正月三十日（1421年3月3日）	永乐十九年（1421年）	永乐二十年八月十八日（1422年9月3日）	占城、暹罗、满剌加、榜葛剌（现为印度西岸）、锡兰山、溜山、柯枝、古里、祖法儿（现为阿曼东岸）、木骨都束、卜剌哇、阿丹、剌撒、忽鲁谟斯等。

续表

	奉诏日期	开洋时间	回京日期	所经主要国家和地区
七	宣德五年六月初九（1430年6月29日）	宣德六年十二月九日（1432年1月12日）	宣德八年七月六日（1433年7月22日）	占城、暹罗、爪哇、旧港、满剌加、苏门答剌、锡兰山、小葛兰、溜山、柯枝、古里、木骨都束、卜剌哇、阿丹、剌撒、忽鲁谟斯、祖法儿、天方（现为阿拉伯麦加）、竹步（现为索马里南方）等。

（1）随郑和下西洋的其他主要人员

在下西洋的船队中，除郑和之外，还有一些穆斯林，他们也都在这空前的航海事业中作出了很可贵的贡献。

马欢，字宗道，别号汝钦，自号会稽山樵，浙江会稽人，回族。因才干优裕，通晓阿拉伯语，以通译番书的身份，先后参加了第四、第六、第七三次远航。马欢是位有心人，在鲸波浩渺、历涉诸邦的同时，他注意采摭各式各样人物之丑美，壤俗之异同，土产之别，疆域之制，编次成帙，名曰《瀛涯胜览》。该书共计18篇，记述了占城、爪哇、祖法儿等19国的疆域道里、风俗物产及历史沿革，为这几次远航留下了珍贵的文字资料。

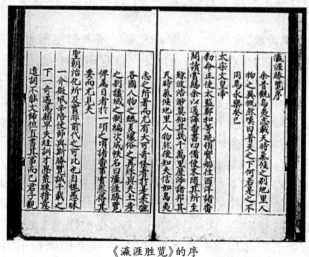

《瀛涯胜览》的序

郭崇礼,杭州仁和人,回族。与马欢一样,因"善通番语,遂膺是选,三随并轺,跋涉万里"。在《瀛涯胜览》的编写中,郭崇礼出力不小,特别是刻版印刷、找人作序,大都得力于他。明监察御使古朴曾称赞他和马欢"皆西域天方教,实奇万之士也"。

费信,字公晓,吴郡昆山人,回族,出身于穆斯林世家,通晓阿拉伯文字。先后4次随郑和下西洋,任通事之职。费信笃志好学,每到一地,即伏案运笔,叙缀篇章,将那里的山关、人物、物候、风俗及光怪奇诡之事记录下来,以备采纳。在此基础上,他编写了一部名曰《星槎胜览》的书,分前后两集:前集为作者亲眼目睹之事,后集是采辑传译之闻。这部书可称是《瀛涯胜览》的姊妹篇,具有一定的文献价值。

哈三,西安人,回族,西安羊市大清真寺掌教。永乐十一年四月,郑和第四次奉敕差往西域阿拉伯各国,道经陕西,请哈三为之当翻译、作顾问。出访期间,哈三"揄扬威德,西夷震詟。及回旆,海中风涛横作,几至危险,乃哈三吁天,恳恳默祷于教宗马圣人者。已而,风恬波寂,安孕得济"。

为此,郑和归国后给哈三很大资助,重修了西安清净寺。《万历重修清净寺碑记》的上述记述,加有过分夸大哈三吁天之嫌,但也反映出这位掌教当时确实发挥了自己"通国语"、"佐信使"及安定人心于危险之中的作用。

蒲日和,字贵甫,泉州人,回族。宋末泉州市舶使蒲寿庚家庭后裔。热心信奉伊斯兰教,曾在元末与金阿里同修泉州清净寺。蒲氏家庭为东南地区航海世家,熟知海外事务,故蒲日和被郑和起用,参加了永乐十五年的第五次出访,先后访问了波斯湾、阿拉伯半岛、非洲东海岸的国家和地区。行前,郑和曾到泉州灵山圣墓前行香游坟,蒲日和为之记立碑文,为后人研究郑和下西洋史留下了珍贵的第一手资料。

归国后,蒲日和被加封为泉州卫镇抚,并负责管理灵山圣墓。

除上举马欢、郭崇礼、费信、哈三、蒲日和等五人外,在郑和的下西洋船队中还有其他许多不知名姓的穆斯林。他们以自己的穆斯林身份和熟悉阿拉伯语的专长,为中国与阿拉伯文化交流作出了贡献。据《瀛涯胜览》载,宣德五年郑和第七次下西洋时,曾选差懂阿拉伯语的七个通事,赍带麝香、瓷器等物到麦加,往返一年,"买得各色奇货异宝、麒麟、狮子、驼鸟等物,并画《天堂图》真本回京。其默伽国王亦差使臣将方物跟同原去通事七人献赍于朝廷"。这七位通事,事实上是组成了一支古代中国伊斯兰教朝觐团;他们携带回京的《天堂图》真本,恐怕是我国最早的一份麦加克尔白画图了。

（2）关于宝船

郑和下西洋的船统称做"宝船",但若以分类（宝船,马船,粮船,座船,战船）来看,这里的"宝船"是专指是主帅指挥,使节团乘坐与载运宝物用之大型舰。

"宝船"的实际尺寸大小至今仍有争议,根据文献所载船长为44.4丈,宽为18丈;但其和现代度量衡之间的换算关系却众说纷纭。有专家根据在南京出土的一段舵杆的长度来推算,又假设

郑和宝船（模型）

其为"沙船"（平底船）的形式,认为"郑和宝船"的船长44丈4尺应合125.65米,宽18丈应合50.94米,再依此尺寸推算其吃水为8米,排水量约为15000吨,载重为7000吨。

但近年有一派认为郑和下西洋不可能以平底的"沙船"为之而应是尖底的"福船",以此假设再拿前述的舵杆长度来推算,则"郑和宝船"最多千余吨而已。目前这一派渐占上风,所以"郑和宝船"实际的大小可能和我们传统想象的不一样,但即使如此,与当年世界各国的海船来比较也算是庞然大物了。因为比它晚上百年,哥伦布发现新大陆的船长也不过25.5米呢!

根据文献记载"郑和宝船"前设9橇能张12帆,实际悬挂负责推进动力主帆的应只有中间的3橇,前后各有3根较小可倒放之橇杆为辅助性质,负责引风及协助舵转向。此外根据文献郑和船队另有一种较小尺寸的宝船长37丈,宽15丈。两种宝船共有63艘,大多是由南京龙江船

厂制造。

(3)关于郑和是否进行过环球航行的最新研究

凯文·孟席斯(Gavin Menzies)是英国业余"历史学家"。这位业余历史学家最近在英国突然名噪一时,因为他经过多年研究,公布了一个让人瞠目结舌的结论:北美和澳大利亚大陆都是中国人发现的。英国媒体纷纷报道了这个消息,把新闻炒得火热,还说如果孟席斯的判断得到证实,哥伦布发现新大陆的历史就要改写了。

孟席斯年轻时在英国皇家海军担任一艘潜艇艇长。退休后,孟席斯一直在位于伦敦北部伊灵顿的家里从事自己的爱好:航海史研究。据称,他花了14年的时间对中国古代著名航海家郑和的航海图进行过分析与测绘,终于得出结论,中国航海家郑和的船队比哥伦布早72年抵达过北美大陆,而且郑和的船队还可能进行过环球旅行,这比已知的麦哲伦环球远航早了一个世纪。

根据孟席斯的研究,意大利、葡萄牙古代航海家进行远航的时候,并非漫无目的地四处游逛,而是有所依据,那就是一幅被葡萄牙国王视为国家机密的航海图。这张航海图据考是从意大利旅行者尼古拉·达·康提那里获得的。这张航海图绘于1428年,现已大部分遗失,但当时图纸的部分内容被泄漏出来,并被重新绘制。根据这张图纸,那些西方航海家在出发前就对目的地的航行路线进行了规划。但在历史学界,一些专家学者对这一研究结果的反应却不尽相同,多持怀疑态度。

孟席斯在其学说发布会上

《1421:中国发现世界》

2003 年 3 月 15 日,孟席斯准备迎接对他的观点提出质疑的历史学家们。他自己花 1200 英镑租用了英国皇家地理学会的演讲厅,并邀请了 250 名学者、外交官、海军官员、出版商和纪录片制片人出席其学说发布会。参加发布会的观众已接近 700 人。孟席斯还在发布会上发表他的著作《1421 : 中国发现世界》。

　　《1421 : 中国发现世界》一书,已经登上美国《时代》杂志非小说类散文文学畅销排行榜。不过,许多国内学者却对此书十分不以为然,认为是无稽之谈,专门纪念和研究郑和的"郑和协会"也不同意其观点。

三、宗教与探险

宗教和探险在追求和信仰上本来相差甚远,然而,历史上却发生过多次宗教和探险相关的事件。

1. 法显西游取真经

中国晋代高僧法显为了领悟佛法真谛,晋安帝隆安三年(339)自长安沿丝绸之路北线而去,取海道而回,历时 15 年,是一次非常艰苦的冒险。他回国后著有《晋法显自记游历天竺事》,后人简化为《佛国记》全文 9500 多字,别名有《法显行传》、《法显传》、《历游天竺纪传》、《佛游天竺记》等。它在世界学术史上占据着重要的地位,不仅是一部传记文学的杰作,而且是一部重要的历史文献,是研究当时西域和印度历史的极重要的史料。

法显(约 334 ~ 420),俗姓龚,平阳武阳(今山西临汾)人。东晋名僧、旅行家、佛经翻译家。原有兄长三人,均不幸夭亡。其父恐灾及法显,3 岁时就剃度他为沙弥,20 岁受大戒。他自幼受佛教教育,志诚行笃,常以律藏残缺为憾,誓志前往天竺求取经律。

东晋安帝隆安三年(399),法显抱着求知的强烈愿望和虽死无憾的决心,与同学慧景、道正、慧应、慧嵬四人结伴同行,从长安出发,西行求经。一个月后,

晋代高僧法显

到达西秦乞伏乾归所据苑川郡西城（今甘肃榆中一带），再经现在的兰州到南凉秃发辱擅的国都乐都，然后西北行，由扁都口过祁连山，到达河西的张掖，受到北凉张掖公沮渠蒙逊的热情接待，后至敦煌。由此西行向鄯善进发，途经"沙河"。沙河又称流沙。据《法显传》记载："沙河中多有恶鬼热风，遇则皆死，无一全者。上无飞鸟，下无走兽，遍望极目，欲求度处，则莫知所以，惟死人枯骨为标识耳。"法显等人在沙河中行走 17 天，西渡流沙 750 多千米，才到达鄯善。在这里停留一个月，向西北行至焉耆，再斜穿塔克拉玛干大沙漠，在渺渺沙海中行走 30 余日，到达丝绸之路南道的咽喉要道、大乘佛教的圣地于阗。

法显在于阗停留了三个月，参观了当地一年一度的行像仪式，遂继续西行，到达子合国（今新疆叶城）。他在此住了 15 天，南行进入葱岭中的于麾国（今叶城西南奇灵卡地）。在于麾"安居"毕，又南行 25 日到达竭叉国，因等待"般遮越师"大会，停留时间较长。次年才从竭叉国南行前往北天竺，越葱岭到陀历，渡印度河，到达北印度的乌苌国，然后到键陀卫国（亦作键陀罗国，今巴基斯坦北部）。他在这里看了著名的佛钵，记叙了有关佛塔和佛钵的故事。接着，法显又到竭国醯罗城（今阿富汗贾拉拉巴德）参看佛影、佛齿、佛顶骨。然后经跋那国（今巴基斯坦西北的哈拉姆）、毗茶国等地进入中印度，到达摩头罗（今印度新德里东南的马土腊）。

法显经过长途跋涉，历尽千难万险，终于到达目的地，不由百感交集，感慨万千。他遍游了佛迹名胜，并以笈多王朝首都摩揭陀国的巴连弗邑为中心，往返参访附近各处的佛迹。在巴连弗邑，他用三年时间学习梵文，记录律藏。接着又沿恒河东下到占波国（今印度巴加尔普尔），然后南下到多摩梨帝国（今恒河支流胡里河西岸的泰姆鲁），在此写经画像，住了两年时间。返国，前后共历 15 年，携回了《摩诃僧祇众律》、《十诵律》、《杂阿毗昙心》、《大般泥洹经》、《弥沙塞律》、《长阿含经》、《杂阿含经》等，都是当时中土所无的大小乘的基本要籍。并和佛驮跋陀罗共译出《摩诃僧祇众律》、《僧祇比丘戒本》、《大般泥洹经》等。

410 年冬，法显独自一人从海路踏上归途，航海 14 昼夜，到达狮子国（今斯里兰卡），继续寻求经律。途中还到过印度尼西亚的爪哇岛。411 年，法显乘商船东归。下海两日便遇大风，船只在暴风与海浪中迷航,70 多日后水断粮绝,仅以海水为食。在海上漂流了 105 天,所见尽是"鼋鼍怪异之属","大海弥漫无边,不识东西,唯望日月星宿而进",到了南海的"耶提婆国"。在此居住了 5 个月后,法显一行启程西归。船行一个月后,突遇"黑风暴雨"。商人船主认为此行诸多不顺的原因是由于船上搭乘了和尚,硬要将法显推入海中。多位乘客挺身而出,法显免于一死。

安帝义熙八年(412)九月间,漂到了青州长广郡牢山(今山东青岛东北崂山)登陆。法显本欲前往长安,因得知宝云等受到长安僧界的排斥而赴建康(今南京),到了建康道场寺。

法显自东晋隆安三年从长安出发,义熙八年由山东登陆回归,前后经历 15 年,行程 2 万多千米,是我国历史上通过丝绸之路到达中印度、斯里兰卡和印度尼西亚的第一人,也是第一个到达印度巡礼佛迹、求取经律而归的名僧。他在建康翻译《摩诃僧祇众律》、《大般泥洹经》等佛经、戒律达百万余字,填补了译经事业中缺少戒律的空白,为翻译佛教经典作出了巨大贡献。

同时,他还把游历天竺及所到 30 余国的见闻写成《法显传》(即《佛国记》,国外有英、法、日文译本),为研究当时西域和东南亚各国的历史、地理和丝绸之路情况提供了丰富的资料。

法显在建康住了约 5 年时间,然后到荆州(今湖北江陵),86 岁时死于辛寺。作为古代的名僧和旅行家,法显的历史功绩和开拓精神是可贵的。

由《佛国记》和《法显传》的记载,在法显的身后留下了一个谜团:那就是,那个漂流百日才到达的"耶婆提国"究竟是什么地方?

1761 年,法国历史学家歧尼在法国文史学院曾提出《中国人沿美洲海岸航行和居住》的论文。以此为开端,在此后 100 余年里,西方各国历史学家先后发表了 30 多种论著,研究中国人是否在哥伦布之前到达过美洲,但讨论的焦点是晚于法显的梁代僧人慧深是否到过美洲。由于长期闭关锁国,西方史学界的这场大讨论在中国没有引起过丝毫反响。

1863 年,法国学者阿贝尔—雷米萨翻译的法文版《法显传》在法国出版。1869 年,英国学者萨缪·比尔又将《法显传》译成英文在伦敦出版。1886 年,《法显传》的另一个英文译本由詹姆斯·莱治翻译出版。

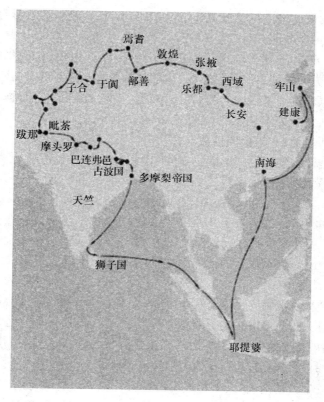

探索自然丛书

东晋法显留学印度路线示意图

西方由此知道了法显的名字。

从 19 世纪末期开始,围绕法显到达的"耶提婆国"是什么地方,研究人员先后提出了 50 多种观点。《法显传》英文版的译者萨缪·比尔根据"对音法",在印度梵文中发现了一个与"耶提婆"发音相近的地名"雅洼打帕",然后再拿"雅洼打帕"去套法显可能经过的地方,认定"耶提婆国"应该是今印尼的爪哇。比尔的研究方法和观点得到了以后学者的认同。但若将"耶提婆国"确认为爪哇,则有一个问题是难以解释的:由斯里兰卡漂流到 1000 多海里外的爪哇或加里曼丹只需十几天的航程,而在法显的《佛国记》中记录的万里之遥的"耶提婆国"却东航了 3 个半月。

根据法显的记载,"耶婆提国"的信仰中"佛法不足言",而此时在印尼一带,佛教已经流行了近700年,与史实不符,应当作为法显登陆地不是爪哇的一个旁证。

1900年前后,学术氛围活跃的法国史学界首先提出了法显早于哥伦布到达美洲的观点。此后不久,国学大师章太炎注意到了法国学界的这一新进展,撰写了《法显发现西半球说》一文,并作了相应的论述。在文章结尾,章太炎不禁感叹:"哥伦布以求印度,妄而得此,法显以返自印度,妄而得此,亦异世同情哉。"

法显漂到了美洲?20世纪60年代和80年代,台湾历史学者达鉴三和卫聚贤也曾先后出版了《法显首先发现美洲》和《中国人发现美洲》,认为法显到达的"耶婆提国"实际上是今天的美洲大陆。1992年,《人民日报》资深记者连云山先生经30多年研究,出版了《谁先到达美洲》一书,从科学角度对法显曾经到达美洲的观点进行了论证。

连云山认为:从现行的世界海图看,从斯里兰卡到广州的航程是3070千米。在法显的时代,在通常三级风力的航行状况下,日航程为100海里左右,从斯里兰卡到广州单程航程约30天,即使遇到什么意外,最多50天也可到达广州,此可由法显所乘海船携带了50天的口粮作为旁证。由斯里兰卡到爪哇的距离是1800海里,在正常情况下是15天左右的航程。法显下海的时间是阴历八月,正值孟加拉湾、马六甲海峡和南中国海季风盛期,经常发生大雷雨天气,平均风力可达五六级。法显一行遇到的是"昼夜十三日"的大风,如果法显到的是爪哇,应该在10天左右到达,而实际上却漂流了百余日。因此,"爪哇说"在里程上站不住脚。

按照常理,在船遇暴雨的情况下,船上的舵师(领航员)一定会遵循自己熟悉的航道行驶。因此,即使在有暴风雨的情况下,法显乘坐的船只也应当是沿着中国商人传统的航行路线:穿越马六甲海峡,在新加坡岛折向东北航行。但这样航行如果遇到强烈风暴,在进入南中国海至巴林塘海峡一线时,在大风和自西向东的海峡洋流的作用下,船就有可能漂入太平洋。

根据法显的记载,船只在下海15天后曾经在一小岛停靠检修船只,随后的100余天则是行驶在"海深无地,又无下石柱(石锚)处"的汪洋大海中。连云山先生根据海图沙盘作业测算:法显等人检修船只的小岛应当在南沙群岛东,现菲律宾苏禄岛与太平洋加罗林群岛之间,或在巴布延群岛。此后商船的航行,则很可能是顺洋流进入茫茫太平洋。尤其是在法显的记录中,有"当夜暗时,但见大浪相搏,晃然火色"的文字,这正是在太平洋深海航行时大浪相搏激发的一种发光现象。法显西归航行时遇到的"黑风暴雨"、"天多连阴"正是春夏之交北太平洋自东向西的大风雨。而"天多连阴"的迹象,则是北纬35°~70°、东经135°~165°的多雨多雾区,由此向南10°~15°也是一个多连阴雨的地区。如果结合太平洋洋流等方面因素的影响,我们会发现:法显所乘商船最终的抵达地只能是美洲大陆了。

在海上漂流了100多天后,法显等人终于到达了陆地。北太平洋暖流的终点是墨西哥的瓜德罗普岛。法显到达陆地的时间应该是阴历十一月左右,此时美洲西海岸盛行西北风,要将船向东南吹。美洲西海岸从危地马拉到巴拿马大弯道处有西北向海流与东南海流在此相会,因此,法显在这里登陆的可能性最大。事实上,1000多年后,从菲律宾而来的中国明清商船也正是在这里登陆的。这里距离十多个世纪后哥伦布在美洲大陆的登陆地点只隔一道窄窄的巴拿马地峡。

1492年,意大利人克里斯托弗·哥伦布率领船队到达美洲东海岸外的某处小岛。10年后,哥伦布才因偶尔的机缘登上美洲大陆。而离他登陆地点几百千米远处,在他之前1000多年,可能已有一位中国高僧涉足了。

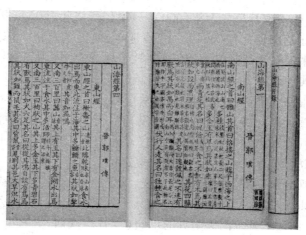

《山海经》

探索自然丛书

这可能并非最后的结论,还可能在更早就有中国人到了美洲大陆。连云山所著《谁先到达美洲?》一书中有一则介绍:美国学者墨茨博士(Henriette Mertz)研究了《山海经》,在《淡墨:中国探索美洲的两个古老记录》(《Pale ink:two ancient records of Chinese exploration in America》)中,根据经上所说《东山经》在中国大海之东日出之处,他在北美,试着进行按经考察,经过几次失败,他一英里一英里地依经上记述的山系走向,河流所出和流向,山与山间的距离考察,结果胜利了。查验出美国中间和西部的落基山脉,内华达山脉,喀斯喀特山脉,海岸山脉的太平洋沿岸,与《东山经》记载的四条山系走向、山峰、河流走向、动植物、山与山的距离完全吻合……在这本书的原著序言里,提到墨茨博士回忆:"我最先是受到维宁(Edward Vining)有关著作的影响,并仔细研读了维宁翻译的中国古代典籍《山海经》。于是,《山海经》里的这些章节引起了我的注意。我也着手对证古本,一英里又一英里地循踪查对并绘出图……"

真是令人惊讶和难以置信:一个美国人,研究了中国学者都难以读通的《山海经》,并且据此实地勘察,发现了中国古人早已到达美洲!

2. 西行取经的高僧玄奘

中国唐代高僧。法名玄奘,俗姓陈,名祎,洛州缑氏人(今河南偃师缑氏镇)。生于隋开皇二十年(600),另说仁寿二年(602)、开皇十六年(596),卒于唐麟德元年(664)。13岁那年,他出家做和尚,就认真研究佛学。后来他到处拜师学习,精通佛教经典,被尊称为三藏法师(三藏是佛教经典的总称)。他发现原来翻译过来的佛经错误很多,又听说天竺地方有很多的佛经,就决定到天竺去学习。

唐武德元年(618)往长安(今西安),后历游汉川(今陕西汉中市)、成都、荆州(今湖北江陵)、扬州、相州(今河南安阳市)、赵州(今河北赵县)等地,访师问学,为日后西行求法奠定了基础。

唐贞观元年(627),他自长安出发,到了凉州(今甘肃武威)。当时,朝廷禁止唐人出境,他在凉州被边ة兵士发现,叫他回长安去。他逃过边防关卡,向西来到玉门关附近的瓜州(今甘肃安西)。玄奘在瓜州,打听到玉门关外有五座堡垒,每座堡垒之间相隔50千米,中间没有水草,只有堡垒旁有水源，并且由兵士把守。这时候，凉州的官员已经发现他偷越边防，发出公文到瓜州通缉他。如果经过堡垒，一定会被兵士捉住。玄奘正在束手无策的时候，碰到了当地一个胡族人，名叫石槃陀，愿意替他带路。玄奘喜出望外，变卖了衣服，换了两匹马，连夜跟石槃陀一起出发，好不容易混出了玉门关。

准备继续西进时，石槃陀不想再走了，甚至想谋杀玄奘。玄奘发现他不怀好意，把他打发走了。

此后，玄奘单人匹马在玉门关外的沙漠地带摸索前进。约摸走了40多千米，才到了第一堡垒。他怕被守兵发现，白天躲在沙沟里，等天黑了才走近堡垒前的水源。他正想用皮袋盛水，忽然一

唐代高僧玄奘负笈图

支箭射来，几乎射中他的膝盖。玄奘知道躲不过，索性朝着堡垒喊道："我是长安来的和尚，你们别射箭！"堡中的人停止射箭，打开堡门，把玄奘带进堡垒。幸好守堡的校尉王祥也是信佛教的，问清楚玄奘的来历后，不但不为难他，还派人帮他盛水，还送了一些饼，亲自把他送到十几里外，指引他一条通向第四堡的小道。

第四堡的校尉是王祥的同族兄弟，听说玄奘是王祥那里来的，也很热情地接待他，并且告诉他，第五堡的守兵十分凶暴，叫他绕过第五堡，到野马泉去取水，再往西走，就是一片长400千米的大沙漠了。

玄奘离开第四堡，又走了50多千米，迷了路，没有找到野马泉。他正要拿起随带的水袋喝水，哪知一失手，一皮袋的水都泼翻在沙土上了。没有水，怎么越过沙漠呢。玄奘想折回第四堡去取水，走了十几里，忽然想起临走的时候，他曾经立下誓言，不到达目的地，绝不后退一步。现在怎么能遇到困难就后退呢？想到这里，他拨转马头，继续朝西前进。大沙漠里一片茫茫，上不见飞鸟，下不见走兽，有时一阵旋风，卷起满天沙

探索自然丛书

土,像暴雨一样落下来。玄奘在沙漠里接连走了4夜5天,没有一点水喝,口渴得像火烧一样,终于支不住昏倒在沙漠上。到了第五天半夜,天边起了凉风,把玄奘吹得清醒过来。他站起来,牵着马又走了十几里,发现了一片草地和一个池塘。有了水草,人和马才摆脱绝境。又走了两天,终于走出大沙漠,经过伊吾(今新疆哈密),到了高昌(今新疆吐鲁番东)。

高昌王麹文泰也是信佛的,听说玄奘是大唐来的高僧,十分敬重,请他讲经,还恳切要他在高昌留下来。玄奘坚持不肯。麹文泰没法挽留,就给玄奘准备好行装,派了25人,随带30匹马护送;还写信给沿路24国的国王,请他们保护玄奘过境。玄奘带领人马,越过雪山冰河,冲过暴风雪崩,经历了千辛万苦,到达碎叶城(在今吉尔吉斯斯坦北部托克马克附近),受到西突厥可汗的接待。此后,一路顺利,通过西域各国进了天竺。

于贞观五年(631)前后抵摩揭陀(即摩竭提,今印度比哈尔邦南部),到达当时印度佛教中心那烂陀寺,受学戒贤法师。5年后外出巡游,历今阿萨姆、孟加拉,南沿印度半岛东岸到达罗毗荼(今印度东南部),再折向西北,沿印度半岛西岸北上,来到今巴基斯坦及克什米尔的钵伐多(今查谟一带)。居留两年后返那烂陀寺,继续学习及讲学。贞观十五、十六年间(641~642),羯若鞠阇国戒日王为玄奘举行盛大的曲女城(今印度北方邦卡瑙季)之会;接着应邀参加在钵逻耶伽国(今印度北方邦阿拉哈巴德)举行的七十五日大施,会后即归国。经今巴基斯坦和阿富汗北部、帕米尔高原,于贞观十八年(644)到达于阗(今新疆和田),次年回到长安。

玄奘只身西游17年,跋山涉水,行程25000千米,历尽艰险,携回梵文经典520夹、657部。玄奘回长安不久,唐太宗随即召见。贞观二十年(646)完成《大唐西域记》一书。此后专门从事翻译,19年间共译佛经75部、1335卷;并受命将《老子》译成梵文,为古代中印文化交流作出了重大贡献。

《大唐西域记》是玄奘最重要的著作,共12卷,由玄奘口述,辩机执笔,内容翔实,文笔流畅。全书10多万字,生动地记录了7世纪以前中国新疆、苏联中亚及阿富汗、巴基斯坦、印度、孟加拉等138国或地区的地理形势、人口疆域、国都城邑、政治历史、物产气候、交通道路、风土习

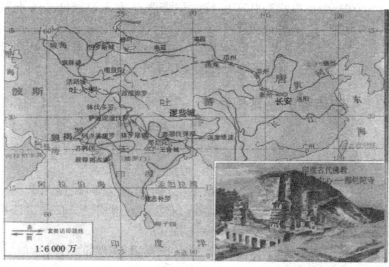

玄奘西游路线图

俗、语言文字、民族宗教等。其中，110 国和地区为玄奘亲身所涉历，28 国和地区得自传闻。它是中国古代杰出的探险旅行著作，是研究中亚和南亚各国、尤其是研究印度历史地理的珍贵文献。

一部《大唐西域记》不仅记述了玄奘亲历的 110 国和得自传闻的 28 城邦，也是玄奘孤独心灵俯瞰尘世的记录。

由于玄奘取经这件事本身带有传奇色彩，后来，在民间流传了许多关于唐僧取经的神话，说他取经路上，遇到许多妖魔鬼怪，这当然是虚构出来的。到了明朝，小说家吴承恩，根据民间传说作了艺术加工，写成优秀的长篇神话小说《西游记》，在我国文学史上占有很重要的地位。但是那里面的故事，跟真正的玄奘取经事迹已经离得很远了。

《大唐西域记》

2004年,中央电视台驻印度首席记者张讴重走取经路与玄奘同行探索古老文明,用镜头记录了中亚不同时代的文化历史层面。撰写了《与玄奘同行:央视记者重走玄奘路》一书。其间夹杂着一串从唐朝走出来的脚印,记录了中亚不同时代的文化历史层面。

3. 东瀛传经的鉴真和尚

鉴真和尚

当玄奘西游取经返回长安差不多100年以后,唐代另一位佛教大师鉴真,决心东渡日本,传播佛法。

鉴真,扬州人,少年时出家当和尚。他学问渊博,有深厚的佛学基础,曾担任扬州大明寺主持。

唐朝的时候,日本经常派使臣、留学生、僧人和商人到中国访问、学习和通商。因为这些人是政府派遣到唐朝来的,所以被称为"遣唐使"。每次"遣唐使"的人数最少一二百人,最多的时候达到五六百人。

这一年,日本第九次"遣唐使"来到了中国,其中有两个年轻的和尚,一个叫荣睿,一个叫普照。他们到中国除了学习佛教,还有一件非常重要的任务,就是邀请中国的高僧到日本去讲学和授戒。

荣睿和普照在中国住了10年,虽然学到了不少佛学知识,可是却一直没有邀请到去日本讲学的高僧,感到很失望。就在他俩准备动身回国的时候,打听到扬州大明寺的鉴真和尚德高望重,学问高深,还曾给4万人授戒。他俩就立刻从长安赶到了扬州。

可是当见到鉴真的时候,他们又犹豫了。鉴真已经是一个满脸皱纹、年近60岁的老人。这么大的年纪还肯远离家乡,漂洋过海吗? 又一想,要是错过这个机会,恐怕再也找不到比鉴真大师更合适的人了。于是,俩人深深地向鉴真施礼,说明了来意,恳求他能到日本讲学授戒。

自从答应了荣睿、普照的请求,鉴真派人购买船只,筹集粮食、物品准备东渡。但是,他们先后4次东渡日本,都失败了。有的是因为人事纠纷;有的是因为船只在海上碰了礁石,可鉴真并不灰心。又过了3年,第五次东渡开始了。

他们师徒一行刚出海的时候,天刮着西南风,这是顺风行船,船走得又快又稳当。海鸟不时飞近船帆,海里的鱼,也常常跳出水面。鉴真看到这些,感到非常喜悦。可是没过多久,海面上突然刮起了大风。天很快暗了下来,大块的乌云遮住了太阳,风越刮越猛,海水掀起一个接一个像小山一样的巨浪,随时都有葬身海底的危险。

到了第六天的时候,无情的海风才渐渐平息,海水也慢慢平静下来。船继续向前驶去,到第十四天,眼前出现了一块大陆地,他们使出最后的力气,拼命地划动船桨,很快就靠岸了。这是什么地方呢?虽说是快到冬天了,怎么这里还是一片苍翠,到处是挺拔的剑麻、成片的椰林。原来船走错了方向,他们到了我国海南岛的最南端。这第五次东渡,虽然历尽千辛万苦,却又失败了。

公元752年,日本政府又一次派遣唐使团到了中国。遣唐大使听说了鉴真五次东渡的经过,对鉴真极为敬佩,就在第二年10月回国的时候,绕路到扬州专程拜访鉴真,并且邀请他一同前往日本。

鉴真和随行的徒弟、工匠38人,就随着这个使团前往日本。经过一个多月的航行,终于到达了日本的秋妻屋浦(现在日本鹿儿岛县川边郡坊津町字秋目村)。

日本天皇知道了鉴真等人顺利到达的消息,立刻下令把鉴真接到日本的都城——奈良。鉴真一行被安置到奈良最大的佛寺——东大寺。很快,天皇又颁布诏令,尊奉鉴真为"传灯大法师",把对日本佛教徒的授戒传法两项重任交给鉴真。对一位外国僧侣,给予这样的尊崇,在日本历史上还是第一次。

鉴真在日本度过了17年,他76岁的时候,有一天,预感到自己就要离开人世了,就急忙让人扶着他,脸朝着祖国的方向,双腿盘坐,一会儿就停止了呼吸。

不幸的消息传出以后,日本人民都难过极了,很多人赶到唐招提寺,进行吊唁。鉴真大师的家乡扬州的佛教徒听说了以后,不禁冲着东方放声痛哭。

在鉴真逝世之前,为了能使师父的形象永久地保存下来,弟子思托就照着师父本人的样子,用干漆夹的方法,为他塑了一尊坐像。鉴真塑像闭目含笑,面容慈祥,逼真地表现了他那仁慈的性格和坚忍的意志。这尊塑像,一直保存到现在,被奉为日本的国宝。

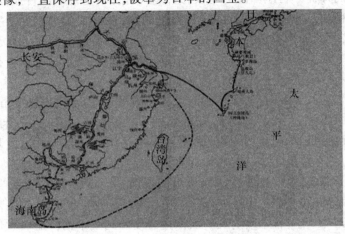

唐鉴真和尚东渡行迹图

1000 多年来,鉴真一直受到中日两国人民深切的怀念。新中国成立以后,在扬州建立了鉴真纪念馆。1980 年,日本佛教界还举行了鉴真大师塑像回国探亲的纪念活动。鉴真作为中日两国友好的使者,是值得人们永远怀念的。正像著名诗人郭沫若的一首诗说的那样:

鉴真盲目航东海,

一片精诚照太清,

舍己为人传道艺,

唐风洋溢奈良城。

4. 由去麦加朝圣而几乎走遍亚非两大洲的白图泰

公元 14 世纪时最著名的地理学家应该是伊本·白图泰(ibn Battuta. 1304 ~ 1377,全名 Abū Abd allāh Muhammad ibn Abd allāh ibn Muhammad ibn Battuta al – Rawātī al – Tanjī)。按出身他是柏柏尔人,生于摩洛哥丹吉尔城。他是历代各民族最伟大的旅行家之一。1325 年,大约因为朝圣和商业事务的需要,伊本·白图泰离开丹吉尔取道陆路前往埃及的亚历山大城,从此开始,他踏上了一条长达 117000 千米的旅途,经过了现在 44 个国家的领土的长途跋涉。

首先,他沿着北非海岸旅行,穿过现今摩洛哥、阿尔及利亚、突尼斯、利比亚和埃及的国土,到达开罗。

从开罗到麦加有三条路线,白图泰选择了最短但是最不常用的那一条,即朔尼罗河而上,从今日苏丹的苏丹港过红海去麦加。就在他到达苏丹的时候,当地爆发了针对埃及马穆鲁克统治者的叛乱,于是白图泰只得折回开罗。在

伊本·白图泰

路上,据说他碰到了一位"圣人",预言他除非先去叙利亚,否则永远到不了麦加。这样,白图泰就决定先去大马士革,沿途参拜耶路撒冷等圣地后再转向去麦加。

在大马士革度过斋月后,白图泰顺利地同一支商队抵达了麦地纳和麦加,完成了朝圣。但是这个时候,已经被旅行迷上的他,决定不再回家,而朝下一个目的地,当时在伊尔汗国统治下的巴格达前进。

白图泰穿过现今沙特阿拉伯境内的茫茫沙漠,抵达了巴士拉,然后他转向东北,朝圣了圣地伊斯法罕,再折回西南,经过设拉子、纳杰夫,抵达巴格达。当时的巴格达尚未从劫掠中恢复,一片破败景象。白图泰在巴格达遇见了伊儿汗国的大汗阿不塞因,随着他一同去了伊儿汗国首都大不里士。在蒙古入侵之时,大不里士没有抵抗即开城,因此没有受到什么兵灾,加之位于丝绸之路上,所以当时大不里士成为了西亚首屈一指的商贸中心。在此之后,白图泰回到了麦加,做第二次的朝圣。

白图泰无法满足于定居生活,很快他再一次踏上旅程。这次他首先沿红海南下,经过埃塞俄比亚,到达也门的亚丁,然后他借着季风,沿东非海岸一路往南,相继访问了摩加迪沙、蒙巴萨、桑给巴尔和基尔瓦。随着季风转为北风,白图泰往北回到了亚丁,然后他又向北访问了阿曼,直到今天的霍尔木兹海峡。结束这一切后,他又回到了麦加,为下一次旅行做准备。

过了一年,据说德里的苏丹听说了白图泰的故事,决定邀请他去印

度。白图泰于是先出发去小亚细亚,因为当时和德里苏丹同族的塞尔柱突厥人正统治着那里,白图泰认为在那里可以找到翻译和向导。他从今日的黎巴嫩海岸出发,搭乘一艘热那亚船,抵达土耳其港口阿兰雅,从那里,他穿过整个安纳托利亚,到达黑海海港锡诺普。从那里,他又搭船穿过黑海,抵达克里米亚的卡法港。从卡法出发,他一路往东穿过草原,在一段旅程中,他遇上了金帐汗国大汗月即别,随着他回到了伏尔加河边的首都萨莱,据说白图泰这次旅程最东到达了阿斯特拉罕。恰好月即别的一位拜占庭宠妃有孕,月即别决定派遣白图泰陪同这名宠妃回故乡生产。

1332 年底,白图泰抵达君士坦丁堡,见到了东罗马帝国皇帝安德鲁尼克斯三世,这是他第一次旅行到非伊斯兰城市,索非亚大教堂的宏伟令他赞叹。完成任务之后,他回到阿斯特拉罕,向月即别大汗报告。然后他动身渡过里海,穿越中亚的草原,经过咸海,抵达撒马尔罕和布哈拉,在那里,他终于找到了翻译和向导,向南经过今日的阿富汗,进入了德里。

德里苏丹国是建立在非穆斯林国土上的伊斯兰国家,刚刚经历过一场叛乱,因此苏丹穆罕默德·图格拉克非常急于延揽熟悉伊斯兰教法的人才,以巩固其统治。白图泰在麦加居住多年,饶有学识,于是被任命为卡迪(法官)。图格拉克喜怒无常,因此白图泰有时生活在宠信之中,有时又被猜疑笼罩。因此,他决定离开。这时恰好苏丹要派人出使中国,白图泰立刻自告奋勇。这样,他既能离开德里,又可以访问新的土地了。

从德里一出发,白图泰一行就遭到了印度教信徒的袭击,几乎丧命。在到达南印度的港口古里之后,出航的船队尚未出发便遭风暴。三艘船中两艘沉没,第三艘被迫拔锚启航,两个月后被苏门答腊岛的统治者擒获。白图泰当时正在清真寺中祷告,幸免于难。但是,他也不敢回德里,只能托庇于当地穆斯林统治者之下。很快,印度教徒推翻了穆斯林的统治,白图泰仓皇逃出,流落马尔代夫。

在马尔代夫他停留了 9 个月,在此期间,他被任命为当地的大法官,甚至被迫娶了国王的女儿。但是,白图泰不想留在马尔代夫,于是他随意判罚,惹怒了国中上下,终于,他被赶出了马尔代夫。接下来,他去了锡兰,看到了亚当桥。但是他的船随后先是遇上风暴,又被海盗抢劫,使他被迫又折返德里,然后又回到马尔代夫。这一次,他立刻找到了一艘来自中国的船只,并顺利地经过马六甲海峡,沿着越南海岸北上,最后到达了元朝南中国的主要港口刺桐(泉州),13~14世纪泉州城设有阿拉伯人规模宏大的商栈。从泉州出发,他又去了杭州。白图泰声称自己沿着京杭大运河一直北上去了汗八里城(北京),但是后代历史学家认为这一段只是他的编造。他返回时仍然沿着前来中国的航线,从刺桐启程驶向锡兰岛,再由锡兰岛出发经过马拉巴尔、阿拉伯、叙利亚和埃及,最后经撒丁岛回到了丹吉尔,发现母亲也在数月前过世。此时,已经距离他离开家乡大概有25年了。

伊本·白图泰在中国的旅程

在家中没有待多少时候,白图泰又出发去当时在穆斯林统治下的西班牙——安达卢西亚。当时卡斯提尔的国王阿方索十三世正举兵威胁攻打直布罗陀,丹吉尔的穆斯林们组织了一些志愿者去守卫该城,白图泰也是其中一员。但是阿方索随即死于黑死病。所以等到白图泰抵达安达卢西亚的时候,威胁已经解除。于是,白图泰一路游览,最北到达瓦伦西亚,然后经过格拉纳达回家。回到摩洛哥后,白图泰发现自己居然还没有游历过这个国家,于是他又出发去圣地马拉喀什,发现由于黑死病,已经成为空城。于是他又去了摩洛哥当时的首都非斯,游览一番后,回到了丹吉尔。

在丹吉尔,白图泰听说了撒哈拉沙漠南面的神秘国度——马里帝国,据说当时世界一半的黄金都产于马里。白图泰于是决定去马里。1351年秋天,白图泰出发去马里,穿过撒哈拉沙漠后,他先抵达了古城塔阿扎(Taghaza),这是一座用食盐建造的城市,是摩洛哥人用盐交换马里人黄金的据点。然后他又向南旅行,沿着一条他认为是尼罗河的大河

伊本·白图泰《中国纪行考》

航行(实际上那是尼日尔河),最后抵达了马里的首都,见到了国王曼萨·苏莱曼。之后,白图泰踏上了归途,在廷巴克图,他收到了摩洛哥苏丹的命令,命令他立即回乡。

回到丹吉尔之后,定居于非斯城。摩洛哥苏丹派了一位学者调查白图泰,这位学者记录下了白图泰的叙述,将其命名为《伊本·白图泰游记》。这本书在随后的岁月中没有得到应有的重视,直到19世纪,才被西欧的学术界重新发现,1853年到1859年,法文版在巴黎出版,引起极大的轰动,后又被翻译成多种文字。

25年漫长的岁月里,他沿陆路和海道走了约12万千米的行程。他游历过的地区有:穆斯林在欧洲统治的全部地区和拜占庭帝国、北非和东非(到达南纬10°线)、西亚和中亚地区以及印度和中国。他走遍了从莫桑比克海峡到马来海峡的印度洋沿岸和南中国海的大陆海岸线。

伊本·白图泰《游记》

伊本·白图泰作者《游记》一书被译成欧洲的多种文字,在这本书里概括了地理、历史和人种学的大量资料。时至今日,这本书对研究白图泰所游历过的国家的中世纪历史,其中包括苏联的广大地区的中世纪历史,仍有参考价值。伊本·白图泰在这本书中所说的一切都是他耳闻目睹的事实,他在书中所列举和记述的大部分情况已被当代许多历史学家的考察所证实。至于他搜集有关一些遥远国家道听途说的情况,尽管有许多虚构的成分,但也值得历史学家借鉴,比如说,关于"黑暗之国"——北欧和亚洲一些地区的情况就是这样的。

　　白图泰随后在丹吉尔担任当地的卡迪,1377 年逝世后葬于丹吉尔。

四、地理大发现

　　地理大发现（Great Geographical Discoveries），是指15世纪中后叶至17世纪末叶，在各种原因的推动和各种因素的作用下，欧洲人大规模地或扬帆远航，或长途跋涉，发现了全世界的文明民族及前所未知的大片陆地和水域，对这些陆地和水域乃至地球本身有了初步的了解和一定的认识，开辟了若干前所未有、前所未知的重要航路和通道，把地球上的各大洲（南极洲除外）、各大洋、各地区直接地紧密地联系起来。

　　所谓"发现"一词乃纯欧洲立场的名词，其中并且含有浓厚的侵略及轻蔑的意味；这种提法不仅有"欧洲中心论"之嫌，而且也不符合历史事实。

威尼斯制图师于1459年绘制的世界地图。这是第一批绘有欧洲、非洲和亚洲的地图

　　15世纪后半期，不仅在葡萄牙，而且在其他大西洋沿岸的西欧国家，也出现了开辟通往中国和印度——"香料之国"直接航道的热望，似乎那里有取之不尽的黄金。这个时期，西欧的封建主义正处于崩溃瓦解阶段，大城市相继出现，欧洲国家与一些非欧洲国家之间的商业贸易蓬勃发展。通用的交换手段是金钱，对金钱的需求随之急剧增加了，因此欧洲对黄金的追求更为强烈，这更加激发了对印度的渴望，然而在这个时期，由于土耳其人的征战活动，要使用欧洲人

原来通往南亚和东亚的传统海陆相连的东方道路就越来越困难了。只有葡萄牙忙于寻找通往印度的南部航线。15世纪末期,对其他大西洋国家来说只有西行路线才是畅通无阻的,即横渡前人未知之大洋。这种想法产生于欧洲的文艺复兴时期,这是因为古代地圆学说的广泛传播,同时也因为15世纪后半期造船业和航海技术已经取得了巨大成就,人们有可能进行海上远航。

通常所说的"地理大发现"包括1492年哥伦布横越大西洋,到达中美洲巴哈马群岛的所谓发现新大陆;1498年达·伽马绕非洲渡印度洋抵印度南端的所谓发现新航道。这一发现,只对欧洲的南部和西南部来说,才符合"大发现"的涵义。当时的欧洲航海者说:"一切都非常明了:博哈多尔角(Cape Bojador)以外没有人烟,也没有人类居住的地方……那里波涛汹涌,任何船只一旦越过海角就一无回还。"葡萄牙历史学家戈麦斯·埃亚内斯·德·佐拉拉在叙述15世纪30年代初水手航行至当时世界最南端博哈多尔角流露的恐惧时这样写道。

"地理大发现"时期探险航线图

博哈多尔角是一座孤零零的、被海风侵蚀的沙石丘,它位于非洲西部突起处,现在称之为西撒哈拉。过去,欧洲的旅行家曾航行到东方,但从未到过南方或西方。因此,这些陆地和海域仍不为人们知晓。

博哈多尔角

　　事实上不论是哥伦布,还是达·伽马,他们的发现都是在有人烟地区范围内;直到中古时代末期,基督教统治下的中南欧,固然地理境界的扩展停滞了上千年之久,但亚洲东部的中国,从陆上征服亚洲的腹地,从海上征服太平洋和印度洋,与非洲和欧洲都建立了密切的政治、经济、文化联系;阿拉伯人占有亚、非、欧的联结地带,处印度洋与大西洋之间,他们的视野广及三洲两洋;美洲的印第安人,视野也很开阔,哥伦布就曾经从中美洲的印第安人那里听说西去不远的地方产黄金,陆地西边还有一个大洋。真正视野狭窄的是中南欧,他们就连小小的欧洲,也模糊不清。西欧的不列颠群岛和爱尔兰岛,在他们眼里是遥远的象征词;北欧还处于神话的世界;东欧的俄罗斯直到他们发现了新大陆与新航道之后,才到达那里;他们眼里非洲的赤道附近,人到了那里皮肤会晒黑,甚至还会烧熔等等;即便是印度和中国,他们传说那里用金子盖房,以银子铺路,还盛产丝绸、香料。他们已知的世界,绝对不会大于地球陆地的 1/4;地理大发现也没有一下子就把地球表面的许许多多的未知世界变成已知世界。

　　中世纪,地中海两岸的基督教与伊斯兰教对峙着,伊斯兰教信奉者阿拉伯人,占有西南亚、北非和西南欧,扼亚、非、欧三大洲咽喉,控大西洋与印度洋两大洋纽带,把基督教地区与外部世界的几乎所有联系都切断了。而欧洲南部根本找不出一块像尼罗河、两河流域那样富庶的农耕地区,自给自足经济的建立相当艰难;而对外贸易却完全控制在阿拉伯人手里。于是冲破穆斯林的封锁,对基督教世界十分迫切。伊比利亚半岛的葡萄牙,于 13 世纪中叶从穆斯林统治下首先解放出来;1391～1492年西班牙人与穆斯林进行了连续不断的百年战争,终于取得了胜利。1415 年葡萄牙国王的第三个儿子亨利(Henry)王子统率的葡萄牙军队,攻占了直布罗陀海峡南岸的穆斯林要塞休达,即今摩洛哥王国北部港口城市塞卜泰,这样封闭在地中海的基督教世界总算有一个通往大西洋的通道。

基督教世界的这一通道口只不过是他们已知世界的边缘;红海、波斯湾、印度洋无疑是他们知道的通往印度和中国的必经之道,可惜通往这些海洋的陆地牢牢掌握在穆斯林手中;避开穆斯林从陆上也能通达中国和印度,马可·波罗及其父叔们所开通的道路那是他们知道的,无奈距离迢远、旅途艰辛、运输不易,都使人望而生畏。于是找出一条通往东方的海路,是那样迫切而又富有魅力。在他们眼里,从世界的边缘出去,那将到达一个什么样的地方? 这就需要冒险去进行探查! 而这样生死未卜,每走一步都有惊险的行动,没有强大的推动力量是不行的,于是鼓起传布基督教信仰的热情,搧起人们到满是金、银、香料的地方去发财致富的强烈欲望。探险成了神圣而光荣的事情。

1. "地理大发现"的开拓者

葡萄牙的崛起,开始于 15 世纪的亨利王子时代。葡萄牙国土是一块狭长的沿海土地,几乎没有什么内陆地区,加以人口密集,内部资源稀缺,依靠内部机制解决社会矛盾毫无可能,要缓解国内的矛盾,只有寻求向外的扩张,转嫁经济危机。在陆地上,强大的宿敌西班牙堵住了葡萄牙所有向外扩张的路径,因此,谋图海上的发展成为葡萄牙求取生存的唯一手段。

当时马可·波罗的"游记"盛行于欧洲,东方成为欧洲人概念中财富与黄金的同义词,欧洲各国纷纷谋求与东方的贸易。解决葡萄牙经济危机最需要的是黄金，因此，葡萄牙迫切的需要开通东方的航道。由于地理因素和历史的关系，在探索新航路方面，意大利人拥有当时欧洲最发达的航海技术，然而，为求取民族的生存，葡萄牙人在欧洲捷足先登，最早开始了向东方的扩张。

葡萄牙此时正处于"航海家亨利"统治时代。亨利是葡萄牙历史上最为雄才大略，富有战略眼光的领袖。亨利王子（Prince Henry of Navigator，1394～1460）尽管从来没有进行过长距离的航行，只不过是多次海上探险的组织领导者，但是过了数百年以后他被人们认为是一个航海家。他的父亲是葡萄牙国王若奥一世，母亲就是莎士比亚在《理查德二世》中写到的冈特的约翰的女儿菲利芭。

亨利王子

1415 年，葡萄牙国王若奥一世携 20 岁的王子亨利一起，出动战船 200 艘、海军 1700 人、陆军 19000 名，突如其来地占领直布罗陀海峡南岸的休达城，控制了地中海与大西洋的交通咽喉，全面由海路向未知的世界进军。休达城战役标志着葡萄牙向世界扩张的开始。这一战也令亨利王子一战成名。年轻的亨利表现勇猛，他被封为葡萄牙最南端的阿尔加维省的总督。

在休达城时他收集了有关西非的一些真实可靠的消息。他了解到，在阿特拉斯山脉以南有一个撒哈拉大沙漠，然而在这片沙漠中可以遇到一些有人居住的绿洲。当地的库尔人派出商队穿过沙漠走到一条大河旁，在那里开采黄金和掠夺黑人奴隶，在西非的这条沙漠地带以外确实有两条河流：一条向西奔流，名叫塞内加尔河；另一条向东奔流，名叫尼日尔河。15 世纪时人们把这两条河弄混了，甚至认为它们与尼罗河相通。这些消息在航海家亨利王子的心目中与圣经里记载的奥菲尔地区神话传说交织在一起。所罗门国王曾在此地开采黄金来建造耶路撒冷的教堂。亨利王子决定无论如何要沿海路到达这个富有黄金和奴隶的国家，于是派出船只沿非洲西岸向前航行。为达到这个目的他终生进行了不懈的斗争。

为了寻找去南部非洲的海路,需要培养专门的航海人才,亨利王子于1418年,也就是郑和第五次到达东非的时候,在葡萄牙西南角的圣维森提角与萨格雷斯角两紧挨着的海岬之间建立了萨格里什学院。这个学院网罗了专门的地理学者、制图学者、数学学者、天文学者以及懂各种语言的翻译人才;学员主要是葡萄牙海军的舰长;课程是改进航海方法,掌握十进位数学,从文献和地图上研究沿海岸南航非洲南部的可能性,赤道地区有人居住吗?白种人到了那里真会变黑吗?地球到底有多大等课题。因此,有人称萨格里什学院是世界上最早的地理研究院;有人称它为世界上最早的海运学院。哥伦布就是这个学院的学员。

1420年,年仅26岁的他又被任命为"基督的圣意"十字军的统帅。因此,作为总督和十字军斗士,他着手实施其宏伟的计划:一方面与北非的摩尔人对峙;另一方面开辟通往非洲撒哈拉以南地区的新航线,迂回包抄摩尔人。

当时的欧洲贵族,仍然以骑马冲锋为最高尚的职业,陆地上的猛将是所有贵族少女梦中的白马王子,休达战役亨利完全有可能成为陆战的名将,然而,少年的亨利,却放弃了陆战生涯,对海洋发生了浓厚的兴趣。亨利王子把骑士团一年的收入拿出来,装备了几支远航探险队,对西北非洲各地进行了广泛的航海探险。

亨利首先对几代航海者共知的马德拉群岛和加那利群岛发动袭击。而后在1433年,他决定派出由吉尔·埃安内斯任船长的一艘船,奉命向博哈多尔角以外的一座半岛航行。该半岛位于已知世界的边界加那利群岛以南约300千米处。显而易见,埃安内斯失去了前进的勇气,他带着未完成的使命回到葡萄牙。他对资助人解释说,他曾面临多么可怕的危险,而且肯定还提到"酷热带"和前方可能出现的曼德维尔描绘的怪物。但亨利没有耐心听他讲下去。"我的确很赞赏您丰富的想象。"他派埃安内斯第二次出航。"要不遗余力越过博哈多尔角。"

1434年,埃安内斯胜利返回葡萄牙。他抵达博哈多尔角(北纬26°)受海风侵蚀的不毛之地,从延伸30千米的浅滩绕道去,从博哈多尔角150千米外登陆,采集了一些植物带回葡萄牙。结果表明,这是一次相当容易的旅行。博哈多尔角这个障碍实际上并不像人们所想的那样。

如今再没有什么阻止葡萄牙人进一步探险了。在亨利的鼓励下,勇敢的船长们每年竞相沿西非海岸线航行到更远的地区。不久,种种迹象表明,航海事业还带来经济利益。1436 年,阿方索·巴尔达亚船长在博哈多尔角以外 200 千米的小港湾附近登陆,在沙地上发现人的脚印。这个发现使亨利异常兴奋,他立即派巴尔达亚再次远航。在第二次航行时,船长打发两个年轻人骑马去找寻当地的土著居民。不料,他们遇上一群手执长矛的战士,费了好大劲才从围击中逃出。不过,巴尔达亚运气较好,发现了当地的动物群。他看到一些海豹——他称之为"海狼"——把它们杀死,剥下豹皮。海豹皮是首批从非洲突角运抵葡萄牙的贸易货物。

4 年以后,由两艘船只组成的探险队返回葡萄牙,船上所载的货物更令人发指——竟是 12 名非洲黑人。在亨利看来,这些囚犯是一种信息来源,但其他人很快认识到这个发现别有特殊的用途:上个世纪蔓延全国的瘟疫"黑死病"造成国内劳动力严重缺乏,葡萄牙王国实际上一直处于瘫痪状态,而非洲黑奴可缓解劳动力紧缺的状况,这便是奴隶贸易的开始,后来成为发现航行的经济支柱。

1445 年,亨利王子的船长们通过了沙漠海岸,进入物产富饶的西非海岸,迪尼斯·迪亚士到达佛得角和塞内加尔河口(北纬 16°)。两年后,到达几内亚海岸(北纬 12°)。

1448 年,葡萄牙人在博哈多尔以南 750 千米的阿尔金岛建造一座城堡,此后不久,又有 200 名不知所措的黑奴出现在拉各斯,他们在那里的公开交易市场被廉价出售。

亨利晚年唯一的重大地理历史事件是偶然地发现了佛得角群岛,这个发现是由威尼斯探险商人阿里维泽·达·卡达莫斯托完成的。他与热那亚人安东尼奥·乌索迪马雷在葡萄牙开办了一个对非贸易股份公司,他以一般的条件取得了亨利王子的批准。1455 年,他们派出了两艘船,完成了前往冈比亚河河口区的航行,返回葡萄牙时他们带回了一大批奴隶。卡达莫斯托说,他在一个地方只用了几匹马和马具便从一个部族酋长那里换来了上百个奴隶。

1456 年,卡达莫斯托和乌索迪马雷又重新装备了两只船,亨利给他们派去了一艘葡萄牙船作为第三艘船。在布朗角以外的海区,风暴把他们推向西北方向的遥远的海区。风暴停息后,他们调转船头向南行驶。过了 3 天后,他们在北纬 16°处发现了一个海岛,他们给这个岛取了一个名字:博阿维斯塔岛(此岛离佛得角 600 千米)。

从博阿维斯塔岛可以清晰地看到其他岛屿:正北方向是萨尔岛;西南方向是马尤岛,在这些岛中最大的、地势最高的是圣地亚哥岛。这些航海者在博阿维斯塔岛和其他早先已经发现的岛上找不到任何感兴趣的东西,于是他们调转船头向东北抵达非洲大陆的海岸,然后返回葡萄牙。卡达莫斯托对这两次航行都作了系统的记述,这些记述对研究西非地理提供了非常有价值的丰富多彩的资料。这个时期,西非正处于历史的悲剧性转变时刻,葡萄牙人正在把西非变成世界上最大的捕捉奴隶的场所。

萨尔岛

直到 1460 年亨利逝世时,葡萄牙人已经勘探到西非的塞拉利昂(北纬 8°),并且在西非沿岸建立了大批贸易商站。

1461～1462 年间,一个混合探险队也完成了对佛得角群岛的发现,参加这个混合探险队的人有热那亚人安东尼尤·霍利和早期曾经探索过塞内加尔的葡萄牙人第奥古·科米什。

发现这个群岛几年以后,第一批葡萄牙殖民者来到这里。但是在以后的年代里,来到这里的欧洲人为数不多。葡萄牙国王授权这个群岛上的封建领主可以到对面的非洲海岸即塞内冈比亚地区捕捉黑人,成千上万的奴隶被运到这个群岛上。这些奴隶的后裔,特别是与为数不多的葡萄牙殖民者混血的后裔,是现今这个群岛上居民的主要组成部分。

1473 年亨利王子的继承者首先越过了赤道——这是欧洲人心灵的障碍,和死亡连在一起的禁区;之后又在这里登陆,并在刚果河口立下石碑,据说直到 20 世纪还树立在那里。

随后,葡萄牙国王若奥二世继续亨利王子的探险事业,把世界航海

为了纪念亨利王子,葡萄牙人民建立了航海纪念碑

探险事业推向高潮。

接着又改进造船工艺,制造二、三根桅的三角帆轻便海船,用指南针导航。欧洲最早的远洋航行同时具有两种航海传统:适合长期顺风航行的北欧直角帆设计;而适合逆风航行的倾斜的三角帆——北欧人称为拉丁式或大三角帆——则为地中海的航海家所青睐。

吉尔·埃安内斯

13世纪,在地中海船型基础上建造的一种新型船只问世。人们把这种船只命名为"多桅帆船"。多桅帆船采用三角帆设计,并且融合了北欧船只的直艉柱和艉舵等主要特点。另外,必要时多桅帆船可重新安装直角帆。这样,顺风时航速加快了,而遇到恶劣天气时操纵更灵敏。

当首批葡萄牙探险家在15世纪40年代向南航行至非洲时,这些船只自然而然地成为他们的首选。然而,随着航程的拉长,它们暴露出某些不足。要用25名船员才能控制帆船巨大的船帆,而且,裸露的甲板不能有效地

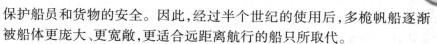

保护船员和货物的安全。因此,经过半个世纪的使用后,多桅帆船逐渐被船体更庞大、更宽敞,更适合远距离航行的船只所取代。

首先采取近距离航行试验,1420 年到达了马德拉群岛;1432 年"发现"亚速尔群岛;1434 年亨利王子的舰长吉尔·埃安内斯(Gil Eannes)到达了非洲的博哈多尔角,今西属撒哈拉沿海,约北纬 27°。事实证明赤道附近地带海水没有沸腾,欧洲人到了那里也没有变黑。

在大海中航行,尤其是航行在波涛汹涌的大西洋上,长期看不到陆地便会发生危险。由于见不到熟悉的路标,航海大半成为猜测技巧的问题。从理论上讲,通过测量北极星或正午太阳与地平线的角度来判断船只当时所处的纬度是可能的,但是学者们测量用的星盘是件相当复杂的仪器。航海家要想获得准确数据,必须要具有极熟练的技巧才行。此外,角度每天的变化极其微小。所以有必要使用航海图;而且,即使天气晴朗,在颠簸的船上也很难准确地测量出角度。然而,没有几位船长因此而苦恼。从最乐观的方向看,他们采用最简便的方法,即用手来测量角度:一根手指代表 2°,手腕代表 8°,一只手代表 18°。

虽说有了南北度数,但仍无法根据太阳和恒星的位置计算出船只所处的经度,即东西方位。经度数只能通过将当地时间与某一地已知时间相比较方可得出,因此,这就需要一只精确的钟。然而,在 15 世纪还没有如此可靠的计时器。一个舵手要尽最大努力用航行推算法仔细记录航程,即估算船只驶过飘浮残骸时的航速,然后估计出航行的距离,同时把洋流和侧风考虑在内。

15 ~ 16 世纪,航海家使用的是一种结构简单的海员星盘,它用一根可转动的特制旋标指

1470 年左右,阿拉伯人将自公元前 3 世纪以来,天文学家们一直在使用的星盘加以改造成一种简单的航海仪器,用来测量陆地的纬度和船只在海上的位置

探索自然丛书

针固定在一个木盘或金属盘的中心,盘上的圆周已标出度数,海员可顺着指针,按旋转指针上前后竖立的模板中心孔瞄准器,沿一条直线观察某一天体,然后判读盘上的度数,就可确定该星辰的高度。这一时期世界范围的航海探险热潮加速了星盘的使用化进程。哥伦布、麦哲伦和达·伽马在远航探险中都带有星盘作为导航仪器。

2. 欧洲人首次绕过好望角

严格地说,开通欧洲至亚洲的海上航线是一群探险者,甚至是几代航海探险者的功绩,但历史上总是把第一顶桂冠加在非洲最南端好望角的发现者、葡萄牙航海探险家迪尼斯·迪亚士的身上。

其实,在15世纪的同一时代,葡萄牙出现了三个同名的迪亚士,而且都是航海家、探险家。在海洋大探险中都有过各自传奇的历险,以其不平凡的发现载入史册。其中一位,是迪尼斯·迪亚士(Dias. Dinis),他是受亨利国王派遣,前往非洲各国、中东和开展贸易的船长之一。

15世纪中叶,葡萄牙为了大量捕捉黑奴,加速了在西非沿岸的探险,1445年,亨利派出了一支由26艘船只组成的船队前往探险,在去往兰萨波迪的一支小分队中,有一位船长就是D. 迪亚士。他发现了"佛得角",他的同行者中,有一位名叫特利什坦的探险者,在北纬16°附近发现了塞内加尔河口。

至于D. 迪亚士对这一海岬的发现,当时只以为是非洲西海岸很突出的海岬。以后在比较各航海探险家的测绘图时,方知D. 迪亚士发现的那个海岬,恰恰是非洲西海岸最西端的一个海角。从此,佛得角(西经17°33′)在海图中列入很显眼的位置,在航海家口中也慢慢流传开来。佛得角现属塞内加尔。

迪亚士

第二位和第三位迪亚士,都是一个称谓,叫巴托罗梅乌·迪亚士。第二位迪亚士,人们对他的了解是,他曾于1478年从几内亚带回不少象牙。此外,就是这位迪亚士,1481年受葡萄牙国王之命去黄金海岸,为在那里建立圣乔治·达·米纳要塞,那时,任派出船只中的舰船指挥。

由于巴托洛梅乌·迪亚士在葡萄牙人中是很普通的名字,就像英国的威廉·史密斯、爱德华·琼斯,中国人的姓名中的姓张、姓王、姓李那样太普遍了,因而有的学者说第二、第三位的迪亚士是一个人,而多数的史学家认为,宁可看成是不同的两个人更合适。

1486～1487 年,葡萄牙航海家巴托洛梅乌·迪亚士(Bartolomeu Dias,1450～1500)由于避风暴到了今南非东南海岸的阿尔戈阿湾,即今南非港市伊丽莎白港,这是欧洲人首次绕过好望角,到达印度洋的航行。

迪亚士称非洲南端为暴风雨之角(葡萄牙文是 Cabo tormentoso),但葡萄牙国王却改名为好望角,因为它开拓了沿海路到印度去的希望。

迪亚士的航海路线图

1487 年 8 月,葡萄牙航海家迪亚士奉葡萄牙国王若奥二世之命,率两艘轻快帆船和一艘运输船自里斯本出发,再次踏上远征的航路。他的使命是探索绕过非洲大陆最南端通往印度的航路。迪亚士率领的船队首先沿着以往航海家们走过的航路先到加纳的

迪亚士的探险船

埃尔米纳,后经过刚果河口和克罗斯角,约于 1488 年 1 月间抵达现属纳米比亚的卢得瑞次。

国王若奥二世对这次迪亚士的航行十分关心,出航前,交给迪亚士一份最新的地图。该地图是根据历次海洋探险的资料刚绘制成的,由此可以看出若奥对这次探索新航路所寄予的厚望。其

探索自然丛书

实。国王还有一手,几个月前,已派出一名密探沿陆路去探寻通往亚洲之路。此人叫佩罗达·卡维朗。国王也给了一份与给迪亚士相同的地图。两人都具有相同的目的,无论是海路还是陆路,都可以互补。

船队在那里遇到了强烈的风暴。苦于疾病和风暴的船员们多数不愿继续冒险前行,数次请求返航。迪亚士力排众议,坚持南行。

1488年的2月初,船员们在极端疲惫、简直个个像散了架似的状态下,再一次见到了非洲陆地,总算惶惶不安之焦虑得到些平静。其实,许多船员在那咆哮的南纬40°上航行时,他们不停地在向上苍祈祷,请上帝保佑。尽管发现了新的非洲陆地,使迪亚士又不断地向自己提出疑问,不对呀,历来发现的非洲海岸线都是向南的,而现在呈现在面前的海岸线怎么是向东了呢? 殊不知,迪亚士已经绕过了非洲之角,但迪亚士那时不相信这一点。

可以后出现的事更古怪,迪亚士继续向东航行,而海岸线依然不断地向东延伸,且越来越远。迪亚士为了证明自己没有搞错,用凉水冲了好几次脑袋,一而再、再而三地揉自己的眼。这样,他才相信不会错了,甚至用他们所使用的很简陋的航海仪器也可以计算出,他们现在所处的位置离博哈多尔角以东有3000千米之遥了,也就是说,他们现在正处在埃及的正南方。这才使他们相信,他们的南面是一望无际的大海,这里海岸线几乎很平直,也很少遇到岛屿。

此后,船队被风暴裹挟着在大洋中漂泊了13个昼夜,不知不觉间已经绕过了好望角。风暴停息后,对具体方位尚无清醒意识的迪亚士命令船队掉转船头向东航行,以便靠近非洲西海岸。但船队在连续航行了数日之后仍不见大陆。此时,迪亚士醒悟到船队可能已经绕过了非洲大陆最南端,于是他下令折向北方行驶。当见到陆地景色时,这些长期海上飘荡的船员们一下子兴奋起来,陆地啊,久违了。其实,航海人见了陆地就高兴,况且,这里海岸可真美,那里的花草,从船上就隐约可见,气候也舒服。眼看着这生机勃勃的景象,勾起了船员们对家乡的思念。怎能不想家呢,屈指算来离家远航已7个月了。

1488年2月间,船队终于驶入一个植被丰富的海湾,船员们还看到土著黑人正在那里放牧牛羊,迪亚士遂将那里命名为牧人湾(即今南非东部海岸的莫塞尔湾)。迪亚士本想继续沿海岸线东行,无奈疲惫不堪

探索自然丛书

的船员们归心似箭,迪亚士只好下令返航。在沿南非海岸返航途中。迪亚士和船员们发现一块"巨大而高贵的海角",花岗岩的险崖林立,后面是平坦的山脉。他在那儿登陆,竖立第二块"守护神"作为标记,他以为这是非洲的最南端(实际上,他已经错过离此东南 200 多千米处的最南端厄加勒斯角)。他把他的发现地命名为"好望角"。

迪亚士沿海岸向北航行,再次停靠在储备船停泊的港湾,发现留下看管船只的大部分船员已被当地的部落居民杀死。在 3 名幸存者中,一位船员已被疾病折磨得瘦骨嶙峋,他看到同伴归来又惊又喜。不久便死去。出于缺少驾驶储备船的船员,迪亚士把所需物品搬到船上,将储备船烧毁,然后启程返航。1488 年底,即离开葡萄牙 16 个月后,迪亚士回到葡萄牙,受到人们对待英雄般的欢迎。通往印度的航路终于打开了。

好望角在非洲西南端,伫立在好望角前是三块连在一起的木牌,上面写着:好望角处于东经 18°28′26″,南纬 34°21′25″,好望角——非洲的西南端。

葡萄牙国王认为发现"风暴角"是个好征兆,因为绕过它就能通往富庶的东方,遂将其易名"好望角"。由此看来,将"好望角"误为"非洲大陆最南端"首先是历史的错误。

其实,非洲大陆的最南端为厄加勒斯角,那里海岸平坦,唯有乱石满目;海风拂过,未见白浪翻滚,

好望角

未闻涛声入耳;一个半人多高的立方体石碑孤苦伶仃地站立在海边,正前方写着:你现在来到非洲大陆的最南端——厄加勒斯角,下面注明地理位置——南纬 34°49′42″,东经 20°00′33″。石碑的正上方是非洲大陆最南端与世界主要城市之间的距离,其中标明与好望角的距离是 147千米。

顽强的迪亚士揭开了好望角神秘的面纱,他的名字也永远与好望角

探索自然丛书

大西洋与印度洋的界碑，位于厄加勒斯角

连在一起。葡萄牙诗人卡蒙恩斯在其优美的叙事长诗《鲁西亚德》中，讲述了好望角神奇的传说：古希腊时，硕大无朋的亚当阿斯特伙同其他 99 个巨人图谋反抗诸神，试图用风暴攻取奥林匹斯山，但被在诸神面前的赫尔克勒斯和沃尔坎所打败。作为永久的惩罚，巨人们被流放到世界尽头，埋葬在火山群峰之下。亚当阿斯特的身体化为峥峥山岳，形成了好望角，开普敦北面的桌山是他制造风暴和雷电的作坊，好望角周围海域上怒号的狂风和肆虐的雷暴是他不断巡游的魂灵。对敢于在这一海域搅扰他的人，他会咆哮着施以可怕的报复。迪亚士首先闯入了亚当阿斯特的禁地，亚当阿斯特自然不会忘记对他施行报复。1500 年 5 月，在随卡布拉尔率领的庞大船队再次远航印度的旅途中，迪亚士在好望角附近的一场风暴中葬身大洋……

如把好望角与厄加勒斯角相比，后者平坦开阔，风缓浪静，岬角隐约，容易让人忽略而过；前者突兀雄伟，风恶浪急，岬角赫然，给人的印象自然深刻。发现好望角的迪亚士与首次通过好望角到达东方的达·伽马二人均在好望角有纪念塔。

好望角有公路可通开普敦，由于那里风光朴实雄浑，再加以赫赫名声，现已辟为自然保护区。代替当年由迪亚士安上的十字架圆柱标志的是一座巨大的灯塔，位于岬

发现好望角的情景

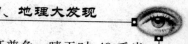

角东北约 1 千米处海拔 200 余米的山顶上,称开普角。晴天时,40 千米范围内都可看到它。

人们面对好望角的标牌仍固执地认为它是非洲最南端。关于好望角的错误是历史造成的,除了好望角的自然条件比厄加勒斯角更有吸引力之外,好望角的来头也比厄加勒斯角大。

值得庆幸的是,这个错误后来得到了纠正。1966 年,在非洲工作过 17 年的法国记者路易·约斯,写了一本《南非史》,书中写道:"非洲大陆最南端是这个地方(厄加勒斯角),而不是一般人所认为的好望角。"

3. 发现经好望角到达印度的新航路

由于《马可·波罗游记》对中国和印度的精彩描述,使西方人认为东方遍地是黄金、财宝。然而原有的东西方贸易商路却被阿拉伯人控制着。为了满足自己对黄金的贪欲,欧洲的封建主、商人、航海家开始冒着生命危险远航大西洋去开辟到东方的新航路。

1492 年哥伦布率领西班牙探险队发现了"西印度"以后,葡萄牙政府感到必须赶紧加强它对东印度的"权利"。1495 年唐·曼努埃尔一世于 1495 年即位后,通往东方的探险航行重新纳入议事日程,并由此进入了决定性阶段。

如前提到,被葡萄牙国王秘密派往从陆地探路的佩罗达·卡维朗取道巴塞罗那前往印度,沿途经过那不勒斯、罗得岛、亚历山大和开罗。这次他打扮成商人,穿阿拉伯服饰,带着各种通行证件。混迹在商人队伍里,即使对于异教徒严格的禁地,他都能顺利通过,就这样,终于到达红海之滨的亚丁。在那里换船到达印度在马拉巴尔海岸的主要港口卡利卡特。这里是东西方商人都在此聚集的港口,黄金、香料、宝石、粮食都在此易手。在这里,卡维朗侦察了地形、收集了商贸情报。

此后,卡维朗宛如阿拉伯人,在印度很顺利地考察了印度两岸的南北各港口,然后又越过印度洋到达另一岸的东非,去过马林迪、蒙巴萨、莫桑比克和索法拉诺港口,前前后后历时 3 年,于 1490 年回到开罗。

可是,就是这位唯一派出的密探,自 1492 年或 1493 年起,在经过埃塞俄比亚时,就再没有返回葡萄牙。据说是埃塞俄比亚国君把他作为葡萄牙的使臣,但不允许他回国,从此,他就在那里结了婚、安了家,接受领地，爵禄高登。至于他在海外的萍踪漫游故事，一位名为佛朗西斯科·阿尔瓦利斯的神甫曾作过详细记录，收录在该神甫的《"印度的若奥神甫之行"的真实报告》的报告里。于 1540 年在里斯本出版，当然，那是后事。不过，葡萄牙国王大概是收到过卡维朗 1491 年从开罗寄出的报告，由于这份秘密报告没有留下来。曾受到过某些史学家的怀疑。

派出卡维朗印度之行的是葡萄牙国王若奥二世，1496 年，若奥因患水肿病去世。他的 26 岁的堂弟继位，即曼努埃尔一世。他十分佩服若奥在海洋探险上的远见卓识和英明的战略安排。为了实现若奥二世生前的愿望，曼努埃尔自然十分重视卡维朗的秘密报告。显然，这份报告将为曼努埃尔国王拟定前往香料帝国，寻求通往印度的航路提供了重要的依据。国王所以十分看重这份报告的另一原因是，迪亚士返回葡萄牙后，只提供说，已知的大西洋和印度洋是相通的，但并没有带回有关东非沿岸和印度洋水域的任何资料。

瓦斯科·达·伽马

于是，在 1497 年，葡萄牙国王重组建和装备了一支舰队，再去探索由葡萄牙起绕过非洲前往印度的海上航道。疑心重重的葡萄牙国王对已经赢得声望的航海家保持小心提防的态度，所以不把迪亚士任命为新探险队的领导人，而把以往平庸无奇的年轻贵族宫廷官员瓦斯科·达·伽马（Vasco da Gamma，1469～1524）任命为这个新探险队的领导。

提供给伽马指挥的船共有三艘。其中两艘是重载船，每艘的排水量各为 100～120 吨。一艘重载船是"圣加布利埃尔号"，伽马在这艘船上升起了指挥旗，船长是冈萨鲁·阿尔瓦利斯，他是一个富有经验的海员。另一艘重载船是"圣拉伐埃尔号"根据伽马的请求任命他的哥哥巴乌尔·伽马为该船的船长。巴乌尔·伽马在以往也是个平庸无奇的人。第三艘船是"比利号"，排水量为 50 吨，船长是尼古拉·库埃留。除此而外,随同船队一起航行的还有一艘满载着给养的运输船。队员约有170人,包括水手、士兵、翻译和十来个罪犯。在船队长所乘的"圣加布里埃尔号"上,有国王赠予伽马的一面印有红色十字架的白色旗帜。

1494年7月8日,牧师在前面领路,达·伽马和170名船员庄严地行进在里斯本的街道上,为他们的远航祝福。船队从里斯本出发,在总领航员佩罗·德·阿伦克尔(Pêro de Alenquer)的带领下,沿着迪亚士的航行路线行进。已被任命为米纳要塞长官的迪亚士与伽马同行,前去赴任。8月,各船相继到达佛得角的圣地亚哥岛,迪亚士与伽马分手,沿非洲海岸前往米纳。伽马船队在当地停留一个星期,进行了小规模的修补并补充了淡水。尔后,按照迪亚士的建议,船队离开海岸,深入南大西洋航行。从8月3日至11月8日,船队在茫茫海洋中航行了整整3个月。由于仅知道佛得角群岛和好望角的位置,也没有风向图和洋流图参照,所以,达·伽马和他的船员又返回非洲海岸。此时,他们离目的地好望角已不足200千米。最后,西风将船队吹送到了好望角附近。在选择好了合适的登陆地点之后,伽马决定在一个海湾抛锚,并将之命名为圣·埃列娜湾(Baía de Santa Helena)。

12月25日,他们在航行中望见了一片陆地,并将其命名为纳塔尔(Natal,葡文意思是圣诞节)。1498年1月11日,船队在今莫桑比克境内一条河口处抛锚。因当地人的友善,伽马将所到之地称为"好人地",把一条水色呈青铜色的河流命名为"青铜河"(今伊尼亚里梅河)。

3月2日,船队来到了南纬15°的莫桑比克港。这使他更加确信,离印度不会太远了。同时,他也认识到,必须找一个领航员。为此,伽马给莫桑比克岛的苏丹送去礼物,结果得到了一名领航员。临行前,伽马船队遭到了当地人的袭击,因为他们知道了新来者是他

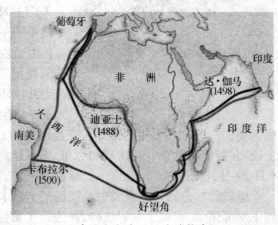

迪亚士和达·伽马的航线

探
索
自
然
丛
书

们在贸易上的竞争对手。有效的反击之后,船队得以脱离危险,继续航行。4月7日,船队来到了位于南纬4°的蒙巴萨。4月13日,船队从蒙巴萨北上,太阳落山时,抵达了马林迪。伽马派人与当地的国王交换了礼品,并与该国王相约在船上进行了交谈,达成谅解,对方答应派一位经验丰富的领航员,带领船队前往印度。马林迪是伽马船队在非洲的最后一站。

　　4月24日离开马林迪以后,航行进入最后阶段,也是最关键的阶段。让伽马一行感到快慰的是,派给他们的这位阿拉伯领航员态度和蔼,知识丰富。他用地图和定向仪器带领葡萄牙人沿着一条安全的航道行进。1498年5月28日,船队顺利抵达印度西海岸的卡利卡特(Calicute,今科泽科德),在此竖起了第3根石柱。卡利卡特国王在王宫接见了伽马。

达·伽马到达印度

伽马向国王讲述了他为了找到通往印度的航线而进行的多次航行,介绍了葡王的强大,表达了建立贸易关系的愿望,还说自己是国王的使节。双方接触的开端似乎是良好的。然而,伽马所献的礼品过于普通,不仅招致了嘲笑和蔑视,而且引起了对方的怀疑。摩尔人出于对竞争对手的敌视也从中挑拨。于是,葡萄牙人开始受到严格的监视和控制,甚至不许他们返回葡国。伽马很快找到了对策。当几位印度贵族上船贸易时,伽马下令将他们扣留,并作出要拔锚起航的姿态。国王马上用葡萄牙人交换了人质,允许船队起航,并致信葡王说:只要能得到金、银、珊瑚和红布,愿意建立贸易关系。于是,船队于8月29日开始返航。

　　返航的归途同样是漫长的。摆脱了卡利卡特船队的追击后,船队来到了坎那诺尔,受到了友好接待,并进行了贸易。然后,船队用了整整3

个月时间才穿越了那个被戏称为"大海湾"的地区(即阿拉伯海)。1499年1月初,船队经过时炮轰了摩加迪沙。1月9日,船队回到了马林迪,再次受到友好接待,并立了第4根石柱。由于坏血病的侵袭,许多人病倒或死去,每艘船上只剩下七八个能干活的水手。经过蒙巴萨的时候,因缺少人手,不得不烧掉"圣拉伐埃尔号",2艘船继续航行。在莫桑比克岛立下了最后一根石柱。3月20日,船队绕过了好望角。进入大西洋后,船队趁着有利的热带风驶向佛得角。因伽马的哥哥保罗·达·伽马(Paulo da Gama)病重,伽马另租了一条轻便快捷的卡拉维拉桨帆船,想把他尽快运回里斯本。到亚速尔群岛后,保罗去世,葬在了亚速尔群岛的特塞拉岛上。结果,伽马成了船队中最后一个到达里斯本的人,时间大约在1499年8月或9月。

伽马船队满载香料、丝绸、象牙等货物返回葡萄;据估计,此次航行的纯利润达到航行费用的60倍。这次航行的成功,不仅标志着欧亚直达航线的开辟,也使葡萄牙人开始涉足香料之路。伽马带回的大部分印度货物样品,成为大规模扩张运动的推动力。

达·伽玛首航印度的成功,开辟了从欧洲经大西洋绕过非洲到达印度的新航线,是葡萄牙航海家近百年来海上探险活动的最终成果,构成地理大发现进程中的重大事件,具有划时代的历史意义。

东方航路的开辟,在航海、航运史上具有重要意义。伽马的航行历时2年2个月,往返航程30000多千米,是15世纪以前有案可查的最远的航行。由此形成的"海角航线",成为连接欧亚非三大洲、大西洋、印度洋、西太平洋最重要的航线,极大地方便了三大洲之间的人员往来、物质交换和文化交流。"海角航线"与地理大发现进程中开辟的其他国际航线一道,把五大洲连接起来,构成一个整体,从而对改变人类历史以及世界交往起了巨大的作用。

达·伽马在科泽科德竖立了一根显示葡萄牙权力的标柱,正如他在这次航行的途中所竖的其他标柱一样,暴露了他殖民者的强盗嘴脸。长期垄断这里贸易的阿拉伯商人,把他们视作自己的竞争对手,并逼迫他们在8月底离开了科泽科德。

达·伽马首航印度的成功,使葡萄牙举国为之欢腾,国王也极为高兴,下令授予达·伽马贵族称号,并赐给他许多的钱财和地产。此外,从海外带回的各种财物,也卖了许多钱,使船队中每个活着回来的人都发了大财。这次航行的成功,激起了新兴资产阶级追求财富的疯狂热情,从此开始了一个殖民掠夺扩张的新时代。

1502年2月,达·伽马奉命向印度洋做第二次航行,以便建立葡萄牙在印度洋的霸权。达·伽马率领10艘船组成的船队,一路上耀武扬威,向沿途居民进行挑衅、威胁、宣布宗教主权,还劫掠商船、屠杀船员、商人与渔民。到达印度后,又攻占了那里的重镇科泽科德和权钦,使它们成为葡萄牙在印度进行殖民统治的根据地。

1503年9月,达·伽马回到葡萄牙,成了全国最富有的贵族。1524年9月,达·伽马又被任命为葡萄牙在印度的总督,第三次到达印度。然而,此时他已年老体衰,到任不足3个月便病逝了,此时正是1524年12月24日。

葡萄牙人在印度洋站稳脚跟,并且确立了其在海上的霸主地位,如今可随心所欲地实现自航海家亨利时代驱使他们的梦想了:到香料群岛去。1509年,第一支探险队在马六甲登陆,到1511年,这个重要的贸易站已掌握在葡萄牙手中,这仅仅是第一个贸易站点,此后,葡萄牙又建立了一系列贸易站,其中包括:波斯湾出口处的霍尔木兹;锡兰和丁香种植地德那第;印度的第乌港和果阿以及中国的澳门。到1520年为止,葡萄牙控制了整个南亚海域。穆斯林在亚丁以东的贸易额锐减,而作为中间商贩运货物到欧洲的威尼斯人也面临同样的情况。世界贸易的天平向西方严重倾斜。

由于新航路的发现,自16世纪初以来,葡萄牙首都里斯本很快成为西欧的海外贸易中心。葡萄牙、西班牙等国的商人、传教士、冒险家聚集于此,从此启航去印度、去东方掠夺香料,掠夺珍宝,掠夺黄金。这条航道为西方殖民者掠夺东方财富而进行资本的原始积累带来了巨大的经济利益。无怪乎西方人直至400年后的1898年,仍念念不忘,达·伽马对开辟印度新航道的贡献而举行纪念活动。

然而必须指出的是,新航道的打通同时也是欧洲殖民者对东方国家进行殖民掠夺的开端。在以后几个世纪中,由于西方列强接踵而来,印度洋沿岸各国以及西太平洋各国相继沦为殖民地和半殖民地。达·伽马的印度新航路的开辟,最终给东方各国人民带来了深重的民族灾难。

探索自然丛书

4. "地理大发现"的主角——哥伦布

哥伦布,一个多么令人熟悉、多么响亮的名字！在西方,哥伦布几乎可以说是家喻户晓了。许多地方,包括河流、城镇、学校、广场、街道……都以他的名字命名。大至一个国家,如南美洲的哥伦比亚;远至探索太空奥秘的航天飞机——"哥伦比亚号"。据统计,单是在美国,以哥伦布的名字命名的城市就在 30 座以上,包括其首都华盛顿哥伦比亚特区。至于散布各地的雕塑、纪念碑等就无计其数了。

诱惑西班牙人到海外去的重要原因还有领土。由于在与葡萄牙争夺非洲的斗争中处于劣势,如沿非洲大陆海岸依次南递的马德拉群岛、加那利、佛得角和亚速尔等 4 大群岛,西班牙只取得加那利群岛。因此,沿非洲大陆通往东方的海路被葡萄牙人所垄断,而同时,由陆路通往东方的道路也为穆斯林所封锁,因而受到巨大的压力。为了扩张领土,为了同葡萄牙争夺对世界东方的殖民,西班牙决定另辟一条通往东方的道路。当时,西方人已开始认同地球是一个球体的概念,认为由大西洋一直向西航行可以到达曾由陆路到达过的印度大陆(包括中国、日本等地)。1492 年,哥伦布与伊莎贝尔达成的协议就规定,他应率领一只探险队"去发现和获取汪洋大海中的岛屿和大陆"。此外,伊莎贝尔女王支持哥伦布航行,还有一个目的,就是联合"对基督徒表示极大好感"的"汗",夹攻中东北非的穆斯林,并夺取这些地方。

关于哥伦布的生平活动资料极为贫乏,所以直到目前为止,他的生平和活动的一系列历史阶段仍然引起人们的怀疑和争论。

克里斯托菲·哥伦布(Christopher Columbus,1451～1506)的父母是西班牙人,他于 1451 年,也就是中国的郑和第七次远航后的第 18 年,出生于意大利的热那亚。

早期推测哥伦布出生的年代有从 1435 年到 1456 年 20 多年的各种说法。

哥伦布

各种著作家根据哥伦布不同的出生年代对这位伟大的航海家的性格特点作了不尽一致的描写。问题的实质是,这位在 1492 年以勇敢无畏的精神开始史无前例的大洋横渡并要在西方的边陲寻找最东方国家的是个什么样的人? 是一位充满活力的 36 岁(生于 1456 年)的年轻人? 还是一位年富力强的 47 岁(生于 1445 年)的中年人? 或是一个像许多传记作家所描写的已经年满 57 岁(生于 1435 年)的"灰白头发的老头"? 依据官方文献所确认的哥伦布出生年份是 1451 年。这个出生年份不仅与哥伦布本人的自叙相互矛盾,而且与哥伦布相识的人们的说法也不尽一致,特别是与《天主教国王史》一书的作者安德烈斯·别尔纳里德斯(死于 1513 年)的说法不一致——他直言不讳地宣称:"哥伦布死于 70 岁左右"。至少在 1472 年以前哥伦布还住在热那亚的利古里亚区,或者(从 1479 年)像他的父亲一样还在萨沃纳的一个毛纺作坊里干活。

这里产生了一个问题:1472 年以后,具体在什么时候,在什么情况下,这个毛纺人的后代变成了一个航海家? 他在《首次旅行日记》里指出,他已经在海上航行了 23 年。这是 1492 年记载的。如果以这个声明为根据,那么哥伦布于 1469 年已经开始海上航行了。然而根据文献记载,1469 年哥伦布还未离开热那亚。可是他在 1501 年给国王夫妇的一封信中说,他从事航海事业已有 40 年了。这已经全然不可信了。最大的可能是,哥伦布的第一次远航始于 1473 年或 1474 年,一些文献中间接地指出他曾经参加过热那亚的商业探险活动,这些探险队在 1474 年初至 1475 年曾访问过爱琴海的希俄斯岛。

哥伦布在其儿童、少年时代没有受过什么正规教育,帮父亲干活和经营。哥伦布到底在什么地方受教育的,人们不全知道。他曾受过教育或者是一个天才的自学者,人们也全然不知。然而已经能证实的是,哥伦布至少能用 4 种文字进行阅读(意大利语、西班牙语、葡萄牙语和拉丁语)。他读得不坏,而且还非常认真仔细。

而哥伦布幸运地到达葡萄牙是他一生的主要转折点,使他从一个小工、小贩、小水手转变为一个航海家和探险家,从下层社会的一员开始接触上流社会,从跟随他人航海到独立策划和筹备重大的远航探险。

葡萄牙和里斯本当时是欧洲航海事业的最主要国度和中心。哥伦布在这里获得了远洋航行的技术和经验,学到了许多天文、地理、水文、

气象知识,掌握了观测、计算、制
图的学问。他还和在里斯本从
事地图、海图绘制的弟弟巴托罗
英合伙开了一个地图、海图制售
店。这些都为他后来组织指挥
远航准备了知识条件。而 15 世
纪 80 年代初期他已成为当时见
识最广,航海范围最大,经验最
丰富的欧洲航海家之一。在葡
萄牙期间,哥伦布还广泛阅读了

哥伦布的探险船队

各种地理、历史、航海、游记、天文之类的书籍。哥伦布接受了复活的古
代希腊地理学思想,特别是托勒密(Ptolemy)在《地理指南》中所表述的
地理学思想,地球是圆球体;而且由于托勒密接受的马里诺计算的较小
地球周长数字,使他确信亚洲在欧洲的西面,其距离也许像皮埃尔·戴
利在《幻想世界》里所断言的,中国在加那利群岛以西 3000 多英里(1 英
里约为 1.6 千米);在欧洲托勒密的经纬度表格得到了补充,世界地图又
重新加以绘制,如 1447 年的佛罗伦萨世界图,1457 年的弗拉·毛罗(Fra
Mauro)世界图,1474 年托斯卡内利(Toscanelli)的世界图,都把东亚向东
推得过远,与欧洲隔海很近。克尔蒂(Konrad Celti)的《地理图志》和教
皇皮乌斯二世(Pius Ⅱ. Pope)的《宇宙学》(Kosmographie,1461)的出版
都证明哥伦布的信念,一直往西与由南转东一样,都能到达亚洲的东部,
而且,往西是捷径,距离近,还远离阿拉伯世界。这些影响和启发奠定了
哥伦布西航的设想和探险计划。

　　哥伦布并不是文艺复兴开始以来第一个从理性的角度提出西航到
东方的人,但他是把西航设想付诸实践的第一个航海家、探险家。按传
统的说法,为了寻找通往印度最短的航线,哥伦布曾于 1474 年请教过意
大利(佛罗伦萨)著名的天文学家和地理学家保罗·托斯堪尼里。托斯
堪尼里亲切地接待了他。托斯堪尼里曾经把自己一封信的抄件寄给前
不久受阿方索五世国王委托拜访过他的一个葡萄牙修道士学者,以此作
为他对这位学者的答复。在这封信中他指出,横渡大洋到达"香料之
国"确实存在着一条最短的道路,这条道路比葡萄牙人沿非洲两岸航行

所要寻找的道路近得多。显然，哥伦布当时把自己的计划已经告诉托斯堪尼里了，因为这位佛罗伦萨人在给这个热那亚人的第二封信中写道："我认为你的从东向西的航行计划是符合我的地图要点的，而且是地球仪上清晰可见的伟大而崇高的计划。我高兴地看到，人们已经很好地了解我了。"

哥伦布根据 15 世纪一些流传较广的天文和地理书籍，得出的结论是，前往东亚最合适的航线是经过加那利群岛，似乎从加那利群岛出发向西航行 4500~5000 千米的路程就可以到达日本。按照 18 世纪法国著名的地理学家让·巴吉斯塔·安维里的看法，"一个极大的错误导致了一次极其伟大的发现"。

远航探险耗资巨大，需要政府的支持和上层的资助。由于哥伦布当时侨居葡萄牙，葡萄牙又是西欧当时航海探险的中心，哥伦布自然首先向葡萄牙政府提出西航建议和计划，1483 年下半年他向葡萄牙国王若奥二世(João)提出第一份建议书。要向西寻找去中国和印度的航路，但拖了很长时间以后，若奥二世于 1484 年把哥伦布的计划转交给一个学术委员会，这个学术委员会是为了编撰航海资料刚刚设立的。这个委员会否决了哥伦布的论据。国王拒绝这个计划明显的理由还有：哥伦布提出，一旦他的探险获得成功，将赋予他极大的权力和巨额的财富。但遭到拒绝。

1485 年哥伦布为了实现自己的理想，移居西班牙，又马上向国王和首相提出建议，花了很长时间，虽然谒见了裴迪南(Ferdinand)和伊莎贝拉(Isabella)，西航计划却搁置起来了，由神甫和宫廷官员组成的委员会在女王的神甫主持下经过了 4 年之久的审议(约到 1490 年)，对哥伦布的计划作出了否定的结论。这个结论并未保存下来，如果相信 16 世纪哥伦布传记作者的话，那么这个委员会制造了许多荒谬绝伦的理由，然而并未否认地圆学说。自称为博学的教会人士未必敢于反驳这个真理，天主教当时极力使地圆学说与《圣经》和解因为公然否认亚里士多德本人支持并为整个社会公认的这个真理，只会有损于天主教本来就已动摇了的威望。

1490 年皇家委员会驳回了哥伦布的计划。1491 年 11 月或 12 月，哥伦布再次被女王召见，来到格拉纳达石墙建筑的行宫里。在这里，专家会议重新审查了他的计划。参加这个会议的人不仅有神学家、天文学家，而且还有著名的法学家。哥伦布的计划再次遭到了否决，其原因是哥伦布提出了过高的要求。

女王和国王赞同委员会作出的决定。格拉纳达陷落后不久,哥伦布离开了那座宫殿,前往法国。当哥伦布启程离开格拉纳达之时,最大一个商号的老板和与国王夫妇亲近的财政顾问路易斯·桑坦赫尔拜见了伊莎贝拉女王,他说服女王接受这个计划。为进行这次探险,他答应借给所需装备的费用。于是他们派出了一个警官去追赶哥伦布。警官在离格拉纳达几千米的地方赶上了哥伦布,把他带回王宫里。

国王夫妇慷慨大方地授予各种头衔并许下不少的诺言,与此同时,他们把进行这次探险的投资降低到最小的数额,只给哥伦布提供了两艘船,第三艘船是哥伦布自己装备起来的。传说船上的乘员是从帕洛斯刑满释放的犯人中强行抽调来的,他们由于曾诋毁国王的威望而被判处苦役。平松兄弟(Pinzon,Martin Alonso;Pinzon,Vicente Yanez)和帕洛斯熟练的海员们帮助哥伦布征集了这次探险所必需的资金。

1492年他终于获伊莎贝拉和裴迪南之令,携带着致中国皇帝的国书,率船3艘,水手87人,于1492年8月3日从帕罗斯港,即今加的斯附近出发。

哥伦布在"圣玛利亚号"船上升起了指挥旗,这是船队中最大的一艘船,哥伦布本人认为,即使这艘船作为指挥船也是不完全合适的,因为它是一艘"不适宜于探险用的坏船"。平松的哥哥马丁·阿隆索被任命为第二艘船——"平塔号"的船长。第三艘——"尼尼亚号"是最小的一艘,它的船长是平松的弟弟维森特·亚尼斯。

关于哥伦布所率领的船只容量大小没有正式的资料记载。各类著作者对于哥伦布船只的规模和排水量有较大的意见分歧。尽管这样,他们仍然确认,"圣玛利亚号"在100~130吨之间;"平塔号"在55~90吨之间;"尼尼亚号"在40~60吨之间。三艘船共有乘员90人。

1492年8月3日黎明时分,哥伦布下令起锚升帆率领航船驶出了帕罗斯湾。他抵达加那利群岛时发现"平塔号"船底漏水。在那里修理船只耽搁了一些时间,所以他的船队直到1492年9月6日才从戈梅拉岛的港湾启程。

最初航行的三天中海上风平浪静,船慢慢悠悠地向前驶去。后来,遇到了顺风,船队乘风加快了速度,戈梅拉岛很快从海员的视线中消失

探索自然丛书

了。这是加那利群岛最西边的一个岛屿。许多海员精神沮丧,因为从此已经永远告别了陆地。哥伦布知道随着离祖国的远去,他们的担心和忧虑就会越来越严重。于是哥伦布决定拿出航海日志,向海员们公布已经缩小的行驶里程,而把真实的里程记在自己的日记本里。次日(9 月 10 日),日记里记明的是一昼夜共航行 60 里卡(1 里卡约等于 3 英里);然而公布的是 48 里卡,这是"为了不使海员们感到恐惧"。这样的记载在日记的其他纸页上到处可见。

10 月 11 日,一切迹象表明,陆地已经近在跟前,海员们充满了欢欣鼓舞的情绪。

1492 年 10 月 12 日半夜 2 时,"平塔号"的水手诺特利科·德·特利阿纳行进在船队的前面,他高声喊道:远方的陆地已经可以看到了,他从"平塔号"船上发出了几颗信号弹,其他的船都降下了风帆,人们焦急地等待着黎明时刻来临。早晨,陆地已经展现在眼前了。

西班牙人在巴哈马群岛上看到了一些赤身露体的人,哥伦布就是这样记述他们与这个民族第一次相遇的情景。经过 20～30 年以后,这个民族被西班牙征服者灭绝了

在大西洋彼岸见到了陆地,即现在中美洲的巴哈马群岛的小瓜纳哈尼岛(今华特林岛)。哥伦布在10月13日的日记中是这样描述这片陆地的:"这是一个面积很大而又地势平坦的海岛,上面有许多绿色的树林和水源,岛的中心有一个大湖。无论什么形状的山脉都没有。"

他们历经两个多月的航行,穿过了大西洋,从戈梅拉岛来到这个西方的海岛上。他们从船上放下了小船,哥伦布和平松兄弟二人,以及公证人和国王的检察官一起靠近岸边。现在,哥伦布以海洋司令和副王的身份在海岸上升起了卡斯蒂利亚的国旗,然后正式宣布占领了这个海岛,并以此内容作了公证文件。

假若西班牙人能较正确地听懂土著人的话,土著人把这个海岛叫作瓜纳哈尼。哥伦布自然给这个岛取了一个基督教名字,叫圣萨尔瓦多(拯救者)。它位于南纬24°线的巴哈马群岛的一个岛屿至今仍称此名。可是,没有充分的理由相信,哥伦布就是在这里第一次登陆的。至少有五个地点被称为哥伦布第一次登陆的地方,这些地方都位于面向大西洋的巴哈马群岛东部海岸上。哥伦布可能登上这个群岛最北部一个岛屿(卡特岛),位于南纬24°稍北的地方。当然,哥伦布第一次登陆的地点究竟在哪里取决于推测他从瓜纳哈尼岛前往古巴航线的变化。

接着又先后发现古巴和海地。他相信自己到了亚洲,他把海地当成日本,把古巴当成亚洲大陆的一部分。

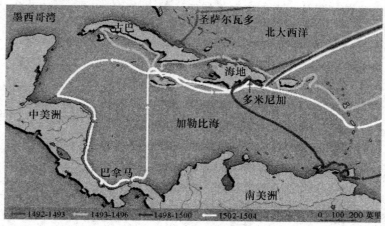

哥伦布的四次探险路线图

101

斐迪南和伊莎贝拉庄严地确认了1492年对哥伦布许诺的一切权利和特权。1493年5月29日颁布的国王命令中授予哥伦布为海洋司令、副王和已发现的岛屿和大陆总督头衔。紧接着一个由17艘船组成的新船队很快被装备起来了,其中有三只大船,哥伦布在最大的一艘——"玛利亚·卡兰特号"上升起了指挥旗。

这次与哥伦布一同前往探险的是一支庞大的队伍,有一群宫廷侍卫,数百个游手好闲的傲慢贵族,国王的几十个官员和神甫、主教。根据各种历史资料记载,总人数有1500~2500人之多。1493年9月25日,哥伦布的第二个探险队从加的斯港启程。在加那利群岛他们补充了食物。

船队这次是沿着比第一次航行方向偏南约10°的地方航行的。哥伦布抓住了顺风——东北季风。只用20天时间就横渡了大西洋,比上次航行缩短了两个星期。这次航行的路线后来成了从欧洲往加勒比常走的航线。

在西方出现陆地的前一天,哥伦布根据海水颜色的变化和风向的变化已经辨认出陆地近在眼前了。1493年11月3日,一座覆盖着茂密热带植物的海岛出现了。由于这个发现是在星期日(西班牙语的星期日一词字音是多米尼加),所以哥伦布就以多米尼加命名了新岛。

在多米尼加岛海岸边找不到合适的港湾,于是调转船头向北航行。在北部发现了另外一个面积较小的低矮岛屿,哥伦布以自己的航船名称玛利亚·卡兰特命名了这个岛(即现今的马里加朗特岛)。他登上了海岸,竖起了卡斯蒂利亚的旗帜,然后正式开始占领这个新的岛。

这个岛好像无人居住,能够看见其他一些海岛离此不远。次日,哥伦布来到这些海岛中最大的一个岛上,他把这个岛命名为瓜德罗普岛。

从瓜德罗普岛出发,哥伦布转向伊斯帕尼奥拉岛驶去。他向北航驶,发现了一个又一个海岛。

11月10日,发现了蒙特塞拉特岛(为纪念加泰隆的一家著名修道院而命名的)。然而西班牙人未在该岛登陆,因为被俘的印第安人说,加勒比人抢掠后这个岛荒无人烟。次日早晨,他们发现了安提瓜岛,也未登上该岛。11日,他们发现了圣马丁岛(北纬18°),在这个岛上看到了可耕的田地。

11月12日早晨，发现了"一片由40个或者还多的小岛组成的陆地，这是一片山岳地带，大部分是不毛之地"。在其中一个岛上，发现了几座渔人的茅屋。哥伦布把这个群岛叫做"一万一千个姑娘"群岛。西班牙语的姑娘一词读音是维尔京，因此从那时起这个群岛就称为维尔京群岛。

在这个群岛的西边发现了一个大岛。船队沿着这个"十分美丽又好像非常富饶的海岛"北岸航行了一整天。哥伦布把这个岛命名为圣胡安－包蒂斯塔（今波多黎各岛），并派出了一个不大的探索队去查明这个岛内地的情况，这个探索队是由精力充沛和富有勇敢精神的年轻军官阿隆索·奥赫达率领的。几天以后他返回营地，带来消息说，这个岛的内地稠密地居住着温和的印第安人，那里还有丰富的金矿。奥赫达还随身带回了一些含金量很高的金砂作为证据。

由于西班牙人不会在热带地区保存食物。携带的食品大部分已腐烂，饥饿即将来临，哥伦布决定在伊斯帕尼奥拉岛上只留下5艘船和500人，并将其余的人分乘12艘船于1494年初返回西班牙。哥伦布向西班牙国王报告，他已经找到了金矿，同时竭力夸大它的储量，并且肯定地说，他还找到了"一切可能找到的各种香料的标本和迹象"。他请求从西班牙再派来一些船只，运来牲畜、食物和农具。他提出，所有这些花费将以他抓到的大批奴隶来抵偿，因为哥伦布明白，对新的殖民地所需的一切货物还不能仅指望用黄金和香料来偿还。

哥伦布送给国王的备忘录是他亲自起草的，这份文献正是对这位"伟大的"航海家所犯罪行的全面起诉书，它从另一面突出了这个"伟大的"航海家是个大规模奴役岛上土著人的倡导者，同时又是一个伪君子和两面派。"请转禀国王陛下，由于关心卡尼巴尔人（食人者）和伊斯帕尼奥拉岛民的幸福，产生了一个念头：把他们运送到卡斯蒂利亚的人数越多，那么他们的处境就变得越好……国王陛下恩准并授权每年派出足够的快船来到这里，送来牲畜、粮食以及建立移民区和耕种土地所需的其他东西，一切花费可用运回一定数量的卡尼巴尔人奴隶来支付。这是一些残暴的人，但是作为奴隶十分适用，他们的身体健壮，思维清晰。我们深信，只要把他们引出这个毫无人性的环境，他们就会变成最顺服的奴隶，他们一旦离开他们的国家，他们身上非人性的东西也一下子就消失了。"

　　为此马克思指出："掠夺和抢劫是西班牙冒险者在美洲的唯一目标,哥伦布对西班牙朝廷的报告同样说明了这个问题。""哥伦布的报告表明了他是一个十足的海盗。""一个地地道道的奴隶贩卖商。"(《马克思恩格斯文库》1940 年俄文版,第 100 页)

　　哥伦布于 1494 年 4 月 24 日率领三艘不大的船向西航行,去"发现印度大陆的陆地"。他航行到古巴最东部的海角。当他完全"确信"古巴就是亚洲大陆的一个部分后,他把这个海角命名为阿尔法·依·奥迈卡。绕过这个海角后,哥伦布沿着古巴的东南海岸向西前进。"在他的面前不时地出现一些优美的海湾和高耸的山峰……"这是马埃斯特腊山脉和它的图尔基诺峰(高 2000 米)——古巴的最高点。在此,他调整了航向,朝南驶去。"因为,据说,南部不远的地方有一个牙买加岛。这个岛有很多黄金……"经过两天航行后,确实发现了上面所说的那个海岛。哥伦布给那个海岛取了一个基督教名即圣地亚哥。

　　哥伦布沿牙买加岛的北岸航行到西经 78°。"尽管这个岛在各方面如同人间天堂一般",但是在岛上"既没有找到黄金,也没有找到其他金属"。5 月 14 日,哥伦布返回古巴,到达克鲁斯角。

　　1495 年哥伦布回到了西班牙,目的是亲自出马维护自己的权利。他随身带回了一份文件,说明他已经到达"亚洲大陆",其实他把古巴岛当作亚洲大陆。他断言说,他在伊斯帕尼奥拉岛的中心发现了一个奇特的国家——奥菲尔,《圣经》里所说的所罗门国王曾经从这个国家得到过黄金来装饰耶路撒冷的教堂。他用花言巧语再次迷惑了国王,从而达到以下目的:除了他和他的儿子们外,任何人也不能得到去西方发现陆地的许可。由于自愿移民要花费国库很多钱,哥伦布建议把刑事犯人移居到这个"人间天堂"去,以减少开支。于是根据国王的命令,西班牙船只开始向伊斯帕尼奥拉岛遭送罪犯。

　　哥伦布费了极大的气力才筹备好进行第三次探险所需的资金。第三次探险航行的规模远不如第二次那样壮观。船队由 6 艘大小不等的船组成的,乘员共有 300 余人。

　　哥伦布不明白,为什么直至今日他在"西印度"还没有遇到大量的天然财富。他去请教一位叫梅默·费雷鲁的加泰隆犹太人珠宝行家,此人亲切地回答说:"我在开罗和大马士革城经常询问人们,在世界上什么地带和地区能够找到宝石、黄金、香料和药材。他们说,所有珍宝之类的东西都来自南部地区,那里居民的皮肤呈黑色或褐色。以我的看法,您至今还没有找到这些珍宝,是因为您还没有遇到这种皮肤颜色的人。"

因此,哥伦布从加那利群岛出发,航向直指南部地区,朝着佛得角群岛驶去。从佛得角群岛起转向西南,竭力保持靠近赤道线,以便最终找到黑人居住的大陆。

1498年5月30日,哥伦布的船队从桑卢卡尔港启程,向加那利群岛驶去。在耶罗岛附近,哥伦布把船队分为两个部分,他派遣三艘船直线驶往伊斯帕尼奥拉岛,自己率领其余的三艘船驶向佛得角群岛。从佛得角群岛出发他向西南航行,"力图到达赤道线,并继续向西航行,直到证明伊斯帕尼奥拉岛不在北部地区为止"。这次,哥伦布可能有一个严肃志向——绕过亚洲东南海角,到达"南部"的印度。

6月中旬,当西班牙人航行到北纬5°线时"这里的风停息了,气候是这样炎热,我感到航船和船上的人好像都在燃烧"——哥伦布给国王的信写道。风平浪静的时间持续了一个星期,当再次吹起季风时"沿塞拉利昂线继续向西航进",直到发现陆地为止。

6月21日,一个水兵在指挥船的桅杆上看到了西部有一块陆地……他能够看清的是好像有三个大岛,哥伦布把这个岛命名为特立尼达。

穿过海峡驶进加勒比海以后,在航船的北部看见了一个海岛,他把这个岛称为乌斯宾尼岛(即现今的格林纳达岛,位于北纬12°)。他调转船头向西,沿着"地势较高而又美丽的陆地"帕里亚和阿拉亚半岛的北海岸航行了两天时间。再往北(北纬11°5′)他看到一组不大的岛群——德斯蒂戈斯群岛。此后,他们的船只航行到印第安人打捞珍珠的岛屿附近。哥伦布把这些岛屿中最大的一个海岛称为马加里塔岛(珍珠岛)。

哥伦布对南美大陆的北部海岸进行了长约300千米的考察。帕里亚湾大量的淡水证明,有一条巨大的水流注入海湾,这条巨大水流只能在十分广阔的陆地上形成,即在一个大陆上,"我确信无疑,这是一片面积最辽阔的陆地,在南方还有许多陆地"。

探索自然丛书

可是,这个时候葡萄牙人瓦斯科·达·伽马从南面绕过了非洲大陆,找到了通往真正印度的航线(1498)。伽马与印度展开了商业贸易,给葡萄牙运回了大批香料(1499)。他真实地看到了这个人口稠密、文化发达的国家:那里有规模宏大的城市,风格绝妙的建筑物,繁荣兴旺的港口和精耕细作的农田、花园。

现在人们已经完全明白了,哥伦布的发现地与富饶的印度相比没有任何相同之处,哥伦布只不过是个吹牛家和骗子罢了。

有人伺机揭发哥伦布,而最严重的指控是哥伦布私自隐匿王国的巨资。从伊斯帕尼奥拉岛传来了发生暴动和贵族被残杀的消息,西班牙贵族们双手空空地从哥伦布发现的"印度"回来了。人们一致归罪于哥伦布,说他发现的是一个"骗人和不幸的地区,是卡斯蒂利亚贵族的坟墓"。一群群贵族用吹口哨和咒骂来对待哥伦布。

1499 年,西班牙政府首先废除了哥伦布对发现新的土地的垄断权,然后又马上起用了一些原先是哥伦布的同伴后来变成他的劲敌的人。1500 年,把佛朗西斯科·包瓦迪里亚派往伊斯帕尼奥拉岛的新总督。哥伦布必须把全部要塞、船只、马匹、武器和给养移交给这位新总督。

包瓦迪里亚把全部政权夺到手中。他把这事干得十分坚决果断。他迁居到哥伦布的住所,接收了哥伦布全部的财产及文件。他用从哥伦布家里搜出的钱财支付了原来拖欠殖民者的工资,这样一来,殖民者当然从他的身上得到了好处。他批准每个西班牙人可以自由地开采黄金,期限为 20 年,只抽国税 1/7,所以他成了众人普遍拥护和爱戴的人。新总督逮捕了哥伦布、哥伦布的兄弟瓦尔佛罗米和迭戈,并给他们戴上了镣拷。经过两个月的侦查、审讯,包瓦迪里亚得出结论:哥伦布是一个"残酷无情和无管理国家才能的人"。于是决定把哥伦布和哥伦布的两个兄弟戴上镣铐押送回西班牙。哥伦布原以为他在伊斯帕尼奥拉岛上会被判处死刑,所以当他被送上船时,他已经觉得十分幸运了。

1500 年 10 月,运送戴着镣铐的哥伦布和他的两个兄弟的船驶进加的斯港。然而,出现了一个奇异的富有戏剧性的场面:哥伦布取下了身上的镣铐,来到这两位君主的面前,跪拜在女王足下。按历史学家安东尼奥·埃雷利的记述,伊莎贝拉甚至抱头痛哭,斐南迪表示出异常惊讶的样子。国王和女王对哥伦布许下许多诺言,对他倍加关怀和宠爱,答应恢复他的全部权力,但是他们这些诺言都未付诸实施。

1499 年 11 月,哥伦布第一次探险的著名参加者维森特·亚尼斯·平松(Pinzon,Vicente Yanez)从帕洛斯港出发去寻找新陆地和开采海外矿藏。他率领了一个由四艘船组成的船队,这些船是用他私人的以及平松家族其他成员的资金装备起来的。从佛得角群岛的圣地亚哥起,他向西南航驶。在西班牙航海史上他是第一个穿过赤道线的人。经过两个星期航行后,在1500 年 1 月底或 2 月初,他出其不意地发现了陆地,接近于南纬 6°。平松和公证人一起登上这个后来被称为巴

维森特·亚尼斯·平松

西的海岸。平松尝了尝这里的泉水,下令砍伐几根树木作成十字架,然后把这些十字架竖在地面上以卡斯蒂利亚国王的名义宣布这个地区已被占领。此后,他们向着西北方向行驶。过了几天,陆地在他们的眼前消失得无影无踪。他们取了点海水一看,好像是淡水,人们完全可以饮用。他们向海岸航驶,可是他们行进了 200 多千米路程才抵达海岸线。平松在靠近赤道线上发现了世界上水量最充沛的大河——亚马孙河。

由于事不顺心,哥伦布在闲暇中度日。他坐下来着手编写一本《预言之书》(此书的手稿流传至今)。这是本充满宗教神秘感的书,全篇尽是疯人的胡言乱语。可是,这位"伟大的"航海家很快又转向解决纯地理学的问题。他想从他发现的地区找到一条通往南亚去的新路线——通往"香料之国"的新路线。他相信这条路线是存在的。实际上,当第二次航行时,他在古巴海岸附近亲自观察过穿过加勒比海向西流动的强大海流。他希望这股海流能把他带到"黄金赫尔松涅斯"(马来半岛)的海岸,再从那里穿过印度洋,绕过非洲,航行到欧洲。

哥伦布呈请国王批准,让他再组织一次新的探险。斐南迪国王无法摆脱这个纠缠不休的请求者。1501 年秋季,哥伦布着手组织一个规模不大的船队。1502 年春季,国王命令哥伦布迅速出发向西航行。

哥伦布声称,他的目的是完成环球航行。他随身带领着他的哥哥瓦尔佛罗米和年幼的儿子埃尔南多。他的船队由4艘船组成,每艘船的吨位为50~70吨,全部乘员共150人。

哥伦布不顾国王的命令,率领船只穿过弧形的小安的列斯群岛向伊斯帕尼奥拉岛驶去。1502年6月底,他航行到圣多明各港。7月中旬,哥伦布沿伊斯帕尼奥拉岛和牙买加岛的南岸向西航进。哥伦布估计,在牙买加岛以外的18°线附近能够发现他久已渴望的通往"黄金赫尔松涅斯"的道路。的确,欧洲人当时还不能确切知道这个海峡所处的纬度,但是他们一直推断,这个海峡位于赤道线附近。很清楚,哥伦布极力想到达的目的地是西部的大陆,所以他沿海岸尽可能地向南航行,去寻找这个海峡,在以后的航行中他的确是这样行动的。

7月30日,西班牙人发现了一个小岛,该岛位于洪都拉斯北岸的对面,名叫瓜纳哈岛,这是洪都拉斯湾海湾群岛最东部的一个海岛。在这个岛南面的远方能够看见一条山脉。哥伦布认为,在南部有块大陆。这次他没有判断错。

西班牙船队顶着逆风,费了很大力气才于8月中旬航行到洪都拉斯角附近的大陆(北纬16°西经86°)。然后,船队调头向东航行。哥伦布登上陆地,并由海角向东行走了100千米路程。他在那里竖起了一面卡斯蒂利亚国旗,正式宣布占领了这个地区。土著人亲切而又友好地欢迎西班牙人,给他们拿来了水果和鸟类。土著人都有文身习风。

哥伦布由于希望找到通往南海的道路,所以顶着强风和海流沿着海岸一直向东航行。船舱开始漏水,缆索和风帆已经破损,乘员们感到疲惫不堪。重病在身的哥伦布躺在甲板上的一个帐篷下,但是他仍然继续指挥自己的船只和整个船队,同时以敏锐的目光观察着周围发生的一切。

在这令人痛苦的40天中,航船从洪都拉斯角出发向东只走了350千米。到了9月12日,海岸线在一个海角外急转向南。刮起了顺风,海流也有利航行,于是哥伦布把这个海角叫作格腊西亚斯—迪奥斯(意为"感恩上帝")。

在西班牙人面前,平坦不变的海岸一直向南延伸,好像没有尽头,海岸边有宽阔的河口和宽大的沿海湖泊。现在他们已经沿着尼加拉瓜的东部海岸航行,他们向南航行的速度比向东航行快4倍,只用两周时间

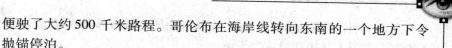

便驶了大约500千米路程。哥伦布在海岸线转向东南的一个地方下令抛锚停泊。

10月初,哥伦布继续向东南方向航进。土著人驾着轻便的独木舟常常划到他们航船附近。西班牙人看到土著人身上放着金制的小牌和其他金质首饰。哥伦布把这个海岸称作黄金海岸。过了很久,这个国家有了一个西班牙语的名称:哥斯达黎加(富饶的海岸)。

船队向东南航行大约300千米以后,海岸线开始向东北弯曲。西班牙人已经到达韦拉瓜地区(即现今的巴拿马)。西班牙人通过向导的帮助向土著人打听到一些情况,似乎再走9天的路程,就能看到一个富有的民族居住的地方。哥伦布得出一个结论"这个国家四面濒临海洋,从这个国家走9天路程就能到达恒河。"11月初,哥伦布的航船在一个宽广的港湾抛锚停泊。那里十分美丽,深深的海水一直延伸到岸边,因此哥伦布把这个地方称作波埃多—比里奥("美丽的海湾"之意)。

从波埃多—比里奥起海岸线再次向东南偏转。强大的逆海流使航船行进的速度大大放慢了。从波埃多—比里奥向南只有60千米的距离就是太平洋的巴拿马湾,从这个海湾向南确实有个具有高度文明的大国(秘鲁)。

最后,航船从西面驶近达连湾,1501年西班牙人曾经从东面来到这个海湾。这时哥伦布终于明白了:继续向东航行没有海峡可言。

1504年6月28日,即哥伦布航抵牙买加岛一年之后,他永远离开了这个海岛。尽管从牙买加岛到伊斯帕尼奥拉岛路程不算远,但是由于遇到了逆风,哥伦布的船只直到8月中旬才驶进圣多明各港。

1504年初,在哥伦布和瓦尔佛罗米·哥伦布率领下,两艘船离开了伊斯帕尼奥拉岛。他们刚刚驶进海洋,就遇到了一场强风暴,到了1504年11月7日,哥伦布才驶进西班牙的瓜达尔基维尔河的河口。

这次哥伦布在外一共有两年半时间。他未能完成首次环球航行,也未能发现通往南海的西部道路。尽管如此,在他最后一次航行过程中却完成了许多新的发现。他发现古巴以南的大陆,即中美洲海岸,他考察了长约1500千米的加勒比海西南海岸,进而证实了在热带广阔的海域有一条巨大的屏障把大西洋与南海截然分开了,这是他从印第安人那里听来的。他是第一个带来居住在南海沿岸和加勒比西部沿岸某个地区

探索自然丛书

具有高度文明民族消息的人。他两次航行加勒比海西部海域,在此之前无论哪个欧洲人从未到过这个海域。

加勒比海地区

哥伦布的晚年一直是在为争取对他的荣誉和利益的认可的艰苦斗争中度过的。哥伦布的健康每况愈下,自知将不久于人世,他于 1506 年 5 月 19 日口授了遗嘱,确立唐·迭戈为唯一继承人,让所有的亲人包括他未经合法婚姻生育的次子费南多和他的母亲贝特丽丝以及两个弟弟都能受益。费南多继承了父亲的全部书籍,他后来又把这些书籍连同他自己收藏的图书遗赠给塞维利亚教会。一些带有哥伦布亲笔旁注的珍贵图书至今还保存在那里。

5 月 20 日,病情突然恶化,哥伦布的两个儿子、小弟弟和几个亲密朋友:迭哥·门德斯、巴托罗缪·费思奇都在床前侍候。牧师来了以后,举行了弥撒,作过祷告。哥伦布复述了上帝的最后一句话"父啊!我将我的灵魂交在你手里"以后就去世了,终年 55 岁。他至死都认为自己发现的是亚洲大陆。

他的遗体先埋葬在巴利阿多利德。1509 年移葬塞维利亚奎瓦斯修道院,在那里保存了 30 年。1514 年,根据他在遗嘱里表示的愿望,他的遗体越过大西洋迁往圣多明各,安葬在当地的一个教堂的祭坛旁边,在那里保存了 250 多年。1795 年 7 月 22 日,由于巴塞尔条约的签订,圣多明各属于西班牙的那一部分割让给法国。西班牙政府将哥伦布的部分遗骸装在一个未加标志的铅质棺材中安放在哈瓦那的一个教堂里。后来由于和美国交战失败,西班牙在1898年将古巴割让给美国,又将其遗骨运往塞维利亚的一个教堂里安葬。1877年9月10日,在圣多明各教堂神坛的北侧发现了一个标明是哥伦布遗骸的棺材。但权威的研究者对此意见分歧。有人认为他的墓地曾经多次被挖掘,遗体下落不明,成为历史学者激烈争论的话题,至今尚无定案。

在哥伦布的时代,航海技术还十分落后,他仅仅依靠十分简陋的工具和极不精确的海图,冒着生命危险毅然西航。他的决心来自于他对地圆说的坚信不疑。这可以说是一种为科学献身的精神。哥伦布先后四次往来于欧美两个大陆之间,历经磨难,最后都化险为夷,平安返航。他每次在航线的选取上都十分严谨而慎重。他采用了"等纬度航法",即先往南或往北航行,找到预定的纬度,然后再东行或西行驶向目的地。他根据自己的航行经验,充分而又巧妙地利用了信风之力。如他的第二次美洲之行,从铁岛直航多米尼加,仅用21个日夜走完2600海里的海上路程,开辟了一条以后四个世纪中远航者所乐于采用的从欧洲驶向中美洲的最短航线。

哥伦布凭着无畏的胆略和丰富的经验,边探索,边勘测,边前进。他的海上定位和导航技术相当全面。他在帆船操纵技术上也达到了极其高超和娴熟的程度。哥伦布当之无愧地成为15~16世纪之交欧洲航海探险家中一名出类拔萃的杰出人物。

是哥伦布发现了美洲,这一论断几乎已经成为不争的事实。但在许多国家都有人对哥伦布的美洲"发现权"提出疑问或挑战。其中包括中国人、阿拉伯人、印度人、非洲人以及其他欧洲国家的人等。关于谁先到达美洲的问题更有不同的说法。

哥伦布也不是第一个在美洲登陆的欧洲人,这是《大美百科全书》(1985)的论断。也许一个名叫艾立克森(Leif Erickson)的勇敢古维京人才是完成这个英勇事迹的第一人(参见本书北美探险)。当然我们知道,欧洲人开始广泛地认识美洲大陆是在哥伦布,而非在艾立克森之后。

还有证据表明,几乎与哥伦布的第一次航行同时甚至更早一些时候,英格兰西部的渔民就曾到达过北美洲的一些地方。历史学家的普遍看法是:印第安人的祖先从亚洲出发,穿越白令海峡到达美洲,然后逐渐散布到各个地方。根据他们所使用的语言、最早的移民的遗骸以及新近从太平洋沿岸的土著人母体遗传基因中发现的线索,科学家证明,最早的美国人是在2万~4万年前从西伯利亚经由陆上或越过冰桥迁徙而来。

尽管如此,人们普遍认为,哥伦布的航行在历史发展的进程中所产生的深远影响大大超过以往任何一次探险活动。发现新大陆是人类有史以来最惊人的地理大发现。

地理大发现尽管是以西欧为中心的航海探险活动,其影响却是广及世界各地,深及各方面。伟大革命导师马克思、恩格斯在其合著的《共产党宣言》中写道:"美洲的发现、绕过非洲的航行,给新兴的资产阶级开辟了新的活动场所。东印度和中国的市场、美洲的殖民化、对殖民地的贸易、交换手段和一般的商品的增加,使商业、航海业和工业空前高涨,因而使正在崩溃的封建社会内部的革命因素迅速发展。"这一段话,已经非常精炼地阐明了地理大发现在人类社会发展史上的划时代的作用。

地理大发现对地理学发展的作用更加突出。首先,地理大发现是人类未知世界向已知世界变更的飞跃;也可以说是人类把呈点状分布的已知世界彼此衔接起来,形成了面状分布的已知世界。阿尔夫雷德·赫特纳说:地理大发现以前,地球上约有3/4是未知地,地理大发现却一下子使全球都变成了已知世界。普雷斯顿·詹姆斯则认为:地理大发现划出了地球上大陆的轮廓,改正了世界地图上的错误,表现了多种多样的世界。他们说的都不免言过其实,但是地理大发现在扩大人们的视野、丰富人类的地理知识、提高人们的地理学水平,作用是不可否定的。

一般来说,所谓地理大发现,由亨利王子揭开序幕,哥伦布、迪亚士和达·伽马伴演主角,麦哲伦是压台戏主。1415~1521年这106年的时间里,世界确实由这4个人推动而发生了天翻地覆的变化。尽管环非洲的航行在公元前六七世纪之交就已完成过,美洲也早已为亚、欧大陆北部东、西两侧人民发现;但发现不一定意味着未知世界向已知世界的转化,这里面有一个"发现的传播过程"。地理大发现以前的地理发现,有的确实实现了由未知世界向已知世界的转化,如中国对中亚、南亚、西亚、北亚和西太平洋、北印度洋的发现;地中海沿岸国家的权威著作《宇宙学》对地中海地区的发现;印度对南亚、中亚、西亚、东亚和印度洋的发现;埃及对非洲、西南亚和地中海、印度洋的发现等。但这些转化都是有严格的地区界限,一个地区的已知世界是另一地区的未知世界的现象,是古代地理学上的极为普遍的现象。而地理大发现则有别于以往的发现,他是发现与传播相结合的,亚美利哥 1499 年到美洲探险,1507 年就出版了《海上旅行故事集》,接着于 16 世纪 20 年代法国学者把美洲的各种报道写进了由普多列米主编的《宇宙学》;1500 年胡安·德拉·科萨(Juan de la Cosa)所绘世界图,就把哥伦布三次赴美洲航行与约翰·卡伯特北美考察资料编入图内;1507 年马丁·瓦尔德泽米勒(Martin Waldseemülle)编绘出第一张亚美

《宇宙学》

利加洲地图;1530 年彼得·阿皮昂(Peter Apian)绘制了一幅心脏形世界图;8 年后阿皮昂的学生格哈德·克雷默尔(Gerhard Kremer),他的拉丁文名字是格拉杜·墨卡托(Gerardus Mercator)用两个半圆心形图投影在一起,绘制世界图,1569 年改进后的世界图更加先进;1570 年墨卡托的朋友比利时人阿伯拉罕·奥特吕(Abraham Ortelius)把世界图分开装订成册,称为《奥特吕图集》(Theatrum Orbis Terrarum)。与此同时,先后出版探险者亚美利哥、拉斯·卡萨斯(Las Casas)等人的信件;马尔蒂尔(Petrus Martyr)著《海洋和新大陆地图之谜》(Derebus oceanicis et novo orbe)和奥菲多斯(Oviedos)著《印度通史》(Historia general de las lndias)等均在 16 世纪 20 年代问世;并且还出现了许多系统的包括当时发现地球全貌的著作,如 1504 年瓦尔德塞米勒(Waldseemüller)的《世界志绪论》(Cosmogra – phiae introductio);1524 年比内维茨(Bienewitz)也称阿皮阿努斯(Apianus)的《世界志编者之书》(Liber cosmographicus);1533

年舍纳的《地理学简编》(Opusculum geographicum);1534 年弗兰克(Sebastian Franck)的《世界书,全球的镜面与画像》(Weltbuch, Spiegel und Bildnis des ganzen Erdglobus);内容最为广泛丰富的巨著是 1544 年出版的明斯特尔(Sebastian Münster)的《宇宙学》(Cosmographia),被译成许多文种,其版本达 44 种之多。地理大发现的高潮是 1492～1522 年这短暂的 30 年,但地理大发现的传播几乎与发现是同步向前的,这样的速度在人类历史上是没有先例的。

五、中国西域探险

1. 西域的地理概念

在亚洲内陆腹地雄峙着因拥有独特的文化而饮誉海内外的古代西域。它是两河、地中海、北印度和中国中原四大文明的交汇地和转播中介。在特定的历史条件下发展形成的西域文明,不仅直接决定着现今依然生活在中亚地区各民族的生活方式,而且无论对东方世界还是西方世界都产生过积极而巨大的影响。

西域是一个地理概念,但同时又是个与历史有密切联系的名词。由于朝代不同,地域范围各异。一般说来,我们今天所使用的"西域"名称有广狭两义。广义指玉门关、阳关以西广大中亚地区,狭义指历史上中国的新疆。

中国中原地区产生的历史文献对西域的山川地理、风物制度多有阐释。《尚书·禹贡》中有"西被于流沙"的记载,与其同时期的古代地理著作《山海经》曾提及塔里木河、罗布泊、昆仑山等西域的山川、河湖。此外,这些文献还留下不少动人的传说和神话故事。

关于西域远古人类活动的真实情况比起神话传说则要久远得多。来自地下的实证给我们提供了种种可靠的情报。可以说西域地区从遥远的旧石器时代起就留下了人类活动的痕迹。

相传早在公元前3500年左右,黄河流域出现了以轩辕氏为首领的黄帝族部落联盟,他在次第征服并统一了黄河流域的各个部族之后,"巡游四海,登昆仑山,起宫室于其上"。他一度居"轩辕之亘"并与当地一个部落的"西陵氏之女"嫘祖结为百年之好。黄帝还责命其爱臣令伦从昆仑之阴,西起葱岭,访问了当地的一些部落。

《山海经·西山经》则记载了以西王母为首的部落集团。其云:"西水行四百里,曰流沙……又西三百五十里,曰五山,是西王母所居也。西王母其状如人,豹尾虎齿而善啸,蓬发戴胜。"这些记载充满神话色彩,远不能作为史料。然而书中所记载的地理行程在一定程度上却反映了历史的真实性。

最早用文字记载中国的是从古希腊文和拉丁文开始的,有"赛里斯国(Seres)"、"桃花石国"、"秦尼斯坦"等的记载。早在遥远的古代,就有外国探险家进入中国考察,只是记载得模糊而已。有确切记载的外国探险家进入中国西域,是从约公元 150 年希腊地理学家马利努斯及希腊商人进入新疆考察、845 年阿拉伯哈里发瓦西里派遣的萨拉姆等 50 人考察西域新疆。13～14 世纪,有柏郎·嘉宾、卢布鲁克、马可·波罗、鄂本笃等旅行家的进入。

李希霍芬

西域以其独特的地理风貌孕育了具有自己特色的文化景观。但是这种文化不是孤立发展的,而是在不断吸收周邻诸民族、诸地区文化精华的基础上形成的。给它输送这种精华者乃是举世闻名的"丝绸之路"。正是这条四通八达纵横交错的交通网络使西域在旧大陆文化交流中得以扮演重要的角色,而西域文化的开放性特征也可以从中得到极好的注释。

长期以来,人们总想根据东西方的有关记载,给一条东西往来的交通路线起一个适当的总括性的名称。1877 年,德国著名地质、地理学家李希霍芬(Fendinand von Richthofen,1833～1905)首先提出,把古代从东方向西方输送丝绸的通道称为"丝绸之路"。这在当时得到众多学者的赞同。其后,德国历史学家赫尔曼(A. Herrmann)对丝绸之路做了进一步的考察,并将这一考察延伸到地中海两岸和小亚细亚。由此,进一步扩大了人们的视野。于是"丝绸之路"这一名称迅速传播开来,并为世界各国学者所接受,它成为古代东方与西方之间文化交流的代名词。

2. 张骞出使西域开辟丝绸之路

公元前 2 世纪初年,匈奴人把大月氏人驱逐到遥远的西部地区——天山东部和西藏高原之间的罗布泊。匈奴人是"依靠刀剑可以征服一切人"的民族,即使大月氏人迁移到罗布泊,仍然紧追不放,并彻底打败了他们。大月氏首领被匈奴人杀害,后来他的儿子率领他的人民迁移到西部更远的地方去了,他们越过天山中部地区,来到锡尔河和阿姆河流域。

西汉朝廷屈服于匈奴人的强悍被迫同匈奴人缔结了"和亲"协定,这就是把中国的公主嫁给匈奴人的首领,并逢节送礼,年年进贡。尽管匈奴人得到了优厚的贡礼,但是他们仍然继续侵犯中国的领土、毁坏城镇、掠夺牲畜、屠杀或俘虏平民。要想与这个善骑的民族进行斗争,必须要有强大的、训练有素的骑兵部队,然而中国的骑兵如同它的陆军士兵一样,是从城市或农村无马的贫苦人家征集的,这样的骑兵当然无法同"世袭骑手"的匈奴人相提并论,后者自幼就学会了骑马奔驰。只有找到另外一些善骑的部族,他们与匈奴人一样灵活机动,才有可能对匈奴人进行有效的斗争,于是中国人必须从憎恨匈奴人的部族中寻找同盟者。

到了汉武帝即位后(公元前 140 年),中国已经变得强大了,准备同匈奴人决一雌雄。但匈奴人在什么地区击败了大月氏人,西汉朝廷对此是模糊不清的,至于大月氏首领被杀,他的儿子将残留的人员带到什么地区去了,汉武帝更是一无所知。汉武帝认为,被杀的大月氏人首领的儿子或者他的继承人是期望已久地反对共同敌人的可靠同盟者。重要的任务是找到大月氏,所以决定派使者去寻找。皇帝卫队中的一个青年军官张骞被选中了,之所以选中张骞是因为他具有健壮的体魄和坚忍不拔的精神。

这个使命是异常艰巨的,因为西汉人对西域中亚的地理形势一无所知;同时也是极危险的,因为,这些地区的真正的统治者是匈奴人。

张骞(公元前 195 ~ 前 114)于公元前 139 年受命率人前往西域,寻找并联络曾被匈奴赶跑的大月氏,合力进击匈奴。

张骞一行从长安起程,经陇西向西行进。一路上日晒雨淋,风吹雪

探索自然丛书

探索自然丛书

张骞出使西域图

打，环境险恶，困难重重。但他信心坚定，不顾艰辛，冒险西行。当他们来到河西走廊一带后，就被占据此地的匈奴骑兵发现。张骞和随从100多人全部被俘。

匈奴单于知道了张骞西行的目的之后，自然不会轻易放过。把他们分散开去放羊牧马，并由匈奴人严加管制。还给张骞娶了匈奴女子为妻，一是监视他，二是诱使他投降。但是，张骞坚贞不屈。虽被软禁放牧，度日如年，但他一直在等待时机，准备逃跑，以完成自己的使命。

敦煌壁画中有张骞出使西域的场景

整整过了十一个春秋，匈奴的看管才放松了。张骞乘机和他的贴身随从甘父一起逃走，离开匈奴地盘，继续向西行进。由于他们仓促出逃，没有准备干粮和饮用水，一路上常常忍饥挨饿，干渴难耐，随时都会倒在荒滩上。好在甘父射得一手好箭，沿途常射猎一些飞禽走兽，饮血解渴，食肉充饥，才躲过了死亡的威胁。

这样，一直奔波了好多天，终于越过沙漠戈壁，翻过冰冻雪封的葱岭（今帕米尔高原），来到了大宛国（今费尔干纳）。高鼻子、蓝眼睛的大宛王，早就听说汉朝是一个富饶的大国，很想建立联系。但苦于路途遥远，交通不便，故一直未能如愿。因此，当听说汉朝使者来到时，喜出望外，在国都热情地接见了张骞。他请张骞参观了大宛国的汗血马。在大宛王的帮助下,张骞先后到了康居(今撒马尔罕)、大月氏、大夏等地。但大月氏在阿姆河上游安局乐业,不愿再东进和匈奴作战。张骞未能完成与大月氏结盟夹击匈奴的使命,但却获得了大量有关西域各国的人文地理知识。

张骞在东归返回的途中,再次被匈奴抓获,后又设计逃出,终于历尽千辛万苦,于13年后回到长安。这次出使西域,使生活在中原内地的人们了解到西域的实况,激发了汉武帝"拓边"的雄心,发动了一系列抗击匈奴的战争。

公元前119年,汉王朝为了进一步联络乌孙,断"匈奴右臂",便派张骞再次出使西域。这次,张骞带了300多人,顺利地到达了乌孙。并派副使访问了康居、大宛、大月氏、大夏、安息(今伊朗)、身毒(今印度)等国家。但由于乌孙内乱,也未能实现结盟的目的。汉武帝派名将霍去病带重兵攻击匈奴,消灭了盘踞河西走廊和漠北的匈奴,建立了河西四郡和两关,开通了丝绸之路。并获取了匈奴的"祭天金人",带回长安。

张骞不畏艰险,两次出使西域,沟通了亚洲内陆交通要道,与西欧诸国正式开始了友好往来,促进了东西经济文化的广泛交流,开拓了丝绸之路,完全可称之为中国走向世界的第一人。

张骞两次出使西域路线图

丝绸之路的开辟不仅使东西方有了第一条商路,更重要的是民族间的政治、经济、文化得以交流,可以看成是人类共同进步的大事业。

张骞探险西域,对中国人来说,还具有巨大的发现价值。在此前,中国人一直以为西域是鬼神之所,张骞通过实地考察,向中国人介绍了西域的地理风貌、人民的生活劳作习俗,彻底打破了中国人关于西域的迷信观念和恐惧心理,为中国人走入西域,走向世界奠定了思想基础。

历史注定要在这条联系东西方的国际大通道上上演一出出爱与恨的壮举,在以后的 1000 多年里,通商、外交、宗教、征战频频循着这条古道发生,直至因这条古道传递的关于黄金和财富的信息刺激得探险家们去寻找一条更便捷的通道从而打开了世界海洋的锁链为止。

这条 2000 多年前沟通中国西部和中东地区的商道,其西端一直延伸到欧洲的意大利罗马城。中国的丝绸和中东的香料是这条商道上流通的主要货物。但后来大部分路段被沙漠所湮没。

20 世纪初,英国和瑞典等国的一些探险家对丝绸之路进行过考察,虽发现一些踪迹,但成效不大。美国航天飞机在 1993 年的 3 次飞行中,对丝绸之路进行了探测,法国的斯波特和美国的陆地卫星等卫星也对丝绸之路拍了照。联合国教科文组织和中、法、英、美、日等国的专家学者对这些照片进行了分析研究。一些人还在导航卫星的引导下,对丝绸之路进行过实地考察。日本学者根据卫星图像绘制了丝绸之路图。

根据卫星图像绘制的丝绸之路图

3. 西域"探险之父"斯文·赫定

瑞典探险家斯文·赫定(Sven Hedin,1865 ~ 1952)诞生于瑞典首都一个中产阶级家庭。家庭和早年经历并没有任何与众不同之处,与众不同的是它对所处时代的独特感受。

斯文·赫定出生于 1865 年。他是在 19 世纪"地理大发现"雄风熏陶下长大的,几乎每个有抱负的欧洲知识分子都希望能在填补描绘世界地理的伟大事业中留下自己的一笔,斯文·赫定也不例外,他就是在这样的雄心之下来到中国探险。所以,无论有多大的艰难,他都微笑着克服了。可以说,他成功了,他的名字永远留在历史上,永远留在了中国考古学的历程上。

从宏观上看,实际上欧洲的这次探险狂潮与18世纪前后考古学在欧洲的建立分不开。考古学从一开始就与地理大发现联系在一起。"新大陆"在15世纪前后的"发现"可谓打开了一个科学的"潘多拉"盒子,催生或衍生了许多新的学科和新事物,也给欧洲带去了新视野。

斯文·赫定

西方地理学界,也许可以说是整个知识界已向地图中的空白点宣战,征服极地的船队一支支驶出港湾,单枪匹马的无名之辈,因为测绘了一条热带雨林中的河流或标明某个处女峰的海拔高度可以一夜间扬名天下。呼吸领略了这样的氛围,使斯文·赫定对未知世界有一种执著的迷恋。所以,当19岁时(中学刚毕业)获悉有机会到遥远的巴库做家庭教师,他就毫不犹豫地踏上了离乡之路。工作结束后,他以所有的薪金为路费,到波斯及中东进行了首次考察旅行。

1886年秋天,斯文·赫定进入大学学习。1890年4月,斯文·赫定再次踏上远赴中东的征途。作为瑞典王国外交使团的翻译,他圆满完成了任务,并在国王支持下,开始了他在亚洲的第二次探险旅行。1890年12月,他由俄国进入中国新疆,抵达中亚名城喀什。

关于海市蜃楼般的"沙埋古城"传说,几百年来一直在喀什噶尔、拉吉里克、玛拉巴什、叶尔羌……塔克拉玛干大沙漠边缘绿洲的居民中传播不息。1891年1月初,斯文·赫定离开中国,返回瑞典。1893年10月16日,斯文·赫定又一次离开故乡,前往亚洲。1894年2月进入帕米尔高原,并在慕士塔格山脚下住了一段时间,曾试图攀登这个名副其实的"冰山之父"。1894年5月1日,抵达喀什。1895年2月17日,斯

探索自然丛书

文·赫定走向塔克拉玛干大沙漠,由于经验不足、条件恶劣,经过苦苦支撑才被正巧路过的一支骆驼队搭救。

1895年4月10日这一天,斯文·赫定驼队离开了麦盖提的拉吉里克村,驼队有8峰骆驼、2条狗、3只羊、1只公鸡和10只母鸡,有够一行食用三四个月的粮食,全套皮大衣、冬装以及足够装备一个警卫班的3支长枪、6支短枪,还有从气温表到测高仪等一些科学仪器……可是,唯独没有带上足够的饮水!因而精良装备没有起到应有的作用。在穿越叶尔羌河与和田河之间的广袤沙漠时,几乎葬送了整个探险队!几天之后就耗尽了所带饮用水,在此后行程中,他们喝过人尿、骆驼尿、羊血,一切带水分的罐头与药品也是甘露,最后,不得不杀鸡止渴,可割掉头,母鸡的血已经成了凝固的"玛瑙"。和田河可望而不可即的河岸林带,赋予了他们超常的毅力,可是当他们最终挣扎着来到和田河时,却发现那实际上是季节河,这个意外使他几乎崩溃。但幸运的是,和田河中游一处全靠旺盛泉水才保持在枯水期也不干涸的水潭拯救了他们。此后,探险家斯坦因、瑞典科学家安博特都找到过这个水潭。他们最终丧失了全部骆驼,牺牲了两个驼夫、放弃了绝大部分辎重,遗失了两架相机和1800张底片,从此塔克拉玛干沙漠有了一个别名"死亡之海",斯文·赫定则从灭顶之灾中获取了受用终生的教益。

1896年1月,他在塔瓦库勒装备了驼队,向东穿越沙海,1月23日黄昏,驼队来到一片久无生机,死树枝全脆得像玻璃的废墟,也就是当地人所谓的丹丹乌里克——象牙房子,整个遗址气势恢宏,建筑规格不同寻常。这个远离近代绿洲带的往古沙埋古城,曾是古国于阗的重镇,而后来的斯坦因、特林克勒等在这儿都做过发掘,所获颇丰。它的存在至少可证实,1000年之前塔里木的沙漠绿洲格局与今天迥然不同。丹丹乌里克对再现中国古代西域文明发展程度最高的塔里木河流域精彩纷呈古城邦具有里程碑意义。后来赫定还探访了通古孜巴斯特的原始村落,初次由南向北纵穿了塔克拉玛干大沙漠,证实了野骆驼乐园的存在,抵达罗布荒原,使"罗布泊位置"这个"世纪之争"迈出了一大步。

1899年,斯文·赫定又在瑞典国王经诺贝尔的资助下,在新疆进行了第二次考察探险。1900年,由于一个偶然机遇,他发现了楼兰古城。1907年,斯文·赫定第四次来中国,他的主要目标是西藏。

探索自然丛书

1925年，赫定出版了诸多著作中影响最大的一部：《我的探险生涯》，作为对自己一生的总结。在该书结尾，赫定表示，自己已经不能理解世事纷纭变化万端。换句话说，他认为自己的使命已经结束了。"至于未来的余生如何发展，且看全能的上帝摆布吧！"

但是，上帝似乎还不想抛弃这位老先生。

中国西北考察团出发

于是，斯文·赫定再次踏上中国的大地，那是在1926年的冬天。这次他不是单枪匹马前来中国，而是带来了一支由瑞典人、德国人及丹麦人组成的探险队。但考察还在筹备中，就遭到北平学术界的一致反对。经过近6个月的谈判，斯文·赫定和北平的中国学术团体协会就即将进行的考察达成了协议。协议的最重要部分是：本次考察由中国瑞典双方共同组成中瑞西北科学考察团；另外吸收了5名中国学者和4名中国学生；考察团采集和挖掘的一切文物、动植物标本、矿物样品等，都归属为中国的财产。

1927年5月9日，斯文·赫定和徐炳旭率领一支空前规模的现代化科学考察队离开北平，前往中国西北。

1933年10月21日，斯文·赫定等受当时南京中央政府铁道部门委托，对勘测考察修建一条横贯中国大陆的交通动脉的可行性。1933年夏天，斯文·赫定提出了优先考虑新疆的问题，其具体措施，首先是修筑并维护好内地连接新疆的公路干线，进一步铺设通往亚洲腹地的铁路。把着眼点放在加强内地与新疆的联系上，这是自辛亥革命以来具有远见卓识、忧国忧民的中国政治家、学者一再强调的共识。

斯文·赫定(1935)

整个考察活动从 1927 年开始到 1935 年结束,这 8 年当中的经历、甘苦、成败得失,都忠实地记录在《亚洲腹地探险八年》当中。

作为最后一名古典探险家,斯文·赫定的重要发现,他的敬业精神,他出色的文学才华和诗人一样的想象力,都是荦荦而立的。他几十部探险专著砌起的高墙是无法逾越的,它将探险挡在探险之外了。

他在中国的评价也甚高,1935 年 2 月 19 日,一些中国科学家为赫定送上祝语:"近百年来世界地理学者对中央亚细亚探求甚勤,而贡献之宏富无能及瑞典斯文·赫定博士者。"

虽然斯文·赫定后来一生中也因为支持纳粹等问题受到非议,但作为一位探险家与地理学家,他的影响始终如一。

4. 小河墓地与罗布人奥尔德克

1934 年,瑞典考古学家贝格曼(Folke Begman,1902~1946)参加瑞典探险家斯文·赫定组织的"西北科学考察团",并受当时民国政府委托,到中国西北地区沿古丝绸之路进行勘察。

在贝格曼到达孔雀河下游孤寂荒凉的罗布沙漠之前,"小河遗址"谜一样封尘在时间隐秘的深处。传说魔鬼伊比利斯守着 1000 口棺材,肆虐的黑风暴笼罩着幽灵出没之地,连大胆的盗墓贼也望而却步……

1934 年初夏,罗布人奥尔德克再次扮演了中亚探险史上的重要角色——他将贝格曼率领的考古队带到了神秘的古墓前。1900 年,正是他在寻找遗失沙漠的铁锹时无意中帮助斯文·赫定发现了楼兰。

贝格曼(右)和斯文·赫定在新疆(1934)

贝格曼将这个遗址编号为"五号墓地",也叫"奥尔德克的古墓群"。他称它是"死神的立柱殿堂":一座圆形沙丘上竖立密密麻麻的多棱形木柱,看上去如同一片人工丛林,柱顶已被强风劈裂,被烈日晒朽,两排保存完好的圆木栅墙抵挡着荒原上的风沙,墓地里四处可见人骨、骷髅、裸露的木乃伊、浆形木板、包了牛皮的棺木以及各种各样的毛织物碎片。

贝格曼在小河流域共发掘了 12 座墓葬,出土了近 200 件文物。他的惊世发现之一便是揭开了小河人种之谜——在距今三四千年之前,小河流域和罗布泊地区的土著居民主要是欧罗巴人种(白种人)! 直到公元前后,欧罗巴种与蒙古利亚种在这一地区混居,才出现繁荣的楼兰混合文化。

"五号墓地"——"小河遗址"

贝格曼在"五号墓地"的考古发掘,证实了这一点。他用生动的文笔描写了一具女性木乃伊("沙漠公主")的白种人特征:"她有高贵的衣着,中间分缝的棕黑色长发,双目微合,好似刚刚入睡一般。高高隆起的额部,漂亮的鹰钩鼻,微张的薄嘴唇与微露的牙齿,为后人留下一个永恒的微笑。"贝格曼在小河墓地发现了 3 个人形木雕,雕刻的面部器官带有明显的非蒙古人种特征,表现形式上体现出一种自然主义风格。细心的他还注意到,这些原始居民的穿着与青铜器时代早期丹麦岛民的衣着有着总体的类似。

小河距楼兰仅 100 多千米,属于同一文明区域。贝格曼的发现同样得到了斯坦因、斯文·赫定、黄文弼等人的认同。总之,罗布泊地区曾生活过两种欧罗巴种的土著居民,即印度—阿富汗类型的白种人和帕米尔—费尔干纳类型的白种人。大约半个世纪后,新疆考古界对古代罗布泊地区居民的体质人类学研究再一次证实了贝格曼的说法,这实在是不谋而合。最早的楼兰人主要是欧罗巴种(白种人),这基本上已成为学界的共识。

塔里木盆地藏着一把"芝麻开门"的钥匙,找到了它,便能找到人类文明隐秘的圭臬。"小河遗址"是新疆考古探险史的谜中之谜,重中之重,无疑也是开启楼兰文明乃至整个西域文明史的一把钥匙。

奥尔德克生于1862年,从小就在罗布泊里面结网打鱼,过着无忧无虑的生活。封闭而忙碌的生活,养成了他勤劳、勇敢、忠诚、朴实的品质。

奥尔德克年轻时是渔猎手,家中生活美满,丰衣足食,无忧无虑。本来,奥尔德克可以和他所有的长辈一样,安安静静地度过自己的一生。然而,当1899年12月,瑞典人赫定带领的探险队进入罗布泊腹地,并雇佣了已经37岁的"野鸭子"后,他生活中的一切发生了天翻地覆的变化。他的孩子尼牙孜汗说,爷爷不仅通过自己的努力,为赫定的探险生涯起了举足轻重的作用,也改变了他自己的一生。

1900~1901年奥尔德克协助斯文·赫定发现楼兰故城,是"上帝"给他的好运。此后,奥尔德克迷上了探险,他常骑着骆驼独自在无人的荒漠中漫游,无意中在雅尔当布拉克的库姆河故道以南的沙丘间,发现了一个有1000口棺材的墓地和一些城堡、民居、烽燧……为1934年中瑞西北考察团起到了先锋侦察的作用。

1934年,年已72岁高龄的奥尔德克再次见到了改变他一生的斯文·赫定,并再次加入斯文·赫定的探险队。分别32年的他们再次相逢在孔雀河考察船队上,两位古稀老人双手紧握一起,热泪盈眶。罗布人吃苦耐劳的品质令斯文·赫定感慨万千,他多次表示,自己在罗布泊的伟大探险,与罗布人的友好相助是分不开的。就是在这次探险中,赫定为奥尔德克这位患难之交的朋友画了一幅肖像。探险结束时,斯文·赫定特别奖给他两匹好马和一支步枪。

在尉犁的沙漠生态园,
奥尔德克长眠在这里

这次分手以后,奥尔德克回到家乡卡拉,在那里度过了一段悠闲的生活,他与黄羊野兔为伍,以沙漠湖泊为伴,捕鱼打猎为生。然而,两年以后,奥尔德克的眼睛瞎了,他在死亡线上度过了人生最为悲惨的晚

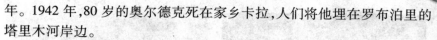

年。1942年,80岁的奥尔德克死在家乡卡拉,人们将他埋在罗布泊里的塔里木河岸边。

1995年,瑞典斯文·赫定基金会出资,为这位陪同斯文·赫定出生入死、几进罗布泊和塔克拉玛干沙漠及西藏无人区立下汗马功劳的罗布人修建陵园。如今,这座占地70公顷的公园式的陵墓依然在尉犁县城郊的胡杨林中悄然屹立。高大的墓碑,彩色的陵墓,红砖围墙,起伏的沙丘,蓝色的湖泊,红柳胡杨芦苇绿染大地,给这片万古荒原带来了生机。

5. 生死楼兰

楼兰探险的起因是由于一摞掩埋在黄沙底下的几片刻有古老文字的木雕残片,发现它的斯坦因把它带到了印度,经当地人鉴定,这是公元3世纪的文物。当时没有人认识这些古老的文字,是后来才被破译的。但当时引起了西方探险家们的注意。新疆存在着古代文明城市的消息在19～20世纪传遍了整个欧洲,探险楼兰又成为了当时地理大发现的余波。

早在2100多年前就已见诸文字的古楼兰王国,在丝绸之路上作为中国、波斯、印度、叙利亚和罗马帝国之间的中转贸易站,当时曾是拥有人口44100多人的世界上最开放、最繁华的"大都市"之一。

楼兰王国从公元前176年以前建国,到公元630年消亡,共有800多年的历史。它国力强盛时期疆域辽阔,是西域一个著名的"城郭之园",范围东起古阳关附近,西至尼雅古城,南至阿尔金山,北到哈密。汉朝曾在此设西域长史府。三国、两晋时,划归凉州(今甘肃武威)刺史管辖。公元3世纪后,流入罗布泊的塔里木河的下游河床被风沙淤塞,改道南流。楼兰绿洲因得不到水源灌溉,绿洲被沙漠吞噬,草木枯死,部分人口迁移。加上公元500年左右被零丁国所灭。但究竟为什么会消亡得无影无踪,直到现在仍然是一个谜。

楼兰故城遗址位于我国新疆自治区若羌县东北部,距县城约300千米,位于罗布泊以西偏北岸边,在孔雀河南岸7千米处,其地理坐标为东经89°55′22″,北纬40°29′55″。整个遗址散布在罗布泊西岸的雅丹地形之中。遗址坐落在高台之上,才有幸保存至今。

探索自然丛书

泥塑佛塔遗址

三间房遗址

　　楼兰故城始建秦汉时期。《史记·大宛列传》中记载："楼兰、姑师邑有城郭,临盐泽。"说明公元前2世纪楼兰已是个"城郭之国"了。《汉书·西域传》记录："鄯善国,本名楼兰,王治扜泥城。户千五百七十,口四万四千一百,胜兵二千九百十二人。"又曰："元凤四年(公元前77年),更名其国为鄯善。"是西域三十六国之一的楼兰国和改名后的鄯善国的重要城市及魏晋前凉时期西域长史府治所。

　　楼兰故城于1900～1901年被中国维吾尔向导奥尔德克和瑞典人斯文·赫定重新发现后闻名世界。相继而来的英国人斯坦因、日本人橘瑞超等外国人在城内盗走了大量的珍贵文物。从此,楼兰文物流散于全球各地。如今,日本龙谷大学收藏的"李柏文书"就是曾让橘瑞超声名显赫的楼兰文物之精品。

　　1899年9月,斯文·赫定第二次来塔克拉玛干探险。这次他决意打通从中亚到西藏的道路。1900年3月下旬,赫定一行进入孔雀河下游的罗布荒原。

　　一天,探险队用来挖水的铁铲丢在前一夜的宿营地,赫定便派维吾尔向导奥尔德克去找。艾尔德克找到铁铲时已是傍晚,突然沙漠里刮起一阵狂风。沙尘起处,遮天蔽日,天地一片昏黑。奥尔德克被风吹裹着,迷迷糊糊不知跑了多远,到了何处。风停时,他发现自己的面前有一片废墟。斯文·赫定从奥尔德克捡回的几片木雕残片上一眼就看出了希腊化艺术风格。斯文·赫定看罢异常激动,因为他将成为揭开塔克拉玛干沙漠古文明之谜的第一人。他断定,这片没有人迹的沙漠里一定埋藏着一个古老的文明。因为只剩一两天的水和食品,斯文·赫定决定第二年再来。1901 年 3 月赫定在奥尔德克带领下重返罗布荒原。他们不仅调查了去年发现希腊木雕的古代废墟,还在这个古遗址东南一线发现了许多古代烽火台,这条烽燧线一直延伸到罗布泊西岸一座被风沙埋没的古城。这就是著名的楼兰城。

在楼兰故城中,有一条东西走向、穿城而过的石砌渠道遗迹,与城外的河道相连。渠道上残留有许多水螺壳,这表明古渠道曾是淡水通道。以古渠为中轴线,古城被分割成东北和西南两大部分。东北部以佛塔为标志,西南部以土块垒砌的三间房为重点,散布着一些大小宅院。佛塔残高 10.4 米,是城中最高的建筑物。外形如同覆钵,与古印度佛塔相似。塔基为方形,每边长约 19.5 米,塔身为八角形,用土坯夹木料垒砌而成,中间填土充实。塔顶为圆形,直径约 6.3 米。塔身的木方外缘残留雕刻纹饰。在塔基与塔身之间,南侧有供攀登的土坯阶梯,宽约 0.3 米。在附近,人们还发现了木雕坐佛像饰有莲花的铜长柄香炉等物品。佛塔南面有一片大型建筑遗址,地面上有许多错乱放置的粗大木材。这些木材都经过加工,或有整齐的榫孔,或有流畅的旋形纹样。斯文·赫定和斯坦因等人都曾在此发现各种精致花纹装饰木板和木雕佛像。大量的文物再现了楼兰昔日的辉煌。城里发掘出了大量文书及木简;既有汉代的五铢钱,也有贵霜帝国的铜币;既有汉代的丝织品、绢网,也有波斯的壁画;甚至有希腊、罗马及以雅典娜为图案的工艺品;还有各国的陶器和漆器。

斯文·赫定在楼兰城大肆发掘,挖出了数以百计的魏晋时期汉文木简残纸、零星楼兰本地胡语文书、大批汉魏南北朝时期的钱币、东方的丝绸残片、西方的毛织物残片,以及中亚希腊化艺术(或称"犍陀罗艺术")风格的木雕残片。根据赫定带回的卢文和汉文木简,德国语言学家研究后确认:这片废墟就是在历史上赫赫有名后又销声匿迹的楼兰。

楼兰遗址发现的这些墨书的残纸和木简,残纸中有西晋永嘉元年(307)和永嘉四年的年号,这

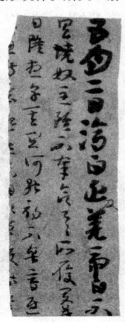

楼兰残纸

批残纸当是西晋至十六国的遗物,其内容除公文文书外,还有私人的信札和信札的草稿,书体除介乎隶楷之间的楷书外,还有行书和草书,这些残纸是研究魏、晋、十六国书法的宝贵资料,不但使我们得以窥见晋人的真实用笔,而且为研究当时书风的演化提供了实证。

斯文·赫定在中国西域荒漠发现古代城市的消息传出后,举世震惊。以前人们只知道埃及、希腊和罗马有着发达的古代文化。殊不知,遥远的中国荒漠也曾创造过高度发达的城市文明。于是楼兰成了最著名的考古探险圣地之一,楼兰古物成为欧美和日本探险队激烈争夺的对象。

20世纪初和1979年至今,以黄文弼、陈宗器、孟凡人、林梅村、王炳华、夏训诚、穆舜英、侯灿、伊弟利斯·阿不都热苏勒等为代表的中国科学家相继前往楼兰考察,并出土一批重要文物,出版了许多有关楼兰的书籍,结束了楼兰研究在国外的难堪局面。经历史学家和文物学家长期不懈的努力,楼兰古国神秘的面纱逐渐被撩开了。

1979年12月22日,考古学家王炳华带领的考古队发现古墓沟墓地,将楼兰文明推至3800年前的青铜时代,并发现古墓沟人种为原始欧洲人种。

古墓沟墓地

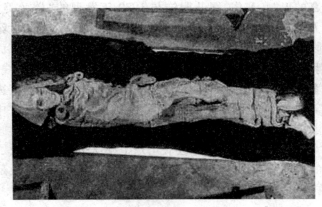

一具保存完好的女尸

1980年,考古学家穆舜英发现"楼兰美女"。这是一具保存完好的女尸。考察报告中写道:"脸面清秀,鼻梁尖高,眼睛深凹,毛发、皮肤、指甲都保存完好,甚至连长长的睫毛都清晰可见,深棕色的头发蓬散披在肩上。"随后,经专家测定,该古尸距今已3800年,系欧洲白色人种。

1980年至1988年新疆考古研究所对楼兰地区古遗址进行了大规模普查,发现许多新石器遗存。

1995年楼兰西北的营盘古墓群爆出惊人发现。考古学家认为营盘墓地是罗布泊地区100多年来发掘面积最大、文化内涵最为丰富的一处墓地。尤其是那个戴着麻质贴图面具的15号墓主人。该处墓葬群出土既有汉晋时代的绢、缣、绮、丝绣,也有中亚艺术风格的麻质面具、黄金冠饰、金耳环、金戒指、波斯安息王朝的玻璃器,乃至希腊、罗马艺术风格的各类毛纺织品,可谓收尽天下宝物。

1998年,考古学家在古楼兰的一处墓葬中,发现了两具时代不同,人种不同的干尸:一个沉睡了4000年的婴儿,静静地躺在古楼兰的一处墓穴里。他大约六个月大小,头戴浅色尖顶毡帽,身包粗毛衣,外裹羊毛,脚穿皮靴。一个草编篓斜放在左肩旁边,大概是他最钟爱的玩具。同时被发现的还有一位男性老者,他安眠在一具精美的彩绘棺材中,身着白色棉布面绢里单袍,白色棉布面单裤和单袜,两块浅黄色棉布盖着脸部,深棕色的头发大部分已经花白。在他棺材的两端,分别画有东方文明中象征太阳和月亮的朱雀与玄武图案。

探索自然丛书

婴儿墓的形制、墓俗、婴儿服饰与 1980 年发现的"楼兰美女"墓葬一致。老人干尸属蒙古人种,生活于汉晋时期,约在公元 3 世纪至公元 5 世纪。彩棺出土时保存完好、色泽如新,除底面外,彩棺的五面在白底上用黄、橘黄、草绿及褐黑色描绘有铜钱纹及花卉纹,并以斜线分区,构成菱形图案。随彩棺出土的还有一条精美的狮纹毛毯。毛毯边缘为分区的连续菱格纹,狮子图案在中部,形象生动。此外,还有两件中原风格的漆碗和漆盘。

2003 年 1 月 31 日,探险家赵子允先生率队进楼兰,发现了楼兰彩棺和精美的墓中壁画,震惊了全国。后经考古专家鉴定,此处是一个重要遗址,墓主人身份很高,但是否是楼兰王陵还很难判定。

6. 出于军事侦察目的的探险

普尔热瓦尔斯基

19 世纪的俄罗斯极富扩张性,沙皇俄国曾派出众多军官对中国西域进行一系列地理和军事探测,比如 1802 ~ 1803 年的乔治·马格努斯·斯潘博顿,1805 ~ 1807 年的米哈伊尔·别普乔夫,1879 ~ 1888 年的尼古拉·普尔热瓦尔斯基,1899 年的科兹洛夫,1906 ~ 1908 年的马达汉。

普尔热瓦尔斯基(Przhevalsky Nikolay Mikhaylovich, 1839 ~ 1888),与中国西域探险考察热的兴起有着密切关系。从 1870 年开始他一生中 5 次到中国西域探险,初衷是为了抵达西藏的拉萨,然而始终未能实现这个愿望,却阴差阳错在新疆走完了前无古人的路程。探险生涯之中,普尔热瓦尔斯基很少关心当地的人文情况,他的兴趣主要在记录动植物和地理考察,与别的探险家很不一样。1876 ~ 1877 年的考察,挑起了关于罗布泊位置的论争,与斯文·赫定成为正、反双方的代表。此外,目前新疆的"三山夹两盆"(阿尔泰山、天山、阿尔金山 – 昆仑山,准噶尔盆地、塔里木盆地)地理结构,最初也是由他标注在中亚地图上。

相对于西域探险考察,普尔热瓦尔斯基在生物界更为知名,尤其是野骆驼的发现。中国西北边陲自古就是野骆驼栖息地,首先发现野骆驼的自然不是普尔热瓦尔斯基,但初次陈列在博物馆里的野骆驼标本则是他搜集的。1876～1877 年冬天,他离开罗布泊荒原前往阿尔金山观察野骆驼,期望获得至少一具完好标本。在给俄国皇家地理学会报告中说:"很久以来一直使所有博物学家甚感兴趣的野骆驼和野马问题,即将得到解决。"他雇了一队当地最剽悍的骑手埋伏于红柳灌丛,一旦发现野马群中出现初生未久的马驹,就用接力方式骑马狂追,直到将刚刚能趔趔趄趄奔跑的马驹累垮,成为第一个捕获活野马的探险者。

返回罗布泊后,他以市价的 4 倍悬赏 100 卢布,征集一公一母两峰完好的野骆驼皮。1877 年 3 月 10 日,两个罗布泊猎人从阿尔金山阿奇克谷地猎取了两峰野骆驼,其中母骆驼有孕在身,如果不被打死,将在一两天后分娩,因此普尔热瓦尔斯基幸运地得到 3 个野骆驼标本。获得标本之后,他坚持认为,就像野马与马一样,野骆驼与骆驼从来不是同种动物,其他的探险家如斯文·赫定、亨廷顿等都认为,所谓的野骆驼,实际就是逃逸在外的家畜骆驼,因此极为惧怕(或说厌恶)人类,于是有了野骆驼是不是新的物种的论争。耐人寻味的是,2000 年联合国的一个组织对一具野骆驼遗骸作的 DNA 检测证明,与家畜骆驼确实属两种不同的动物,而这具遗骸与普尔热瓦尔斯基的 3 个标本得自同一区域。

1879 年第 3 次中亚考察,普尔热瓦尔斯基穿越了哈密与敦煌之间的戈壁。1888 年开始他第 5 次中亚探险,10 月 16 日在抵达吉尔吉斯斯坦首府比什

普尔热瓦尔斯基博物馆

凯克时意外感染了伤寒，11 月 1 日，在伊塞克湖畔以东的小城喀拉库勒病逝。事后，沙皇钦命将喀拉库勒改名为"普尔热瓦尔斯克"，他的后继者斯文·赫定等，都曾特意来此为这个长眠在天山湖畔的听涛人扫墓，1957 年苏联政府在这里建立了普尔热瓦尔斯基博物馆。

另一位到中国西域以军事侦察为目的的探险家是马达汉（Carl Gustav Mannerheim，1867 ~ 1951），马达汉是他在我国西域考察时新疆的清朝官员给他起的名。后来，他成为了元帅和芬兰的总统，作为政治家被人们熟知，但有关他的探险活动却鲜为人知。

马达汉，芬兰人，出生于瑞典。毕业于俄国圣彼得堡尼古拉耶夫骑兵学校，当过沙皇宫廷卫队的军官并长期服役于沙俄军队，曾参加日俄战争。从战略目的考虑，1906 ~ 1908 年受沙俄总参谋部派遣，以考察为名赴西域"刺探军情、查明虚实"，为沙俄进一步侵略中国服务，此外还受芬兰—乌戈尔学会嘱托，沿途考察西域各民族历史与习俗，搜集古代文物，具有考古和民族学意义，赋予他一个文化考察者身份。

马达汉

1906 年，他从中亚撒马尔罕、塔什干、安集延和奥希进入新疆，凭借芬兰贵族男爵和沙皇俄国特使的双重身份，受到清朝政府地方官员的关照，自喀什开始走遍南疆和北疆，穿过河西走廊，到达西北重镇兰州，然后经陕西、河南、山西、河北抵达北京，历时两年，行程 14000 余千米。他选择的路线往往偏离传统的丝绸之路，翻山越岭，溯源逐流，穿越人迹罕至的荒漠戈壁，沿途测量地形、绘制地图、记录气象水文资料、拍摄桥梁和军事设施。考察途中，他广交各级地方官吏，了解军事、经济、民政等情况，专程拜访一些民族首领和部落头人，特别留意各少数民族的历史变迁和民俗民风。

他的中国之旅给世人留下了大量旅行日记、考察报告、回忆录，还有引人注目的 1400 余幅照片，展现了一个遥远而神秘的世界，是当初中国西北边陲平民百姓生活的生动写照。多重目的促使他详细记载沿途地形地貌、河流水系、动植物资源、城市和居民点的位置、历史沿革及交通情况、商业集市、文化教育、军事编制、军营宿地、地方经济、农牧业收成和矿业资源等，以及地方官吏、军队、少数民族、寺院古迹与各种奇闻轶事。

马达汉在中国兰州考察时拍摄的照片

1917 年俄国十月社会主义革命爆发后，马达汉返回芬兰，组织白卫军镇压芬兰工人的武装起义，同年芬兰宣布独立并建立资产阶级共和国。1918～1919 年马达汉就任国家执政官。1939～1940 年芬苏战争和1941～1944 年第二次世界大战期间任芬兰三军总司令。1944～1946 年任芬兰共和国总统。1951 年病逝于瑞士。

马达汉在回忆录中毫不讳言，他的中国之行目的是"刺探军情，查明虚实"，为沙俄进一步侵略中国服务。当时的中国，经过八国联军入侵，已完全沦为半殖民地半封建国家，帝国主义列强的压迫和侵略深入到各个方面。清廷统治者慈禧太后为博得列强欢心和顺应潮流，开始实行新政，但无法从根本上改变清朝封建官僚统治的腐败状况。1905 年野心勃勃的沙皇俄国在为争夺中国东北权益的战争中败于日本，其向中国西藏地方的扩张势力也遭到英帝国主义的钳制，这时又企图侵吞中国西北边陲——新疆。马达汉接受的任务就是要探明中国中央政权在边陲的实力影响和清朝地方官员对待新政的态度，并且考察"对俄国来说仍很陌生的中国新疆和西北边境广大的人烟稀少地区"。此外，马达汉

探
索
自
然
丛
书

还受芬兰—乌戈尔学会的嘱托沿途考察新疆各民族历史和习俗并搜集古代文物。

马达汉日记于 1940 年由芬兰—乌戈尔学会整理出版。马达汉日记发表后,引起了世界地理学界的重视,瑞典地理学会授予作者赫定金质奖章,表彰他对"交通不便和与世隔绝的地区"进行了富有成效的考察。1951 年发表了马达汉《回忆录》。

7. 劫掠西域圣地的"探险家"

在对中国西域的探险活动中,英国探险家奥利尔·斯坦因无疑是一位重要人物。然而,对于他的贡献之评价,则存在很大分歧。

斯坦因

奥利尔·斯坦因(Marc Aurel Stein, 1862～1943)。原籍匈牙利。曾在维也纳、莱比锡、牛津大学、伦敦大学学习。1887 年至英属印度,任拉合尔东方学院校长、加尔各答大学校长等职。斯坦因 1862 年生于匈牙利首都布达佩斯一个犹太人家庭。他的父母都是犹太教徒,可是为了儿子的前程,却让他专门接受了基督教的洗礼。他们认为,接受基督教的洗礼是开启犹太居住区之门的钥匙,这样做的目的是为儿子开辟自由之路。后来的事实完全证明,他们精心的选择的确很有远见,这对斯坦因的一生都产生了重大而深远的影响。斯坦因 10 岁时就被送到德国上学,在学校里学会了德语、英语,还精通希腊文和拉丁文,后来他在莱比锡和维也纳上大学时又学会了梵文和波斯语,21 岁时取得了大学博士学位。由此可见,他在学生时代就已表现出非凡的才华。25 岁时他独身一人来到印度、克什米尔地区,从此开始探险、测绘和考古事业。他是以一个地理学家为开端,进而成一名世人注目的探险家和考古学家。从现在看来,他在探险中的发现和考古方面的贡献,要比他在地理方面的贡献大得多。他对事业的追求是十分执著的。只要是他认定要去做

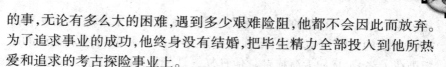

的事,无论有多么大的困难,遇到多少艰难险阻,他都不会因此而放弃。为了追求事业的成功,他终身没有结婚,把毕生精力全部投入到他所热爱和追求的考古探险事业上。

斯坦因把一生中最好的年华都花在了亚洲腹地的探险考古活动。在英国和印度政府的支持下,先后进行了三次中亚探险。

第一次探险(1900~1901):在新疆塔里木盆地南沿和田、尼雅、楼兰等地许多古遗址进行过发掘,盗取了大量文物和古代写本,有相当多的阴谋伎俩。早在1902年,斯坦因就从他的同乡好友、匈牙利地质学家拉乔斯·洛克济(Lajos Loczy)那里,听说过敦煌莫高窟的精美壁画和雕塑,所以考察敦煌成了他很早的探险计划之一。

斯坦因认定和田与印度有深远的历史因缘,因此手持斯文·赫定的地图进入和田,首先攀登了"冰山之父"慕士塔格山。他由塔瓦库勒村向导引导前往丹丹乌里克,第一个挖掘了丹丹乌里克。在这"沙埋庞培"的一个唐朝寺院,他找到几幅珍贵的木板画:"鼠王

尼雅遗址

传说"、"东国公主传来蚕种"、"龙女出嫁",表现的竟是唐僧玄奘在《大唐西域记》中记述过的当地古老传说。1901年斯坦因沿古道到达丝路旧驿尼雅(今民丰)。尼雅历史悠久,含义据说是"遥远的地方"。当时尼雅人并不关心什么古城、古物一类的消息,斯坦因的驼夫哈桑找当地人了解情况,无意中得到写有"死亡"已经十几个世纪的楼兰国官方文字佉卢文的木板。所写文字他并不认识——当时世界上还没有一个人能识读,但斯坦因在印度工作过十几年,对印度古史颇有研究,认出那木板上写的蝌蚪般的字迹与公元前后的贵霜王朝的文字十分相像。送给哈桑木板的是不识字的农夫,木板是在从尼雅绿洲前往大玛扎的路上拾到的,而"大玛扎"是尼雅仅有的名胜,全名叫"伊玛姆扎法萨迪克玛

扎",据说是一个圣者的陵墓,秋冬之际,来自塔里木各绿洲前往朝拜"大玛扎"的居民相望于道,要找出是谁在一两个月前将两块无用的木板扔在了路旁,犹如大海捞针。他日复一日,不厌其烦,在尼雅向遇到的每一个人询问:谁见过这两块木板?谁知道它们的来历?就这样,他最终找到了两块木板的主人,年轻打馕人伊布拉音,3天之后(1901年1月28日)斯坦因来到木板的遗址,即楼兰王国尼雅遗址,找到了整整一个楼兰王国时期的档案库,还发现了世界上最早的一把椅子,最古老的一具木桥,他是第一个到达尼雅遗址的考古探险家。

他将这次旅行记为《沙埋和田废址记》(Sandburied Ruins of Khotan, London,1903),正式考古报告是《古代和田》(Ancient Khotan,全二卷,1907)。

第二次探险(1906~1909):1906年4月20日,由8人组成的斯坦因考察团从印度出发,他们越过帕米尔高原,来到中国新疆。斯坦因在喀什聘请了一个中国师爷——蒋孝琬,作为他的汉语翻译和助手。他们沿古丝路东行,一路经过和阗、若羌、楼兰等地,挖掘了著名的楼兰遗址,发现了大量的珍贵文物。由于此时伯希和也在新疆考察,因此斯坦因一路比较小心,也大大加快了工作速度,为了在伯希和之前到达目的地敦煌。

莫高窟

1907年3月12日,斯坦因到达敦煌。当时他还不知道发现藏经洞的事。因此只准备在敦煌藏经洞待两个礼拜,简单考察一下洞窟,并在敦煌补充一些东西,然后再去罗布泊沙漠进行考古发掘。但到敦煌不久,他从一位定居敦煌的乌鲁木齐商人中知道了几个月前道士王圆箓

(1851~1931)发现藏经洞的事,引发了他对这一发现的很大兴趣,便决定仔细考察一下。3月16日斯坦因到千佛洞,这时,王道士为了筹集修

整洞窟的经费,到别处化缘去了。住在莫高窟上寺的一个小和尚给他看了一卷精美的写经,斯坦因虽然不懂汉文,但从外观上已经感觉到这种写本一定很古老。于是他决定等到王道士回来后再作打算。为了节省时间,他返回县城并礼拜见了敦煌的几位地方官员,然后雇了一批工人,先去挖掘敦煌西北长城烽燧遗址,获得了大批汉代简牍。

　　5月15日,斯坦因返回敦煌,此时正值千佛洞一年一次的盛大庙会,每天来观光游玩和烧香礼佛的人很多。因此为了不引起人们的注意,斯坦因没有轻举妄动,在县城待了几天。到了5月21日,庙会已过,莫高窟又恢复了平静,斯坦因再次来到莫高窟。王道士已从外面回来了,并且用砖块代替木门,堵住了藏经洞的入口,正不安地等待着斯坦因的到来。斯坦因通过他的中文翻译蒋师爷,和王道士进行了初次接触。蒋师爷表示了斯坦因想看看这批写本,并有意用一笔捐款帮助道士修理洞窟,以此来换取一些写本。王道士明知藩台衙门有封存遗书的命令,又害怕让老百姓知道了对他本人和他所做的功德不利,所以犹豫不决,没敢马上答应。斯坦因当然不会死心,于是在莫高窟支起帐篷,作长期停留的打算,并开始考察石窟,拍摄壁画和塑像的照片,装做对藏经洞文物不感兴趣的样子,而交由蒋孝琬同王道士进行具体事宜的交涉。

　　在最初与王道士的交涉过程中,几乎是没有什么进展与收获,因为此时的王道士还并不相信这些洋人,特别是也怕官府过问,追究他的责任。

藏经洞和斯坦因取出的卷子

斯坦因劫掳的胡语写卷　　　　发现藏经洞的道士王圆箓

　　斯坦因对王道士正在努力兴修的洞窟感兴趣,使王道士很兴奋,他答应带着斯坦因等人参观一遍洞窟的全貌,还根据《西游记》一类的唐三藏取经故事,指点着一幅壁画,给斯坦因讲上面画的就是玄奘站在一条激流的河岸旁,一匹满载着佛经卷子的马站在一旁,一只巨龟向他们游来,想帮助他把从印度取来的神圣经典运过河去。这恰好给为寻找古代遗址而深入钻研过玄奘《大唐西域记》的斯坦因带来了灵感。于是,斯坦因就自称是从遥远的印度来的佛教信徒和玄奘法师的追随崇拜者,他之所以在这一天看到了玄奘带回并翻译的佛经,完全是因为玄奘的安排,目的是让他把这些印度已经不存在的经书送回原来的地方。斯坦因的这番鬼话对于这个虔诚愚昧的道士比金钱还灵,很快就起了作用,入夜,王道士拆除了封堵藏经洞的砖墙,借着油灯的亮光,斯坦因看到了这个堆满写本的洞窟,最初王道士并没有让斯坦因进入藏经洞。

　　当时,藏经洞的文物还没有大量流散,斯坦因要想在洞窟中做翻检工作是不可能的,王道士也怕这样会引起旁人的注意。于是,每天夜里,由王道士入洞,取出一捆写本,拿到附近的一间小屋里,让斯坦因和蒋孝琬翻阅拣选,由于数量庞大,斯坦因放弃了给每个写本都编出目录的打算,只从他的考古学标准出发,尽可能多、尽可能好地选择写本和绢、纸绘画。不久,一笔不寻常的交易达成了,斯坦因用40个马蹄银锭和一个绝对严守秘密的保证,换取了满满24箱写本(7000份古写本)和5箱经过仔细包扎好的绢画或刺绣等艺术品,它们经过1年零6个月的长途运输,于1909年1月完整地抵达伦敦,入藏英国博物馆。

第三次探险（1913～1916）:斯坦因的第三次探险活动是1913年开始的,1914年3月24日斯坦因再次来到了莫高窟,受到了"老朋友"王道士热情的接待,王道士还给斯坦因过目了他的账目支出情况,并忠实报告了当日斯坦因施舍银钱的用处。王道士也抱怨了政府拿走藏经洞文物,却不给他兑现承诺之事,并后悔当日没有全部给斯坦因。此次经过斯坦因的交涉,王道士又拿出了私藏下来的几百卷写本,卖给了斯坦因,使斯坦因又得

莫高窟壁画

到了整整4大箱的写本文书,加上斯坦因在当地收购所得,一共约5大箱600余卷。还发掘了黑城子和吐鲁番等地的遗址,其正式考古报告为《亚洲腹地考古记》(1928),全四卷。还著有《在中亚的古道上》(1933),对二次探险做了简要的记述。

1930年,他拟进行第四次中亚探险,被南京政府拒绝,没有进入中国,其所获少量文物,下落不明。

前三次中亚探险所获敦煌等地出土文物和文献,主要入藏伦敦的英国博物馆、英国图书馆和印度事务部图书馆,以及印度德里中亚古物博物馆(今新德里的印度国立博物馆)。藏品由各科专家编目、研究,发表大量的研究成果。斯坦因本人除上述考古报告和旅行记外,还编著了《千佛洞:中国西部边境敦煌石窟寺所获之古代佛教绘画》(1921)一书。其论著全目见《东洋学报》第33卷第1号。

在前三次探险活动中,可以说他是冒着生命的危险,经历了千辛万苦,闯过一道道艰难险阻。他曾穿过帕米尔喀喇昆仑冰雪覆盖的山谷,跋涉在风沙迷漫的塔克拉玛干大沙漠腹地。他走过这些人迹罕至的地方,克服了常人难以想象的困难,最终获得了巨大的成功。由于他在探险中有着惊人的发现,并获取大量的珍贵资料,深受英国政府的赞赏。被英国女王授予爵士勋号,牛津和剑桥大学赠以名誉博士学位。更使他受感动的是被接受为维多利亚女王的臣民。

应该说,斯坦因是一位不折不扣的探险者。在进入新疆之前,他已经在印度、阿富汗和克什米尔等地进行了大量的考古发掘工作。不过就他的学术素养而言,说他是位考古学家,似乎还有些过誉,但他确实是一名出色的地理勘察者,并很会把握每一个对自己有利的机会。当时来到中国西域的外国探险家,目的多少都有些不纯粹,他们能获得资助多半都是因为中亚地区的战略地位,德国探险队的赞助人就有欧洲的军火大王克虏伯。能够被称为真正的、严肃的科学工作者和考古工作者的,实在是寥寥可数,斯坦因并不在其列。斯坦因对中国文化,并不太了解。但他在印度工作多年,精通梵文,曾任拉合尔东方学院院长和印度古物局局长,对于佛教性质的文化艺术,也有相当深的认识。

斯坦因原籍匈牙利,是一名犹太人。他的父亲放弃了犹太教,不过犹太人这个最注重教育的民族的文化传统对于斯坦因的成长,还是起到了很大作用。他家族中除了斯坦因自己,他的叔叔和妹妹等都有超常的语言天赋,包括若干种死文字,这当然不是偶然。斯坦因1904年大愿得偿,入了英国籍,他如此狂热地为英政府工作,如此忠心耿耿地为英国谋利,想来与他新

收藏在大英博物馆中的《敦煌遗书》

入籍、急于表现的心理不无瓜葛。虽说斯坦因对中国文化不够理解,但他有一种善于把握人的心理的天赋。因此,他抬出了一个人作为他的护神,那就是深得中国人崇仰的到西天取得真经的唐僧玄奘。经过《西游记》之类小说、平话和戏曲的渲染,玄奘的事迹在中国那可真是妇孺皆知。他一路上打着玄奘的旗帜,很快就赢得了尊重和好感,到处为他打开了方便之门。说起来,斯坦因还和玄奘真有很多相似之处,无论是他们的经历,还是他们那种坚忍不拔、不畏艰险的精神。

在赫定功成名就之后,一次记者问他,作为探险家应该有哪些素质?赫定说了一些众所周知的内容,然后补充道:还要有天使般的耐心。斯坦因自然不乏人性的种种弱点,可正好不缺乏耐心。

在发现了尼雅遗址之后,斯坦因曾力图到阿富汗作一次考察,但喜怒无常的阿富汗国王出于对英国的疑虑,斩钉截铁地否决了他的计划。时隔40年,他终于获得阿富汗新国王查希尔·沙阿的首肯,能在尚未为战火波及的阿富汗南方赫尔曼德河谷工作一个冬天。1943年10月19日,斯坦因乘美国公使的专车从白沙瓦抵达喀布尔,但几天后,82岁高龄的探险家死于感冒,安葬在喀布尔市郊的外国人公墓。真有点马革裹尸、鞠躬尽瘁的味道。

由于斯坦因的探险受的是印度政府的资助,双方事先就成果的分配有了约定。因此,斯坦因从藏经洞中劫掳的成果就分藏在印度和英国,其中部分文书在英国的大英图书馆、印度事务部图书馆,绘画藏在大英博物馆。

虽然斯坦因在事业上取得了巨大的成功,但是,他这种只顾事业而演变成为文物"大盗"的探险考古活动,侵犯了中国人民的利益,也伤害了中国人民的感情。在中国人的心目中始终刻有挥之不去的阴影。

他与普尔热瓦尔斯基一样,在新一轮探险即将全面展开之前辞世。墓碑简朴无华,那块采自兴都库什山麓的岩石镌刻着以下铭文:

马克·奥利尔·斯坦因

印度考古调查局成员、学者、探险家兼著作家通过极度困难的印度、中国新疆、波斯、伊拉克的旅行,扩展了知识领域。

这个低调的墓志铭没有写上他荣耀的身份——爵士,没有注明他的著作、获得过足以装备一整座博物馆的中国文物,也许他预感到身后将

143

有争议。在长达 30 年的中国西部考古探险过程中,他为 20 世纪重新发现西部,起了重要的作用,但也因为将中国文物去充实英、印博物馆,受到抨击,何况还是敦煌藏经室劫经的始作俑者。斯坦因业已成为历史人物,功过得失也成为陈年旧事,而历史总为未来一代所书写,永远都难以盖棺定论。在 20 世纪 70 年代还有人到公墓为斯坦因扫墓,但不久阿富汗陷入长期战乱,那个外国人的公墓曾是塔利班与拉巴尼卫队必争之地,玉石俱焚,也就在所难免了。

8. 蜂拥而至的各国"探险队"

斯坦因的探险活动以及中国西北文物的大量流散,是有一个特殊的时代背景,19 世纪末 20 世纪初,正当西方列强瓜分中国长江南北的大片领土的时候,在中国的西北地区,帝国主义国家也开始了一场掠夺、瓜分中国古物的竞争。起先,人们并不知道沙漠的深处和残破的洞窟、城堡当中会有丰富的古物,为了争取或扩大在新疆的势力范围,占领印度的英国和侵占中亚大片土地的沙皇俄国,分别派出探险队进入中国新疆,如 1870 年和 1873 年英国的弗赛斯(T. D. Forsyth)使团,1887 年英国的荣赫鹏(F. E. Younghusband)探险队,1870～1885 年间俄国的普尔热瓦尔斯基(N. M. Przhevalskii)组织的四次探险,足迹遍及新疆、甘肃、蒙古、西藏的许多地方,他们沿途也收集了不少古代文物,但这些探险的主要目的,是攫取各种军事情报,了解当地的政情和测绘地图,探查道路,为将来可能进行的军事行动打基础。

1889 年,一个名叫鲍威尔(H. Bower)的英国军人,在库车附近的一座废佛塔中,偶然得到了一批梵文贝叶写本,当时在印度的梵文学家霍恩雷(R. A. F. Hoernle)博士,鉴定出这是现存最古的梵文写本,于是,新疆出土文物的重要学术价值,很快就为欧洲学术界得知。

与此同时,法国的杜特伊·德·兰斯(Dutreuil de Rhins)探险队,也在 1890～1895 年的新疆考察中,从和田地区买到了同样古老的梵文写本。1899 年,罗马召开了第 12 届国际东方学家大会,会上,在俄国学者拉德洛夫(W. Radloff)的倡议下,成立了"中亚与远东历史、考古、语言、人种探察国际协会",本部设在俄国的首都圣彼得堡,并在各国设立分会,以推动在中国西北的考古调查。此后,各国纷纷派出考察队进入新、甘、蒙、藏等地区,把攫取沙漠废墟、古城遗址和佛寺洞窟中的古代文物,作为他们的主要目的。其中比较著名的有:俄国科兹洛夫(P. K. Kozlov)1899~1901年的中亚探险,特别是对甘肃居延附近西夏古城黑城子的发掘;英国斯坦因的三次中亚探险,他涉猎的地域最广,收获也最多;瑞典斯文·赫定1899~1902年的中亚考察,发现了楼兰古国遗址;普鲁士王国格伦威德尔(A. Grunwedel)和勒柯克(A. von Le Coq)率领的吐鲁番考察队,1902~1903年、1903~1905年、1905~1907年、1913~1914年四次调查发掘,重点在吐鲁番盆地、焉耆、库车等塔里木盆地北沿绿洲遗址;法国伯希和(P. Pelliot)1906~1909年的新疆、甘肃考察;芬兰曼涅尔海姆(C. G. E. Mannerheim)1906~1908年的考察;俄国奥尔登堡(S. F. Oldenburg)1909~1910年、1914~1915年的两次新疆、甘肃考古调查以及日本大谷光瑞1902~1904年、1908~1909年、1910~1914年三次派遣的中亚考察队。数不清的中国古代珍贵文物,被他们掠走,入藏于各个国家的图书馆或博物馆。在这场浩劫中,敦煌藏经洞的文献和文物,也没有逃过他们的魔爪。

在这些众多的"探险队"中特别值得重视的是:日本大谷探险队、法国伯希和中亚探险队和奥尔登堡敦煌考察团。

大谷光瑞(1876~1948)曾于1900年经印度、埃及到欧洲旅行,受斯文·赫定、斯坦因等西方探险家的影响,亲自率弟子借道俄国来中国新疆各地探险,在克孜尔石窟盗走一批壁画,这就是大谷探险队的第一次探险。此后他在1908~1909年、1910~1914年两次派出探险队继续在新疆、吐鲁番、敦煌等地探险。橘瑞超(1890~1968)是日本探险家,出身于名古屋兴善寺,1903年被日本净土宗本愿寺住持大谷光瑞录用。橘瑞超是这两次探险的主要负责人。

大谷光瑞

大谷光瑞是日本西本愿寺法主,在已经提及的各国考察、探险队中,只有一衣带水的日本的这一支探险队中有佛教徒,他们在财政方面的基础则是近 1000 万日本信徒施舍的财物,因此大谷探险队的活动近似于私人性质,而不像其他各支均是由政府机构资助。大谷光瑞是京都西本愿寺第 21 谷光尊的长子,是西本愿寺第 22 代宗主。1900 年被派往欧洲考察宗教,见到斯文·赫定、斯坦因、伯希和等人中亚探险的成果,决定利用回程途中前往中亚探险,从而揭开了日本考察中国西北的序幕。

第一次探险(1902～1904)由大谷光瑞率领随行人员渡边哲信、堀贤雄、本多惠隆、井上弘圆等人,自伦敦出发,经撒马尔罕、浩罕,进入喀什噶尔。途中大谷光瑞获悉父亲去世的消息,急忙赶回国。另外两名队员渡边哲信和堀贤雄前往和田、库车、吐鲁番等地考察,经西安回国。

第二次探险(1908～1909)为大谷光瑞派橘瑞超和野村荣三郎二人前往,主要发掘吐鲁番、楼兰、库车等地。这次考察活动是收获最大的一次,《新西域记》有详细记录。在吐鲁番与楼兰有重大发现,著名的《李柏文书》就是在这次考察中发现于楼兰的。其间还得到斯文·赫定在日本提供的考察信息的帮助。

第三次探险(1910～1914)是在前两次的基础上进行的,首先派橘瑞超随大谷光瑞游览了欧洲各国,先后会见了斯坦因、斯文·赫定、伯希和、勒柯克等著名的西域中亚探险家,从他们那里得到了各种有关中亚西域的最新情况和知识,为以后的考察活动做充分准备。

1910 年 8 月橘瑞超从伦敦前往吐鲁番、楼兰、和田等地发掘,1911年中国国内爆发了辛亥革命,形势发生较大的变化。大谷光瑞也长时间没有得到橘瑞超的消息了,很是着急,便决定于同年派吉川小一郎前往寻找。

吉川小一郎到西安后,于1911 年 9 月 15 日得到西安电报局长送来的一个唐代经卷,17 日又得到有三藏法师题名的唐经,这些"唐经"出自敦煌莫高窟藏经洞,所以他目标明确地奔往敦煌,并于 10 月 10 日到达莫高窟,与王道士商量购买"唐经"。从王道士手上用 11 两银子买得一些"唐经"碎片和塑像 2 尊,此后拍摄"唐经"2 卷;12 月 23 日,王道士从肃州衙门回来,说是没有化缘到修理莫高窟的钱,这次回来要把所藏卷子卖掉。王道士先拿出一些较差的,吉川要他换些好的来,可王道士很狡猾,不肯拿出来。1912 年 1 月 7 日,王道士拿来了一些像是蒙古文的卷子,但吉川鉴定不了,要等橘瑞超来看;18日,一个农民拿来2个卷子,吉川用2两2分银子购得;4天后一个身份不明的人拿来4个卷子,其中一个是吉川从未见过的善本,所以他用了5两银子全买了。1月26日上午,橘瑞超找到吉川的住处,他从新疆一路过来,正好与吉川会合。

莫高窟藏经洞

吉川小一郎与安西县电报局长、
安西县知县的合影(1911)

他们在1月30日便一同去找王道士商量交易,次日得到王道士拿来的约定的40多个卷子。问他还有没有,王道士又拿出40多个来。2月1日,橘瑞超与吉川来到王道士的卧室看他收藏的卷子,看见柜子里有很多卷子,经过一番讨价还价,橘瑞超得到其中的169个。2月2日,他们付给王道士300两银子中的100两,要他再拿好的来才付清另200两。第二天晚上,王道士又拿了200个卷子来,要价300两,最后以50两成交。橘瑞超他们的房东也拿出一个卷子,要价150两,结果只用3两被附带买走。橘瑞超、吉川小一郎等人于1912年2月6日离开敦煌,他们共获得敦煌莫高窟藏经洞写本约530卷或540卷,由于没有编目整理,后来有些下落不明的就连什么内容都不知道了。

日本大谷探险队的三次中亚考察活动,与其他各国如斯文·赫定、斯坦因、伯希和、俄登堡等考察团不同,大谷探险队的人员构成本身不是学者,更是对考古学一窍不通,而且他们考察的范围也过于广泛,他们所发掘的东西由于没有很好的记录,也不是科学发掘所得,加上很大程度上是以盗宝为目的进行的,因此资料意义与价值大大降低,对古迹古物造成了严重的破坏。

三次大谷探险队的收集品主要存放在神户郊外大谷光瑞的别墅二

乐庄,部分寄存在帝国京都博物馆(今东京国立博物馆)。1915年将所得精品,影印刊布在《西域考古图谱》中。1914年大谷光瑞辞掉宗主职位,其收集品随之分散,一部分随二乐庄卖给久原房之助,久原将这批收集品寄赠给朝鲜总督府博物馆,今藏汉城国立中央博物馆。寄存在京都博物馆的部分,现入藏东京国立博物馆。大部分收集品在1915年至1916年运到旅顺,后寄存关东厅博物馆(今旅顺博物馆),曾编有简目,与探险队员的部分日记一起,发表在《新西域记》中。此外,又有大量收集品运回日本京都。1948年大谷光瑞去世后,在西本愿寺发现从大连运回的两个装有收集品的木箱,后捐赠龙谷大学图书馆。留在旅顺的部分大多仍保存在旅顺博物馆。其中敦煌写本600余件,于1954年调到中国国家图书馆保存。

伯希和

伯希和(Paul Pelliot,1878~1945),法国人。1878年出生于巴黎商人家庭。早年在法国政治科学学院、东方语言学院等处学习,1899年往越南河内,学习并供职于印度支那考古学调查会,即法兰西远东学院,曾数次奉命往中国,为该学院购买中国古籍。

1900年,伯希和被学院派到北京购买、收集文物与图书。当时的义和团运动正风起云涌,一次法国驻北京的公使馆被义和团所围攻,正准备纵火焚烧,许多法国人隐藏于墙壁后准备还击,伯希和不顾个人安危,挺身而出,开始对公馆外的义和团士兵喊话。士兵们也许是被他一下子唬住了,也许是出于对他英勇行为的敬佩,没有放火而主动撤离。由于伯希和所表现出的英勇精神,所以荣获了法国勋章。同时在八国联军侵入北京的混乱时期,他也利用这一时机在北京骗购了不少的文物和书籍。之后他又在中国以各种方式得到了为数不少的各类文物,如青铜器、景泰蓝以及汉文、藏文、蒙文的典籍珍本,还有大量的绘画品,这些中国宝藏分藏在法国巴黎国家图书馆与卢浮宫等地。

探索自然丛书

伯希和由于在汉学方面的天才表现和特殊贡献,1901 年受聘为法兰西远东学院的教授,时仅 23 岁,当时他已经在诸如印度支那及东南亚历史地理、汉籍目录版本、中国的外来宗教和异教派、中国佛教起源及与道教的关系等各领域均有造诣。

1904 年,伯希和回到法国,不久又返回河内。这一时期在中亚和中国西北西域,沿丝路古道,欧洲和俄罗斯的"考察家"、"探险家"等已经展开了大量的考察、探险与盗窃文物的活动,并且都先后取得了惊人的发现与成绩。对此法国的中国学研究者,分外眼红,也不甘落后,于是组织自己的考察活动。翌年,由"中亚与远东历史、考古、语言及人种学考察国际协会"法国分会会长埃米尔·塞纳(Emile Senart)委任伯希和为法国中亚探险队队长,与测量师瓦兰特(Louis Vaillant)和摄影师努埃特(Charles Nouette)一起,组成考察团。

1906 年 6 月 15 日,伯希和考察团离开巴黎,乘火车经俄罗斯进入我国新疆的喀什,然后他们分别考察了库车的多处石窟寺,后由库车至乌鲁木齐,最初只是在此做准备工作,然后的计划是前往敦煌拍摄洞窟,并没有听说有藏经洞之事。但是一个偶然的因素和机会,伯希和知道了敦煌藏经洞的事情。伯希和在乌鲁木齐遇到了被流放到此的一位清朝官员,伯希和在北京时认识他,但是当时他们关系并不好,而且在义和团运动中相互为敌。但是流放生活的磨难,加上伯希和也是为了疏通关系,二人在此相遇分外亲切,宿怨也早已冰释,并借酒和好。席间伯希和从这位老兄口中知道了敦煌藏经洞的确切消息,同时还从其手中亲眼目睹了藏经洞发现的唐人手稿。

这一消息对具有深厚汉学知识功底的伯希和来说无疑是一个了不起的信息,大为惊喜,于是当即决定放弃考察吐鲁番的计划,直奔敦煌而来,一路不停,星夜兼程,生怕中间有什么意外,使他错过这么好的机会。于 1908 年 2 月 12 日,伯希和一行来到莫高窟前,这时藏经洞的门紧锁着,王道士不在莫高窟。伯希和并不想就此等待,浪费时间,便开始了对所有洞窟进行编号、测量、拍照和抄录各种文字题记,基本上将大部分洞窟均作了详细的文字记录,同时拍摄了大量的照片,这是有史以来莫高窟第一次的全面而详细的考察活动,也是第一次大规模拍照。这一工作由努埃特负责进行。伯希和自己则对洞窟内容和题记等文字资料进行

探
索
自
然
丛
书

伯希和正在藏经洞内拣选遗书

记录。后分别以《伯希和敦煌石窟图录》与《伯希和敦煌石窟笔记》为名多卷本出版，成了今天研究敦煌石窟的重要资料。

另一方面，伯希和与王道士进行交涉，伯希和流利的汉语很快就博得了王道士的好感，而且，王道士从谈话中得知，伯希和并不知道他把一大批写本出卖给了斯坦因，所以对这些洋人的坚守诺言感到满意。伯希和同样使用了金钱诱惑的办法，答应给王道士一笔香火钱。经过大约 20 多天的交涉，伯希和就被引进藏经洞，而且还允许他在洞中挑选。这是外国人第一次走进藏经洞，不同的是斯坦因的盗宝是在藏经洞外进行的，也是由王道士和蒋孝琬协助完全的，有一定的被动性，因为是先由二人抱出洞窟再给他看。伯希和则完全不同，自己进入洞窟，置身其中，点着蜡烛，自由自在地一卷卷详细过目。如果说斯坦因破坏了藏经洞藏经的原始面貌，那么到伯希和时则就面目全非了，所以直到现在我们仍无法知道藏经洞藏经的原始面貌，为真正的理解和解释藏经洞造成了极大的困难。

面对着这数万件珍贵文献，伯希和在惊呆之余，立刻盘算了一番，然后下决心把它们全部翻阅一遍。在以后的三个星期中，伯希和在藏经洞中，借助昏暗的烛光，以每天 1000 卷的速度，翻捡着每一件写本，并把它们分成两堆，一堆是最有价值的文献，他给自己订立了几条标准，即：一是要标有年代的，二是要普通大藏经之外的各种文献，三是要汉文之外的各种民族文字材料，这堆写本是不惜一切代价都要得到的；另外一堆则是必要时可以舍弃的写卷。伯希和凭借自己丰富的汉学知识以及熟悉多种语言的天才优势，加上伯希和精力过人，在藏经洞 20 多天时间中，他基本上对藏经洞所剩全部挑选了一遍。对此，伯希和自己在信中

150

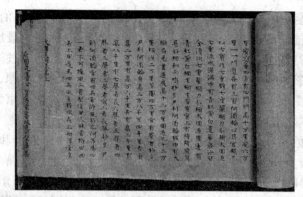

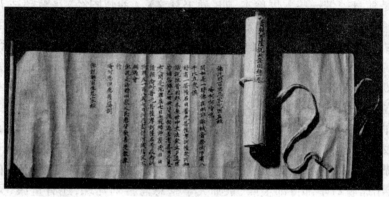

《敦煌遗书》

也有谈起："余之展览虽极神速,然历时亦在三星期以上。开始十日,日阅千卷,自诩以为神奇,盖蛰居岩洞,每小时阅百卷,浏览典籍之速,堪与行程中之汽车比拟矣。迨十日后,而进行稍缓,盖精神困疲,尘埃塞喉,且接洽购买,耗颇多,猛进之后,宜稍舒徐,此亦事理之常,无足怪者。然余亦不敢轻心从事,每遇一卷,即破碎不堪者,亦不率而放过,洞中卷本,未经余目而弃置者,余敢决其无有。""我并没有放过任何一件主要的东西。我不但接触了每一份手稿,而且还翻阅了每一张纸片——天知道,共有多少断片碎叶。"

伯希和挑选完毕,向王道士提出想全部得到的要求,王道士当然还没有这样的胆量,结果,伯希和以500两银子,换得了藏经洞6000余件写本的菁华,它们的数量虽然没有斯坦因攫取的多,但质量最高,说不清有多少件是无价之宝。王道士答应卖出的另一个条件是要伯希和一行严守秘密,他们的谈判也是在极其秘密的情况下进行的。最后,伯希和在得到他所要的东西之后,就让努埃特带着文物的箱子通过海运回国,而他自己则带了一箱子手稿前往北京。沿河西走廊进入中原,最后到达北京,采购图书。狡猾的伯希和知道写本尚在途中,这次来京,对在莫高窟得到写本之事守口如瓶。

之后,伯希和回到河内的远东学院。1909 年 5 月,伯希和又受法国国立图书馆委托,从河内出发,经南京、天津,到北京购买汉籍。这时,从藏经洞劫得的大批文献已安全运抵巴黎,入藏法国国立图书馆。伯希和于是随身携带一些敦煌珍本,如《尚书释文》、《沙州图经》、《慧超往五天竺国传》、《敦煌碑赞合集》等,来到北京,出示给北京的中国学者,目的是买好他们,以取得在收购珍本汉籍时的帮助。6 月初,伯希和先到南京,拜会了即将调任直隶总督兼北洋大臣的两江总督端方,并且在端方所获吐鲁番出土《且渠安周造寺碑》上题了字。大概由于端方的介绍,这位年仅 30 出头的西洋学者,受到了京师一批硕学鸿儒的盛情接待。当伯希和携敦煌卷子来京后,罗振玉、蒋黼、王仁俊等前往其寓所抄录敦煌文献,而参观者更是络绎不绝,如后来与敦煌学有关的王国维、董康、叶恭绰等人,都曾往观。9 月 4 日,京师学者在六国饭店设宴招待伯希和,出席者有学部侍郎宝熙、京师大学堂总监督刘廷琛,还有董康、吴寅臣等,其中主要是京师大学堂的一批学者。而因病未能与会的罗振玉,其时是大学堂农科监督。在招待会上,恽毓鼎在致词中,正式提出影印其中精要之本的要求,伯希和表示"自可照办"。具体实施者是罗振玉。罗氏又请端方襄助,敦请伯希和出售所携和已运回国的四部要籍写本照片,伯氏如约,陆续寄到,端方分交罗振玉和刘师培考释。1909 年中秋节,罗振玉首次造访伯希和于苏州胡同,随即得知敦煌石室尚有卷轴约8000 轴,但以佛经为多。罗振玉立即与大学堂总监督刘廷琛商议,提请学部电令陕甘总督将藏经洞所余 8000 卷购归,由大学堂购存,后因价格过昂,而转归学部。

由于伯希和等法国学者先声夺人,法国的敦煌学研究在欧美国家中一直居领先地位。第二次世界大战后,法国敦煌学研究有了进一步发展,对敦煌文献中藏文、回鹘文、于阗文等少数民族文献的研究成果尤其斐然可喜。

此后,伯希和发表了《敦煌千佛洞》等多部论文,对汉学带来很大的影响。第一次世界大战中伯希和作为法国武官在北京逗留,1945 年在巴黎死于癌症。巴黎的 Guimet 博物馆有一个画廊以伯希和命名,伯希和收集的很多文件被法国国立图书馆保存。

最后一个来藏经洞盗宝但收获并非最少的人是俄国的奥尔登堡!

20 世纪初,以中国西北为中心的中亚考察探险活动,成为西方的热潮,当瑞典人斯文·赫定、英国人斯坦因、法国人伯希和、日本大谷探险队在中国西北活动时,俄国人也分外眼红,积极筹备,准备前来分赃。

奥尔登堡(С. Ф. Ольденбург,1863 ~ 1934),俄国探险家。生于后贝加尔州。1885 年彼得堡大学东方语言系梵文波斯文专业毕业,获得副

奥尔登堡

博士学位,留校任教。1894 年通过博士论文答辩。1900 年为俄国科学院研究员。1903 年被选为科学院通讯院士。1908 年被选为院士。1903 年创建俄国中亚研究委员会,以后又组织几次中亚考察队。1904 年起任科学院常任秘书,1916 年任亚洲博物馆馆长,1917 年又在克伦斯基的临时政府中当过教育部长。

奥尔登堡对中国西北的考察活动是在所谓的"俄国委员会"的主持下进行的,该组织是研究中亚及江亚的俄国委员会的简称。奥尔登堡是推动俄国进行中亚考察活动的主谋和积极推动者与身体力行者,先后制订过几个计划和建议,均受到俄国政府的

奥尔登堡考察团

探索自然丛书

探索自然丛书

重视。

1909 年 6 月 6 日，以奥尔登堡为队长的俄国考察团正式从圣彼得堡出发，其成员由画家兼摄影师杜丁、矿业工程师兼地形测绘员斯米尔诺夫、考古学家喀缅斯基、考古学家助手彼特连柯及后来雇用的翻译霍托，是一个专业性十分强的考察团，也是搭配最为合适的考察队，因此俄国人开始就表现出与众不同的特色，这为他们后来获取丰硕的成果提供了基本保障。

考察团是沿塔城、奇台、乌鲁木齐、吐鲁番、哈密而到敦煌，最终是敦煌莫高窟。1914 年 8 月 20 日他们到达千佛洞，然后按计划分工进行工作。在敦煌期间，他们详细研究了洞窟壁画与彩塑，认真进行了摄影、复描、绘画、测绘、考古清理、发掘和记录工作，可以说是首次对敦煌石窟的全面研究，就连同一直到现在仍很少有人注意的莫高窟北区石窟都作了考古清理，也第一次绘制了莫高窟南北二区的崖面平面图，工作量之大、收获之丰硕、工作态度之认真、详细，不得不让人惊叹。

考察团的工作是在敦煌最为寒冷的冬天进行，工作一直持续到 1915 年初，当时世界形式发生了变化，第一次世界大战的爆发及中国参战的消息使他们恐慌，不得不结束考察，于 1915 年 1 月 26 日起程回国。带走了千佛洞测绘的 443 个洞窟的平剖面图、拍摄了 2000 多张照片、剥走了一些壁画、拿走了几十身彩塑、复描了几百张绘画、记录了详细的资料，同时也带走了莫高窟南北二区洞窟中清理发掘出来的各类文物，加上在当地收购的文物，如各类绘画品、经卷文书等，装满了几大车，浩浩荡荡地离开了千佛洞。

当时西方列强在中国西北的探险有很大的竞争的成分，那种掠夺性的发掘发现和对文物的攫取需要分秒必争，需要抢在别人前面。德国人勒柯克（Albert von Le Coq，1860～1930）当时也获知了敦煌藏经洞的消息，却因故未能及时前往，因此抱憾终生。

1904 年，勒柯克在吐鲁番的柏孜克里克千佛洞内，用狐尾锯从岩壁上锯下 28 幅大

勒柯克

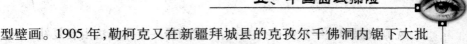

型壁画。1905年,勒柯克又在新疆拜城县的克孜尔千佛洞内锯下大批壁画。1914年,勒柯克又到新疆掠取文物。《吐鲁番旅游探险》和《新疆之文化宝库》就是勒柯克在新疆非法考察和掠取文物后撰写的。

除了上述外,1924年,美国人华尔纳又用化学胶布粘走莫高窟26万多平方厘米的壁画;1989年1月,中国甘肃玉门人李清玉、何存德抠挖莫高窟第465窟壁画8幅,4个多月后被全部追回复原,两人被判死刑。

9. 中国西北科学考察团

1926年底,德国国家航空总公司计划开辟从柏林经北京到上海的民用航空交通线,需要做环境勘查和学术调查,以瑞典地理学家斯文·赫定为首的德瑞科学家到达中国,自称"远征队",计划到西北做全面考察。赫定先到沈阳,与奉军参谋长北京卫戍长官杨宇霆联系,到了北京,他手持张作霖介绍去西北考察的亲笔信,与北洋政府所派的代表进行谈判,订下了不平等协议。

协议中有:"(一)考察只容中方两人参加,参与中国官厅接洽之义务,限期一年即需东返。(二)将来采集之历史文物先送瑞典研究,俟中国有相当机关再送还。"这两条引起中国学术文化界人士的义愤,认为有损中国主权,绝对不能答应。于是,北京各学术团体于1927年3月5日在北大三院研究所召开联席会议,商讨对策。参加会议的有:北京大学研究所考古学会、历史博物馆、故宫博物院、清华研究会、中华图书馆协会、中央观象台、天文学会、古物陈列所、京师图书馆、中国画学研究会、北京图书馆等20余人。会上决定成立北京学术团体联席会,后定名为中国学术团体协会,团结起来抵御洋人的文化侵略,反对斯文·赫定的这种在国际上和学术上都不道德的行为。

面对中国学术文化界的抗议,眼看这次西域考察很可能成为泡影,斯文·赫定决定通过北大研究所国学部主任沈兼士转达他谋求妥协的意思给学术团体协会。于是,中国学术团体协会派出北大教授、语言学家刘复(半农)与他会谈。

1927年4月20日,议决"中国学术团体协会为组织西北科学考察团与瑞典斯文·赫定博士合作办法"十九条,明确规定采集品留在中国，观测数据和文字材料中外共有，一式两份。合作办法由袁复礼、李四光和李济译成英文，于4月26日在北京大学研究所国学门由当时的执行主席周肇祥和斯文·赫定签字通过。

"中国西北科学考察团"（也称中瑞西北科学考察团 The Sino – Swedish scientific Expedition to the North – Western Province of China 1927 ~1935)，应运而生，这是我国第一次大规模中外合作。这个考察团所制定的19条协议，也成为了以后外国人来华考察所必须遵循的范例。北京大学教授刘半农先生曾指出，这个"协议开我国与外人订约之新纪元，当此高唱取消不平等条约之秋，望我外交当局一仿行之"。

这个考察团先后共有团员38人，其中科学家30余名，中外各半。这个考察团有中、外方团长各一名。外方的团长是斯文·赫定，中方的团长是北大哲学教授徐炳昶(1888~1976)。中方队员开始共有10名，除徐之外，还有清华大学教授袁复礼、北京大学地质系助教丁道衡、历史系助教黄文弼、华北水利工程师詹番勋、北京历史博物馆照相员龚元忠、北大学生崔鹤峰、马叶谦、李宪之和刘衍淮。此外还有3名采集员庄永成、白万玉和靳士贵。后来参与该考察团的中国学者还有中央研究院的年轻学者陈宗器、北京大学学生郝景盛、中央大学的学生徐近之和胡振铎。

他们在我国西北部约460万平方千米的区域内，进行了8年的野外综合考察。其规模之大，时间之长，涉及学科之广，成果之丰富都是空前的。

中国西北科学考察团在内蒙古

中国西北科学考察团于1927年5月9日上午从西直门乘火车出发，第二天晚上到达包头，第一站选点在包头以北100千米的哈那河畔开始考察。七月初以后，分北、中、南三对骑骆驼或徒步向西进发，工作有分有合。

考察团风餐露宿，冒着狂风、暴雪、冰雹等恶劣天气，忍

探索自然丛书

着饥饿、干渴、-40℃的严寒和40℃的酷热,行进在人迹罕至、白骨引路的荒漠上。他们的足迹遍及内蒙古、甘肃、宁夏、青海、新疆和西藏北境约400万平方千米区域内的高山、盆地、沙漠、戈壁、丘陵、草原和湖泊。

当时的社会很不稳定,各派势力割据,兵匪出没,行进途中时刻要防止意外。更麻烦的是,考察团被所到之处的官府认为是中外拼凑的一团兵力。在甘肃被疑为是北京奉天势力的张作霖派去攻打甘肃的,甚至将先遣团员拘捕,后电达国民政府蔡元培,由蔡向冯玉祥说明才得以释放。

在新疆被疑为是冯玉祥派去破坏新疆秩序的,官府集结数千兵马,耗资100多万两银子,屯兵边境,严阵以待。后来表面上消除了疑团,但内心对知识分子不在家寒窗苦读而跑到沙漠来研究学问,觉得不可思议,不相信考察团没有政治企图。当地政界按照老习惯从不取缔入境的外国人,而对本国的科学家却处处限制、严加防范。

考察团中方成员遇到的困难还有来自外方成员人为的事端:排挤、奚落、制造障碍……

祖国的大西北资源丰富,考察团几乎每天都有新的发现和收获。

1927年7月3日,28岁的北大地质系助教丁道衡,在内蒙古茂名安旗富神山发现巨大铁矿,当时预言将成为中国北方的"汉

中国团员在包头

冶萍",现在包头钢铁公司内塑有丁道衡的铜像。1927年8月5日,袁复礼又在离丁道衡发现的主矿5千米处的噶托克呼都克发现铁矿苗。新中国成立后袁复礼为踏勘者骑马带路,复查噶托克呼都克铁矿苗,把该处定为白云鄂博西矿。在踏勘过程中又发现了双尖山铁矿苗,即白云鄂博东矿。白云鄂博东、西矿现在已经发展成为今日的包钢原料基地。

丁道衡还在袁复礼的指导下掘得3具小恐龙化石。之后他在新疆天山南麓直至西端的葱岭、帕米尔一带进行地质考察,采集到不少岩石和古生物标本。

黄文弼(1893~1966)是中国新疆考古的第一人,他的工作重点在

吐鲁番盆地、塔里木河流域和罗布泊地区的古代遗址。吐鲁番附近南北朝时曾建有高昌国,后被唐所灭,置高昌县。黄文弼在雅尔湖附近发现古墓群,发掘出墓表130多方,陶器800多件;在罗布泊北岸发现西汉烽燧台遗址,出土70多枚木简,都是汉通西域后最早的文字简牍;他几乎绕塔里木盆地一周,又直穿塔克拉玛干沙漠,对龟兹、于阗、焉耆等古城、古地的地理位置和历史演变以及大夏氏、大月氏等的古地和迁徙做了考证。他考察采集古物80多箱,研究成果汇集在《高昌砖集》、《高昌陶集》、《吐鲁番考古记》、《罗布淖尔考古记》和《塔里木盆地考古记》等专著中,他的考察经历则记载在《蒙新考察日记》中。

徐炳昶　　　　袁复礼　　　　丁道衡　　　　黄文弼

因为汉莎航空公司的需要,德国人气象主任郝德博士领导进行的气象观测是这次考察的重点项目。气象生李宪之、刘衍淮等兢兢业业,每天都按时观测记录,除了一路的流动气象站外,还在新疆若羌、库车、青海铁木里等地做长期的定点观测记录,并在这些地方附近建立高山气象站,仪器设备在当时可称先进。全部观测记录汇集成地面观测及高空探测资料两大本。任务完成后,李、刘二人由郝德推荐,赴德国柏林大学深造,4年后均获得博士学位。李宪之深入研究在新疆、青海考察的气象资料,发表多篇有价值的论文;刘衍淮是中国空军气象的创始人,台湾省气象教育的奠基人。

袁复礼吃苦在先,连续考察时间最长达到了5年,工作任务最重,采集品种最多。他发掘出各类爬行动物个体化石(包括恐龙化石)20多具,后经专家鉴定定名,比较完整的新种就有:新疆二齿兽、布氏水龙兽、赫氏水龙兽、魏氏水龙兽、袁氏阔口龙、袁氏三台龙、奇台天山龙、宁夏结节绘龙。发现如此众多而且完整的爬行动物化石,在当时轰动了世界。

更重要的是,水龙兽和二齿兽均为南非哈鲁系之标准化石,袁复礼的发现是三叠纪初泛大陆存在的有力证据,所以这个发现对古生物研究和地层研究都有重大意义。1934年,瑞典皇家科学院授予袁教授北极星奖章,以表彰他在西北科学考察中的杰出成就。

中方团长徐炳昶教授回京后写作出版了《徐旭生西游日记》三册。由于他出色的组织领导工作,获得以瑞典国王名义颁发的勋章。

当时中国政府为纪念中国人首次考察大西北而发行纪念邮票一套(四枚)。

因中国人首次考察大西北而发行的纪念邮票

[附]国外地理学家探险家进入中国西域考察略况(150～1949)

- 约公元150年,希腊地理学家马利努斯及希腊商人进入新疆考察。
- 631年,波斯僧侣何禄经新疆到中原传教。
- 1271年,马可·波罗走丝绸之路到中国,写有《马克·波罗游记》。
- 1603年,传教士鄂本笃随一支商队沿丝绸之路经叶尔羌(今新疆莎车)、喀什噶尔(今新疆喀什)、阿克苏、库车、焉耆、吐鲁番、哈密到中原传教。
- 1720年,俄国将军李哈列夫率领440名军士到中国的额尔齐斯河上游探察河源。
- 1760年,俄国的斯涅基列布到阿尔泰寻找金矿。
- 1811年,俄国的普金舍夫进入伊犁后向北过准噶尔再南行,发现了天山北麓和南麓的分水岭。
- 1824年,英国商人穆尔克罗夫特经克什米尔到新疆和阗(今和田），考察了一些城市及人口、人种、道路里程、气候、河流、经济、矿藏等。

● 1847 年，英国人亨利·斯特雷金到叶尔羌，考察了喀喇昆仑山，搜集了植物标本。

● 1856～1857 年，俄国地理学家谢苗诺夫到当时还属于中国的伊塞克湖及其附近的天山考察，记有《天山游记》。他的考察虽有科学价值，但也为沙俄的侵华献计献策，被沙皇授予"天山斯基"的称号。

● 1856 年，俄国人僧克到塔尔巴哈台（今新疆塔城）收集了大量植物标本。

● 1857 年，普鲁士人阿道夫、赫尔曼和罗伯特翻越喀喇昆仑山到阿克赛钦，又沿喀拉喀什河进入叶尔羌、喀什噶尔，绘制了喜马拉雅山和天山的地图。

● 1858 年，俄国人哥鲁别克率探险队前往天山、伊犁和塔尔巴哈台考察。

● 1859 年，俄国的瓦里汗诺夫经喀什噶尔进入我国准噶尔、伊犁、天山地区考察，著有《准噶尔概况》、《喀什噶尔》。

● 1868～1878 年，英国商人罗伯特·沙敖对喀喇昆仑山极其南北两麓尤其是叶尔羌、喀什噶尔等地的山川地形、交通道路、物产资源、风土民情以及当时新疆的政治时局进行了考察，著有《鞑靼高地、叶尔羌、喀什噶尔游记以及翻越喀喇昆仑山口的回程》一书。

● 1872 年，俄国人普尔热瓦尔斯基开始第一次进入新疆的罗布泊等地，发现了已经绝迹的野马等。写有《亚洲中部旅行记》等书籍。1875 年，普尔热瓦尔斯基进入新疆伊犁河谷，溯河而上进入巴音布鲁克草原到焉耆，再经孔雀河、塔里木河到卡尔克里克（今新疆若羌），然后进入阿尔金山。回到伊犁后，又于 1877 年从伊犁出发到古城（今新疆奇台），因病返回俄国。这次考察，他纠正了欧洲地图中对位于罗布泊和昆仑山之间的阿尔金山的疏忽，并对罗布泊进行了地理位置的考证。

● 1875 年，俄国植物学家兼医生雷格尔在被俄国占领的宁远县（今新疆伊宁市一带）做医生。他沿伊犁河、巩乃斯河谷溯源而上，翻过那拉提山、天格尔山到达吐鲁番盆地。吐鲁番的高昌一带引起了他的浓厚兴趣。他将这里描述为"筑有很厚围墙的一大片墟址"的"一座古罗马般的城市"，他继而断言"这是古代新疆的一个文化发达民族的建筑物"。他对高昌古城遗址考察后的纪实性描述并不准确,也不撩拨人心,但却引起了西方学者和探险家的极大兴趣,也揭开了西域文化考察的开端。

● 1879 年,俄国人普尔热瓦尔斯基经布伦托海(今新疆福海县境内的乌伦古湖)到古城、巴里坤、哈密,进入甘肃安西、敦煌考察,收集了大量动植物标本。

● 1880 年,俄国的格罗姆兄弟到吐鲁番考察,但他们的考察报告《西部中国纪行》是用俄文写的,并未引起西方人的注意。

● 1883 年,普尔热瓦尔斯基进入新疆罗布泊地区考察了罗布人的首府阿不旦后到若羌、尼雅、克里雅(今新疆于田县),欲由此进入西藏。后抵达和阗,沿和阗河到阿克苏,经乌什出别迭里山口回国。

● 1885 年,英国人凯利翻越昆仑山到达克里雅、和阗,又沿和阗河、塔里木河到库车、焉耆、吐鲁番、哈密、乌鲁木齐等地考察。

● 1886 年,英国人杨哈斯本从北京出发,经哈密、吐鲁番、焉耆、阿克苏、喀什噶尔到叶尔羌进行探察活动。

● 1888 年,芬兰人东尼尔和波龙·马克也曾到西域新疆进行考察。

● 1889 年,瑞典探险家斯文·赫定到中亚探险,发现了塔克拉玛干沙漠里的丹丹乌里克、喀拉墩古城和楼兰古国时期的重要遗址,并为1901 年楼兰的发现奠定了基础。

● 1889 年,英国军人鲍威尔前往喀什噶尔、阿克苏、库车等地寻找失踪的英国士兵。在库车期间,他从当地贩卖从沙漠古城拣拾来的旧物的小商贩手中得到了一份手写的文书,那上面的古怪字体当时并没引起他太大的注意。当他将那文本带回欧洲经鉴定后才得知,这是世界上最古老的用印度婆罗米字母写的梵文经书,而且是写在桦树皮上的,时间大约在公元 5 世纪。后来这份文书被称为"鲍尔文书"。

● 1890 年,法国探险家杜特雷依经新疆去西藏考察。在新疆,他收集了许多古代文卷和遗物,均为 6、7 世纪印度婆罗米文和佉卢文,观测肯定了和阗河的位置和昆仑山的坡度。

● 1892 年,英国人利特代尔进入喀什噶尔到塔里木盆地、罗布泊,猎取了野骆驼、阿尔泰野羊等。

● 1892 年,法国人莱因斯在和阗得到一些手稿,其中 3 张较长的纸

161

上写有古代印度的佉卢文，写成的年代更早，大约在公元2世纪。这些手稿的发现，引起了俄国、欧洲学术界和政府的关注，纷纷派出所谓的"考察队"赶赴新疆"考察"。

● 1893年，俄国的罗博洛夫斯基、科兹洛夫以及巴尔托里盖分别进入新疆的伊犁、开都河（今新疆和静、焉耆一带）、吐鲁番盆地、罗布泊进行科学考察。

● 1894年，瑞典探险家斯文·赫定到达喀什噶尔，听说塔克拉玛干沙漠里有很多古城，于是他开始了由叶尔羌河横穿沙漠抵达和阗河的"死亡之旅"探险，几乎全军覆没。他首次穿越中亚大沙漠的旅行以及对塔里木盆地的所见所闻的精彩报道，对塔克拉玛干沙漠边缘沙埋古城丹丹乌里克、喀拉墩等的考察文字、地图测绘吸引了更多人的注意。

● 1897年，俄国圣彼得堡科学院派季米特里·克莱门茨到天山南部进行自然科学考察兼考古、收集文物。克莱门茨在吐鲁番考察和发掘了高昌回鹘的都城、阿斯塔纳—哈拉和卓古墓、吐峪沟、木头沟和其他一些古代佛教遗址共计130个洞窟，收集了多件文物，写出了《吐鲁番的文物》一书。克莱门茨的书引起了人们对新疆沙漠边缘丰富文物宝藏的兴趣。

● 1899年，斯文·赫定绘制了塔里木河航线图，在楼兰取得了许多文卷抄本和钱币，确定了罗布泊的方位。

● 1900年，受斯文·赫定文字感召和鼓励，英籍匈牙利人斯坦因开始了他预备已久的藏北高原以及其北的沙漠地区的考察。先后去了丹丹乌里克、尼雅等古城，带回12箱塑像、艺术品、壁画和木简等，写有《古代和阗》、《塞林提亚》、《亚洲最深的腹地》、《在中亚古道上》等书。

● 1902～1903年，日本的大谷光瑞考察队考察了丝绸之路上的佛教史，并沿喀什噶尔—和阗—阿克苏—库车—吐鲁番一线考察，发现了克孜尔石窟等七个庙宇和明屋，剥取了一些壁画，收集了各种文字的抄本。

● 1902年，德国画家、佛教美术家阿尔伯特·格伦威德尔带领"德国吐鲁番考察队"对吐鲁番进行了第一次考察。他们的重点是高昌古城、胜金口千佛洞，发掘出梵文、回鹘、蒙古、古突厥、汉、吐蕃等写本和泥塑、壁画、木雕、木版画等文物，带回了成箱珍贵的佛窟艺术品。在对

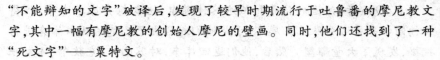

"不能辩知的文字"破译后,发现了较早时期流行于吐鲁番的摩尼教文字,其中一幅有摩尼教的创始人摩尼的壁画。同时,他们还找到了一种"死文字"——粟特文。

● 1903 年,美国的亨廷顿进入新疆的天山深处,与柯尔克孜人生活了 3 个月,出版有《1903 年中亚考察》、《新疆两千年》等书。

● 1903 年,德国考古学家格伦·威德尔前往吐鲁番考察,收集了 46 箱文物。

● 1904～1905 年,勒柯克作为德国"吐鲁番考察队"的成员,在格伦·威德尔坚决反对剥取壁画、主张临摹研究的情况下,利用一种狐狸尾巴状的锯子盗割了高昌古城、柏孜克里克、胜金口等古城和千佛洞中的 15 幅大型壁画和佛像。

● 1905 年,亨廷顿翻越喀喇昆仑山在塔里木盆地南、东两侧的和阗、策勒、克里雅、尼雅、车尔臣(今新疆且末)、卡尔克里克、米兰等进行了考察,发现恰哈遗址。之后进入吐鲁番盆地,抵达乌鲁木齐后出塔城回国。亨廷顿的考察著作有《重逢在亚洲腹地》、《亚洲的脉搏》、《文明与气候》等。

● 1906～1907 年,勒柯克随格伦·威德尔从俄领中亚进入喀什噶尔,到吐木休克遗址进行挖掘,然后到库车克孜尔千佛洞。格伦·威德尔的全部精力在临摹壁画上,但勒柯克则肆无忌惮地剥取壁画。格伦·威德尔对勒柯克的行为极为不满,指出,"把壁画搬走,除了意味猎奇和盗窃外,不会有别的什么意义"。

● 1906～1908 年,斯坦因进行了他的第二次中亚考察。他遍游中亚、青藏高原。他的路线是:由印度出发,跨越喀喇昆仑山,经和阗、克里雅、米兰、楼兰到达敦煌,考察了热瓦克佛寺、尼雅古城、楼兰遗址、米兰古城、敦煌千佛洞、焉耆明屋等。在米兰,他发现了保存在塔里木地区最古老的产生于 3、4 世纪的受西方、地中海地区影响的佛教壁画;在敦煌,他巧妙地用 500 两白银骗取了王道士看护的莫高窟中手写的古代文献和艺术品 570 余份。由敦煌,斯坦因去了青藏高原的青海湖地区,再经哈密到吐鲁番盆地。在对一些"小城堡"发掘后,他经由焉耆到达克里雅、和阗,再转向北到阿克苏,然后前往喀什噶尔,越过喀喇昆仑山回了印度。这次,他共收集古文物 8000 余件。

● 1906 年,法国的伯希和抵达喀什噶尔,他本想去库车考察,但得知德国吐鲁番考察队已在库车,于是他们起程去了巴楚的吐木休克进行挖掘,发现了大量雕塑。然后,他们返回库车,对苏巴什、克孜尔、库木吐拉等千佛洞遗址进行了拍照。随后去了敦煌,从王道士手中买下了很多有价值的手稿。这些手稿包括用婆罗米字母写成的印度语和吐火罗语文献以及回鹘文和吐蕃文文献,再后,经兰州到北京取道海路回了法国。

● 1907 ～ 1909 年,芬兰的曼内海姆对中亚(包括西藏东部和甘肃兰州)进行了地图测绘和人类学研究。

● 1908 年,日本橘瑞超进行了一次从北京到敦煌再到吐鲁番的仓促考察,然后,他们去了克里雅、和阗、喀什噶尔。

● 1909 ～ 1910 年,俄国圣彼得堡科学院派奥尔登堡对天山南北地区进行考察。他在硕尔楚克(今新疆库尔勒附近)收集了大量雕塑和壁画,然后去了吐鲁番的高昌和柏孜克里克。在返回途中又粗略地侦查了库车、罗布泊等周围的古遗址。

● 1910 ～ 1911 年,日本的橘瑞超又进行了第二次丝路考察,他们这次的足迹遍布塔里木盆地,重点是敦煌和吐鲁番,并抵达了拉达克的列城,窃取了一些珍贵的文献和壁画。

● 1913 ～ 1914 年,勒柯克进行了最后一次"德国吐鲁番考察队"考察活动。他们的计划已超出了吐鲁番,向塔克拉玛干沙漠南缘前进,重点是库车。由于生病,勒柯克的工作由其副手巴图斯进行。巴图斯窃取了克孜尔的大量壁画。勒柯克病好后,去了库木吐拉,收集了一大批受到中国文化影响的佛教壁画。在吐木休克短暂发掘后,他们去了喀什噶尔,经俄国回国。德国四次吐鲁番考察共窃取中国文物 433 箱约 3.5 万千克,其中壁画 630 多幅。

● 1914 ～ 1915 年,奥尔登堡又一次率领俄国人进入中亚,一直到达敦煌,取得了一些中文书稿。

● 1913 年,斯坦因开始了他的第三次新疆探察,再次发掘了尼雅、楼兰遗址。1915 年对中亚进行了最后一次大规模的文化史考察。他由丝路南道到达敦煌,然后到甘肃北部、内蒙古西部的黑城遗址(今内蒙古额济纳旗境内),从这座"死城"中得到了大量珍宝。他经由黑城到吐鲁番,对柏孜克里克壁画进行了大肆破坏,并对阿斯塔那古墓葬进行了挖掘,窃取了大量随葬品和绘画后,经库车进行了地形测绘,到了喀什噶尔,经今阿富汗到了印度。

探索自然丛书

● 1926~1927 年,丹麦的亨宁·哈士伦进入天山腹地的巴音布鲁克土尔扈特部落近一年,了解土尔扈特人的风俗。

● 1926 年,斯文·赫定应国民党中央政府邀请,勘察西北地区的地形、地质、气象和考古。

● 1927 年,英国地理学家、人种学家特林克勒参加了由"不来梅大自然、人类文化与贸易博物馆"组织的中亚考察。他们考察了塔里木盆地西南部的地理与自然科学以及艺术。特林克勒在和阗收集了一些残破不全但极有价值的文物,考察了喀喇昆仑山以北的地质地貌,发现了桑珠岩画,并进入已发掘过的热瓦克、丹丹乌里克等遗址,窃取了数十箱文物。

● 1928 年,斯文·赫定应国民党政府邀请来中国考察塔克拉玛干以南的古代道路。

● 1929~1930 年,瑞典的贡萨尔·雅林到喀什,了解了维吾尔族语言文字和民俗等。

● 1931 年,法国考古学家哈金参加了一次横贯亚洲的考察。在中国人要求严格遵守考察路线的情况下,他依然偏离路线,绕道去了库车的克孜尔、硕尔楚克和吐鲁番,考察了柏孜克里克等石窟。

● 1932 年,斯文·赫定来中国试图利用汽车旅游恢复他的探察活动,在国民党政府的支持下,他组织了考察队进入新疆,但因政局不稳而中止。

● 1934 年,瑞典的贝格曼在罗布人的帮助下,考察了楼兰古国时期的一系列墓地,最终发现了小河 5 号墓地。

● 1935~1949 年,瑞士新闻记者马依纳、职业作家弗来明、英国外交官泰克曼、英国人费尔希纳、希普顿、怀特、范迪维特、埃斯林顿·史密斯、美国人帕克斯顿、弗兰克、肖尔、澳大利亚记者罗伯逊、英国地理学家蒂尔曼等到中国西域进行考察。

六、北极探险

北极是海洋,称为北冰洋。面积为 1405.6 万平方千米,与南极大陆差不多。打开世界地图,就能看到北冰洋大致以北极为中心,为亚、欧、美三大洲所环抱。它的东面通过白令海峡与太平洋相通,西面通过挪威海和格陵兰海,连接着大西洋。它只有太平洋面积的 1/14,是世界四大洋中最小的一个。

北极地区包括极区北冰洋,边缘陆地海岸带及岛屿,北极苔原和最外侧的泰加林带。如果以北极圈(北纬66°33′N)为界,北极地区的总面积为 2100 万平方千米,其中陆地占约 700 万平方千米。如把全部泰加林带归入北极范畴。那么,北极地区的面积就将超过 4000 万平方千米。

北极地区范围图

北冰洋表面的绝大部分终年被海冰覆盖,是地球上唯一的"白色海洋"。北冰洋海冰平均厚 3 米,冬季覆盖海洋总面积的 73%(1000 万～1100 万平方千米),夏季覆盖 53%(750 万～800 万平方千米)。中央北冰洋的海冰已持续存在 300 万年,属永久性海冰。在风和海流的作用下,浮冰可叠积并形成巨大的浮冰山。通常所见的绝大多数冰山指的是那些从陆缘冰架或大陆冰盖崩落下来的直径大于 5 米的巨大冰体。特别巨大的冰山,长数十千米,像一片白色的陆地横亘在暗灰的海面上。

北冰洋中岛屿众多,基本上属于陆架区的大陆岛。最大的是格陵兰岛,北极地区的陆地与岛屿上的茫茫冰盖,看上去辽远而宁静,似乎代表某种永恒的静止。但是实际上,冰川就是冰雪的河流。由于冰雪自身的重量,陆地冰盖深沉缓慢而又无可阻挡、不断地向海岸方向移

北冰洋的浮冰

动,数十亿至数百亿吨的冰雪在冰川中静静地推挤,摩擦,缓缓地、一往无前地向大海流去,最后惊天动地般地崩落入海中。冰盖移动,在海水中形成巨大的冰山。到目前为止,科学家们还不能肯定回答格陵兰陆地冰盖究竟是在缓慢增长,还是正在渐渐消亡。

北极地区的年平均温度比南极高 20℃。在北冰洋极点附近漂流站上测到的最低气温是 -59℃。由于洋流和北极反气旋的影响,北极地区最冷的地方并不在北冰洋中央。在西伯利亚维尔霍扬斯克曾记录到 -70℃,在阿拉斯加的普罗斯佩克特地区曾记录到 -62℃ 的最低温度。

北极还有许多给人留下深刻印象的自然现象。例如,极光、白化现象、极区雪暴、幻日、大气辉光、冰晶云、冰山等。那些雄浑壮丽的景色,令人毕生难忘,而严酷恶劣的环境,又使人望而却步。在许多人看来,北极是远离人类文明的白色荒漠,是被上帝遗忘在天涯海角的太古荒原。然而,现代地球科学却证明,正是这遥远的白色世界,无时无刻不在影响

着整体地球系统的运转。从某种意义来说,这个白色世界制约着人类的生存环境,也控制着人类的未来。

1. 早期的北极和北冰洋探险

人类追求真理的漫长旅途,最先从自己周围的生存环境开始,然后一步步扩大视野,向更辽远、更广阔的未知世界去进行自然地理的探险与发现。当然,北极的科学考察活动也是从地理探险与发现开始的。

历史学家认为,文明人类将目光投向北极,最早是从古希腊的思辨学者们开始的。当时,毕达哥拉斯(Pythagoras,公元前582~前500)和他的学派极端鄙视大地是正方形或者矩形的说法,他们坚定地相信,大地只有呈球形才是完美的,才能附合"宇宙和谐"与"数"的需要。亚里士多德(Aristotle,公元前384~前322)则根据日月运行、星空转移,为"世界是个球体——地球"这一概念奠定了基础。他甚至考虑到为了与北半球的大片陆地相平衡,南半球也应当有一块大陆。而且,为了避免地球"头重

毕达哥拉斯

脚轻",造成头(北极)朝下的尴尬局面,所以北极点一带应当是一片比陆地轻些的海洋。不仅如此,据说希腊学者们还根据大熊星座确定出了北极圈的位置。

希腊学者们对外部未知世界的先验式预言,却指引着后人前赴后继地踏上北极探险的征程。

地球球体说的发现,完全改变了地理学的理论基础。地理学发展到了一个新的转折点。随着对世界更广泛、更深刻的考察,未知世界的不断被发现,地理学发展将进入一个新时期。这个新时期将由皮西亚斯(Pytheas,约公元前380年~前310年)的远航和亚历山大(Alexandre le Grand,公元前356~前323)的远征揭开序幕。

在帆船时代,人们为了探索北冰洋的秘密,作出了许多努力,走过了漫长而艰险的道路。从事早期北极探险的船只由于缺乏破冰能力,往往

在极地航行中被冰所困。这常常使勇敢的探险者处于危险而无奈的状态之中。北极地区的探险,最早可追溯到皮西亚斯的北海探险,开始了有史以来文明人类第一次向北极的冲击。

公元前325年,亚历山大时代的一位天文学家、航海家皮西亚斯进入北极圈

亚历山大大帝

考察,测量过纬度和地磁偏差。他是最早进入北极圈进行有目的的考察者,这在北极探险史上是一个了不起的壮举。因为根据当时一些很著名的世界地图记载,并没有北极圈的概念,而他却已经航行到了"世界的尽头"。

古希腊的皮西亚斯原是一位居住在希腊殖民地马赛利亚(Massalia,今马赛)的著名天文学家。当时,马赛利亚人正在同迦太基的腓尼基人为争夺锡和琥珀的贸易控制权而展开激烈的角逐。皮西亚斯在科学好奇心和经商求利欲的共同驱策下,大约于公元前330年首次冲出地中海开始了直布罗陀海峡以外的大西洋航行,从而发现了大西洋欧洲许多未知的海域和陆地,并进行了卓有成效的考察和描述。

在公元前285~前246年,当时的埃及国王托勒密二世居然在亚历山大的私人动物园里饲养过一头北极熊。罗马人也曾经把北极熊赶进水坑,让它们和海豹在水里进行战斗。公元858年,日本国王也曾收到过礼物——两头北极熊,但这两头活的北极熊是从什么路线运过来的却没有记载。

虽然北极的东西被源源不断地运往南方,并被当做宝贝,视为神灵,但人们却很少知道北极到底是什么样子。

当然,人类是不可能长久地忽略北方那极具神秘色彩的土地的。皮西亚斯之后,北欧人近水楼台先得月,依靠其地理上的优势捷足先登,成为人类向北极进军的先锋。

首先是一个爱尔兰僧侣神秘地登上了北进的征途。这就是圣布伦

探索自然丛书

圣布伦丹在海上航行

丹动人心弦但却扑朔迷离的探险故事。圣布伦丹(Saint Brendan,484～577),当他70岁时,他和另外17个僧侣往北航行到一个岛屿。那时候,在西欧,僧侣们热衷于寻找一块世外桃源,也许是因为深受战乱之苦的缘故吧,所以人们极力想寻找一块和平和孤立的土地。他们深信这块福岛,大概相当于我们的蓬莱仙岛,就在海里某处,圣布伦丹就是怀着这样的梦想开始了他艰难的航行。经过一段漂泊之后,他们终于来到了一个岛屿,后人认为那很可能是纽芬兰岛。尽管如此,人们把圣布伦丹在他的古代北欧英雄传奇中所提到的在海上遇到了"漂浮的晶状堡垒"一事,看作是在文学上第一次对冰山的描述。

在公元800年以前,爱尔兰的僧侣就确实已经来到了冰岛。公元825年,有一个住在冰岛的僧侣报告说,他们在午夜可以和在中午一样,坐在阳光下面捉虱子。

公元870年,一个叫奥特的古斯堪的纳维亚贵族受好奇心的驱使,扬帆远航,沿挪威海岸,绕过斯堪的纳维亚半岛的最北端,转过科拉半岛而驶入白海,成为人类历史上第一次有记录的进入北冰洋的航行。他在沿岸看到的是一片极端荒凉的土地,偶尔才能遇到几个渔民、猎人或依靠驯鹰打猎的狩猎者。所有这些人都是拉普人。当然,他们的收获还是很大的。除了地理上的发现之外,还从当地居民那里收集到了貂皮、鲸须、鸭绒、熊皮和用海象和海豹皮做成的绳子。后来人们发现,除了钢绳之外,用海象皮做成的绳子可能是最结实的了。后来,当奥特访问英格兰岛时,便把这次航行的情况详细地告诉了阿弗雷德大帝,在英国和欧洲引起了很大的轰动。

在8～10世纪,海洋史上出现了海盗时代。大约在公元860年左

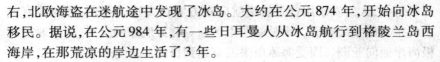

右,北欧海盗在迷航途中发现了冰岛。大约在公元 874 年,开始向冰岛移民。据说,在公元 984 年,有一些日耳曼人从冰岛航行到格陵兰岛西海岸,在那荒凉的岸边生活了 3 年。

在相当长的一段时间里,大约有 4 个多世纪,北欧人成了在北部海域航行的主力。约在公元 920 年,诺曼人贡比约恩(Gunnbjorn)在前往冰岛时被风暴卷到遥远的西方,发现了一连串岛屿,这就是被称为贡比约恩的礁石岛,已经到了今格陵兰地区了。

他们在没有任何通讯设备与外界联系,没有任何仪器可以指示方向的情况下,驾驶着只有 8.5 米长、4.8 米宽的一叶轻舟,就可以顶风冒雪,克服重重困难,在茫茫无边的北极海域里勇敢地航行。东可以到俄国,西可以去格陵兰岛,南可以到英国、法国和意大利,北可以深入到北冰洋。

格陵兰的最高山峰贡比约恩山(3700 米)

他们的航海技术和勇敢精神以及所取得的成就比欧洲其他地方至少要早 500 年。而他们所发展起来的造船和航海技术的某些方面是如此之好,以至于一直沿用至今。

然而,由于当时他们还是一些文化落后的民族,这些活动也并没有什么远大的目的性,而且流传下来的东西也很少,所以并没有什么特别重大的意义。只有等到哥伦布发现新大陆之后,人类的北极探险才开始了其真正重要的里程。

白海(即巴伦支海)沿岸的居民从 12 世纪起就驾乘着能够在冻海中航行的所谓"春海船"离大陆海岸进入深海,并越来越往北航进。

大概在 13 世纪左右,在北冰洋岸边定居的人陆续增多,他们以捕鱼狩猎为生。到了 15 世纪末,西方资本主义迅速发展,他们急于寻找通向东方的海上航线以便掠夺那里的富饶资源。哥伦布"发现"新大陆,以为这就是预想中的亚洲,以后人们才知道,这并不是亚洲,原来是纵贯南北的美洲。

探索自然丛书

不久,人们发现用这条航道航向东方实在太远。看来,美洲简直成了向东方探宝的障碍。于是就产生了探寻北方航路的念头,企图通过北极海岸通向亚洲。因受海冰所限没有达到目的。

15世纪末俄国人已经常驶往斯匹次卑尔根岛猎捕海兽。他们很可能已从北方绕过它并已查明,斯瓦巴德群岛由大别鲁(西斯匹次卑尔根岛)、北方地(东北地岛)和小别鲁(埃季岛)组成。1495年,莫斯科军事贵族利亚蓬和乌萨德指挥了向西北的海上远征。舰船队从北德维纳河启航,经过白海,绕过了摩尔曼斯克角(今诺尔辰角)。1496年,格里哥利·伊斯托马受伊凡三世派遣出使丹麦。他们乘船从北德维纳河出发,绕过整个斯堪的纳维亚半岛,先后到达了挪威中部的特隆赫姆和丹麦首都哥本哈根。这次航行与此前乌萨德去挪威的航行一起,基本上确立了俄国与北欧国家间经过巴伦支海域的海上联系,为后来英(西欧)俄新航路的开辟奠定了一定的基础。

不迟于15世纪末,俄罗斯白海、伯朝拉海沿岸的渔猎人在寻找珍贵皮毛和海象栖息地的过程中又发现了喀拉海沿岸、鄂毕湾一带,亚洲北部的大陆海岸线开始从西边一点一点地被文明民族所认知。

在俄国人发现并到达亚洲北部海岸西端后,于16世纪初提出了开辟去中国、日本等东方的东北新航路的设想。俄国人认为自己没有分享到多少通航通商的利益,遂产生了走俄国北部的东北航道去东方国家的强烈愿望,并付诸行动。

最早沿着美洲南下,绕过南美洲的一条海峡驶入太平洋到达亚洲的,是葡萄牙的麦哲伦及其船队。后来此海峡被命名为"麦哲伦海峡"。

但是,麦哲伦所走的航线,对于北欧诸国来说,毕竟航程太远,久涉重洋,旅途多险。因此,自16世纪末开始,人们又鼓起了勇气陆续对北方航路进行新的探索。约翰·戴维斯于1585～1587年到达北纬72°12′处的戴维斯海峡,威廉·巴芬则在1616年抵达北纬77°45′的巴芬湾而返。但是,要想通过北方航路到达日本、中国,攫取香料、珍珠、绸缎等物品,仍然是一种梦想。因为这些探险家在冰块的迷宫中航行经常陷入冰块的重困之中,甚至寂寞地度过了两三个漫长的北极冬季仍无法脱身,有的还就此丧生,一去不返。英国政府为了鼓励探险家们继续努力,宣布设立两项巨奖:以2万英镑奖励第一个探寻出西北航道的探险家,另以 5000 英镑惠赠第一个到达北纬 89°的航海者。

从 16 世纪开始,为了寻找由西欧到中国和日本的东北航道和西北航道,许多国家的探险队对北极地区的周边进行了考察,发现了新地岛、斯匹次卑尔根岛等岛屿。但深入这个地区的腹心部分进行探险,主要还是在 18 世纪及其以后的事。

2. 白令海峡探险

有证据表明,最早考察白令海的是俄国哥萨克人迭日涅夫(С. И. Дежнёв,1605 ~ 1673)。据报告,1648 年,迭日涅夫率俄国探险队首次发现了分割亚洲大陆和美洲大陆的海峡,但是他的报告被搁置在雅库次克,没有送到莫斯科。80 年后,丹麦航海家白令受彼得大帝之命重新"发现"了这一海峡,后人因此而称之为白令海峡。尽管如此,迭日涅夫没有被世人所遗忘,今天的"亚洲极点"被称为迭日涅夫角,以纪念他的发现。

迭日涅夫

白令

白令海峡是位于亚洲最东点的迭日涅夫角和美洲最西点的威尔士王子角之间的海峡,约 85 千米宽,深度 30 ~ 50 米。这个海峡连接了楚科奇海(北冰洋的一部分)和白令海(太平洋的一部分)。它的名字来自丹麦探险家的白令的名字。海峡的狭窄和水浅削弱了北冰洋和太平洋间深层水的交换。在距今 1 万年前的第四纪冰期时,海水低于现在海面约 100 ~ 200 米,海峡曾是亚洲和北美洲间的"陆桥",两洲的生物通过陆桥相互迁徙。海峡水道中心线既是俄罗斯和美国的国界线,又是亚洲和北美洲的洲界线,还是国际日期变更线。

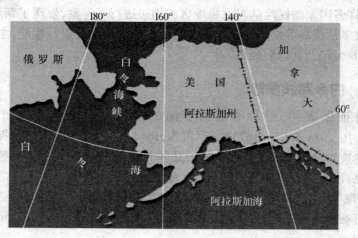

白令海峡位置图

俄国在凯瑟琳女皇二世统治时期,为了扩大疆域,曾颁布了一条法令,规定首先发现者在他所发现的土地上享有狩猎和控制猛犸牙齿的专有权。这大大调动了人们探险和考察以寻找新的土地的积极性,因而发现了散布在北冰洋中的许多岛屿。然而,俄国人最终也未能搞清,欧亚大陆和北美大陆是否是连在一起的。

维图斯·约纳松·白令(Vitus Jonassen Bering,1681~1741)是丹麦水手,在俄罗斯海军服役,成为其中的一个舰长,在对瑞典的战争中他成绩优秀,此后又参加对土耳其的战争。1724年,俄罗斯沙皇彼得大帝作出决定,必须对他帝国的东部海岸进行勘探,并且命令由白令来负责办理此事。该计划旨在查明亚洲和美洲的北部是否相连。

为此,白令进行了两次探查。第一次开始于1725年,部分在海上航行,部分在陆地跋涉。走陆路时,白令一行翻山越岭,穿过沼泽,1728年他到达亚洲的最东端——西伯利亚东面的堪察加半岛。他们在那里建立基地,并造了两艘船。随后白令沿海岸北驶。经过几周在浓雾中的航行,白令空手而归,没有找到沙皇所提问题的答案。他并不知道,大雾使他无法看到自己驶过了西伯利亚和阿拉斯加之间的一条水道——白令

174

海峡。实际上白令在 1728 年穿过白令海峡,是世界上第一个穿过北极圈的人。

1730 年他回到圣彼得堡,彼得大帝未等到捷报就撒手归去。为遵守诺言,白令为第二次航行花了 8 年时间来进行筹备。1735 年他再次来到鄂霍茨克海,1740 年他建立了彼得罗巴甫洛夫斯克城。白令于第一次航行的 13 年后再次踏上探险的征途,1741 年他从这里向美洲进发。1741 年 6 月,两艘探险船由于一场暴风分散了。白令指挥的"圣彼得号"向东驶去,经过阿留申群岛,到达了阿拉斯加海岸。这一次,他抵达了阿拉斯加南部水域,并且登上了岸,成为第一个在这块冻土上留下足印的欧洲人,俄罗斯也趁机宣布了对阿拉斯加的所有权。

在航行返航途中,"圣彼得号"在堪察加半岛外一个小岛附近的冰封海域中失事。他们漂泊到科曼多尔群岛的一个无人居住的小岛上,由于食物供应短缺,在那里白令和他船上的其他 28 名水手病死。今天这个岛被命名为白令岛。他船上剩下的 77 名水手中的 46 人后来回到了他们出发的港口。

1991 年 8 月,一支俄罗斯—丹麦的考古队发现了白令和其他 5 位水手的墓。他们的遗体被运回 。通过考古学的方法白令的原像得到重现。白令的牙齿完好无损,说明他不是得坏血病死亡的。

3. 寻找西北航线

正当对东北航道的探索屡遭失败的时候,一位叫马丁·弗罗贝舍(Martin Frobisher, 1535～1594)的英格兰商人兼航海家忽然对西北航线的探索又重新提起了兴趣。他认为,既然麦哲伦能找到一条航道绕过美洲的最南端,那他就能找到一条通道,绕过美洲的最北端而到达中国。

他于 1576 年春天率两条小船开始航行。他们继北欧人之后第一次看到为冰雪所覆盖的格陵兰岛的最南端,但因那张错误百出的地图,他们稀里糊涂地认为那可能是欧洲大

马丁·弗罗贝舍

陆。在向美洲大陆的航行中他们看到了海峡（后被命名为弗罗贝舍湾），并遇到了划着皮筏子在海上狩猎的因纽特人。这使他们欣喜若狂，因为因纽特人明显的东方人的特征使他们确信离中国已经不远了。在他们带回来的纪念品中，有一块黑亮的石头，经专家分析表明，每吨矿石含有价值 7.15 英镑的"黄金"和 16 英镑的"银"。结果，对西北航线的探险变成了一场淘金热。不等春天的到来，便组织了第二次考察。弗罗贝舍自然成了首领。与此同时，一个金矿公司诞生了，即"中国公司"。伊丽莎白女王也动起来了，她不仅把这块新发现的土地叫做富产的未知地，还悄悄地购买了"中国公司"的股票。

弗罗贝舍的探险船

1577 年春天，弗罗贝舍的 3 艘船再次离开英格兰。他们在原地附近终于发现了一个大金矿。正当他们欣喜若狂时，与附近的因纽特人不期而遇，并引发了一场战争。白人打死了 5 个并俘虏了 2 个因纽特人。他们押着两名俘虏，载着 200 吨矿砂凯旋。

一年后，1578 年 5 月 31 日又组织了第三次航行。这次共 15 艘船满载着 100 多个移民及他们的财产，组成了一支庞大的船队。他们计划要在那里建个码头，开拓一片殖民地，把大英帝国的版图扩展到冰冻的美洲北部。这也是英格兰历史上向外迈出的第一步。因此弗罗贝舍成了海军上将和船队司令。

一离开格陵兰岛，船队便遇上了大风，刮来的冰块不仅阻塞了航道，还把满载着越冬物资、移民财产和家具的三桅帆船挤破，沉入海底。船队也被暴风吹散。大风过后，他们徘徊了几天，只好装上几船矿砂，悻悻地踏上归途。

回到英格兰码头，不仅没人迎接，而且人们都嘲弄地看着他们，与出发时的热烈场面形成鲜明的对比。原来就在他们离开之后，化验结果也出来了，他们吃尽了千辛万苦找回来的"黄金"，实际上只是一些黄铁矿。那家"中国公司"和所有持有其股票的人除女王外都破产了。可怜的弗罗贝舍先生被嘲笑成"愚人金"的倒霉发现者。

弗罗贝舍的航行,影响是相当深远的。因为,是他第一次提出了到海外去探险寻宝的想法,并以其坚毅、勇敢和不屈不挠的奋斗精神加以实施,虽失败,却大大开阔了英国人的眼界和思路。在以后的几个世纪里,英国殖民者到处扩张,从美洲到亚洲,从非洲到澳洲,建起了一个又一个殖民地,几乎控制了大半个地球。

4. 献身北极的巴伦支

正当英国人对东北航线知难而退时,荷兰人却突然对东北航线产生了浓厚的兴趣。他们听说,英国人在对东北航线的探索中虽然失败了,却与俄国建立了通商关系,从中取得了巨大的利益。于是,荷兰人行动起来了,首先授命布鲁内尔组成了荷兰白海商业公司,以开展与北冰洋沿岸狩猎者的直接贸易。

1584 年,布鲁内尔开始了试图深入远东的探险航行。表面上是要跟亚洲北极地区居民开展皮货贸易,但其真正的目的是去寻找东北航线。后来,他们航行虽然失败了,但其努力却没有白费,因为他不仅使荷兰白海商业公司获得了成功,而且作为荷兰的第一个北极探险者,还为后来的探险家开辟了道路。

1594 年,有 3 艘船从阿姆斯特丹出发,再一次踏上了远征北极的航程。其中有一艘是由巴伦支(Willem Barents, 1550 ~ 1597)指挥的,这正是他探险生涯的开始,那时他刚 34 岁。

巴伦支为寻找东北航线,自 1594 ~ 1597 年曾 3 次率领探险队去巴伦支海,虽然每次都进入了北冰洋,但前两次都没有什么特别的建树。头两次沿新地岛西岸和北岸航行,到达了喀拉海峡。在基利金岛附近,巴伦支带领两艘船向东北航行。7 月 13 日,在雾气弥漫的天气里,他们航行到一

巴伦支

片冰原的边缘,经测定,探险队已经到达北纬77°15′,至此,他创造了当时西欧航海家远航到北冰洋的最北纪录。7月29日,巴伦支在北纬77°附近又发现了他命名的冰角。8月1日,他在发现了不大的奥兰斯基群岛之后返航。

巴伦支的探险船

1596年又开始了他最后一次冒险远航的征程,当他航行到北纬74°30′海面时,发现了一个海岛,船员们在岛上发现了一只被打死的北极熊,这个岛因此被命名为熊岛。在这次具有历史意义的航行中,他们不仅发现了斯匹次卑尔根群岛,而且到达北纬79°49′的地方,创造了人类北进的新纪录。

后来,巴伦支继续向东北行进,直到8月26日他们的船只被冰封住为止,他和船员们成了第一批在北极越冬的欧洲人。当时的天气是如此之寒冷,他们只有把指头伸进嘴里才能保持温暖,但只要一拿出来,立刻冻成冰棍。他们还经常受到北极熊的袭击。尽管如此,船员们在巴伦支的鼓励下,克服了常人难以想象的种种困难,顽强地生存下来。直到第二年夏天,敞篷小船终于挣脱了坚冰的围困,又回到自主的水域。然而,这时的巴伦支已经病入膏肓。临死之前他写了3封信,把一封藏在他们越冬住房的烟囱里,另外两封分开交给同伴,以备万一遭到不测能有一点文字记录流传于世。1597年6月20日,巴伦支死在一块漂浮的冰块上,那时他刚37岁。

两个多世纪之后,直到1871年,一位挪威航海家又来到巴伦支当年越冬的地方,并从烟囱里找出了那封信。巴伦支的航行不仅都有详细的文字记载,而且他沿途还绘制了极为准确的海图,为后来的探险家提供了重要的依据。

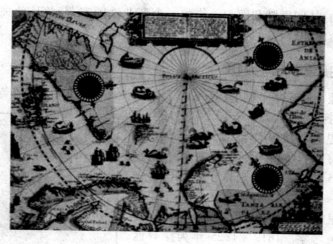

巴伦支绘制的北极地图

《巴伦支之死》(鲍特曼于 1836 年绘)

　　为了纪念他,人们便把北欧以北他航行过的海域的一部分称为巴伦支海。

　　16 世纪的北极探险是以巴伦支的悲剧而告终的。当其余的幸存者乘坐一只敞篷小船从北冰洋死里逃生,航行了 1600 多千米终于回到阿姆斯特丹,正为自己的命大而庆幸时,荷兰的第一支船队满载着货物绕过合恩角,从印度胜利而归。作为一个商业性国家,荷兰从此失去了对北极探险以便寻找一条通往东方之路的兴趣。

5. 接近北极的帕里

威廉·爱德华·帕里(William Edward Parry,1790~1855)英国航海家、北极探险家。1790 年 12 月 19 日生于英格兰巴思。1829 年被封为爵士。1830 年加入海军。1852 年被授予海军上将军衔。1855 年 7 月 8 日逝世于德国巴特—埃姆斯。

帕里

帕里 1818 年参加 J. 罗斯率领的探险队去北极考察。1819~1825 年为探寻西北航道,率"赫克拉号"和"格里珀号"两艘军舰三次去北极区航海探险。1819~1820 年进行第一次探险,由大西洋进入哈得孙海峡,沿巴芬岛西侧,顺利到达西经 114°。帕里的第一次远征于 1819 年启程。他从格陵兰西行,向北冰洋驶了

帕里航行到梅尔维尔岛

大半航程,于 1820 年到达梅尔维尔岛。这比以前任何远征队的行程都要远。这次探险,他到达了巴芬湾、巴罗海峡、里根特海湾、梅尔维

尔海峡、麦克卢尔湾和韦林顿海峡。探险队在梅尔维尔岛渡过冬天后返回英格兰。虽然他没能成功地寻找到西北航道,但他绘制了很有价值的北极海岸线路图。英国国会为他越过西经110°。而授予500英镑奖金。

帕里1821~1823年进行了第二次探险。他在梅尔维尔岛东岸度过了两个冬天,对因纽特人进行了考察研究,搜集了有关的资料。帕里1824~1825年进行了第三次探险。其间有一艘船在里根特海湾遇难。帕里1827年进行了从斯匹次卑尔根出发去北极的尝试。他将"赫克拉克"船留在特罗伊恩贝里湾,然后乘雪橇向北极进发。探险队一行28人,带着70天的给养,终于到达北纬82°45′。这是前人从未到达过的地

帕里的水手在冰上拉着自己的装备。他们在雪橇上装上帆,以便强风帮忙推着他们前行

点,也是后来49年内无人能够到达的地点。

6. 北极探险史上最大的一次遇难事件

英法战争直到1815年的滑铁卢战役,拿破仑才终于一败涂地。接着面临的一个问题,在战争中发展起来的那么多军舰,培养出了那么多人才,让他们去干什么呢? 于是,大英帝国海军部决定重新开始对北极地区的调查和探索,以显示一下自己在海上的霸主地位,并趁机扩大大英帝国的版图。

约翰·富兰克林是英国著名的极地探险家,他在加拿大北极区考察了约1200海里的漫长海岸线,立下了卓著的功勋,因而在返回英格兰不久就被授予爵士称号。

1818年6月17日,有四艘军舰扬帆启航。于是,人类向北极进军的历史,又开始了新的篇章。这次航行的目的是非常明确的:有两艘船

只从斯匹兹卑尔根群岛往北,过北极点而到达西伯利亚,另外两艘则通过巴芬湾进入西北航道而到达白令海峡。

往北行进的两艘船是由帕克(George Back)船长和他的副手富兰克林(John Franklin,1786～1847)指挥的。他们刚行至半路,先是遇上了大风,前进不得,接着两条船又被牢牢地冻住,寸步难行。后来,他们绘制了一张斯匹次卑尔根群岛东北部分地图,便班师回营了。而另两艘船由船长约翰·潘瑞指挥下,于1818年8月8日发现了生活在地球

富兰克林

最北端的因纽特人部落,并深入到兰卡斯特海峡达80.4千米,差一点便打通了西北航道。

1819 年富兰克林北极之行受阻

由于英国政府设立巨奖奖励第一个打通西北航道的人,1819 年,富兰克林受海军部之命,再次率领一支队伍,从陆上进入北极地区沿北冰洋岸行进了 340 千米,绘制了地图。然而,由于他们对北极的自然条件并不熟悉,导致 10 个队员因冻饿而死,富兰克林侥幸生还。

1843 年,英国海军部批准富兰克林率领一支新的探险队,他选用了

探索自然丛书

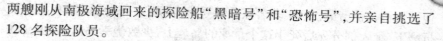

探
索
自
然
丛
书

两艘刚从南极海域回来的探险船"黑暗号"和"恐怖号",并亲自挑选了128名探险队员。

这支探险队称得上是当时的高科技远征队。比如甲板下面有热水管道,可以保持船内的温度。他们还带有充足的食品。罐头在当时可是新事物,这两条船一共携带了8000听罐头——足够129名船员吃上5年。他们认为,这种新式的轮船完全可以冲破西北航道上的冰障。

1845年5月26日,富兰克林指挥着探险船从泰晤士河起航,开始了具有历史意义的海上探险活动。两个月后,在格陵兰附近海域,探险船队被一艘巨大的被人们遗弃的捕鲸船挡住了去路,随后便失去了与英国的一切联系。两年的时间过去了,还是不见探险队的踪影。

1848年初春,海军部派出了3支规模较大的搜寻队。没有多久,这3支搜寻队都失败了。1850年8月23日,皇家海军舰艇"援助号"终于在得文岛的利雷角找到了这艘船的踪迹:三个并列的坟墓被埋在永冻土里,上面的木刻墓碑上记录的时间为1846年。1854年10月,为了寻找这支已失踪多年的探险队,富兰克林太太组织一支搜寻队,买了一艘177吨的游船"狐狸号",进行了适应北极航行的改装,并请参加过第一次搜寻活动的舰长马克林特克海军上尉来指挥这一次的搜寻活动。1859年5月25日,一个北极考察团偶然遇到了一个完整的骨架,穿着管家制服。在尸体的旁边放着一个笔记本和一把梳子。这表明他的主人一定是皇家海军舰艇"恐怖号"上的一个普通官员。后来又发现"黑暗号"上的救生艇和完好无损的航海记录。通过航海记录得知,富兰克林当初试图通过威廉岛西面的维多利亚海峡,由于碰到了巨大的浮冰,1846年9月后便在威廉王岛西北的海域被冰所困。他们的船只在大鱼河地区再次被牢牢冻住,再也未能解脱出来。更糟糕的是,他们所携带的食品有一半已经霉烂变质,无法食用。他们曾经希望,也许他们的船只可以和浮冰一起往西漂流而自动进入太平洋,后来发现,这纯粹是一种幻想。1847年6月11日,在刚刚庆祝了62岁生日之后,富兰克林与世长辞了。此后,进入第三个冬季,食物愈来愈少,人们渐渐地冻饿而死。

1848年春季,也就是探险队写下这份记录前,已经接替富兰克林职务的克劳齐上校决定离开探险船,去大鱼河寻求援助,特别是寻找食物。

但一切都是徒劳的。100 多名探险队员和船员,在寒冷、饥饿和疾病的折磨下,绝大部分先后死于这个荒凉的岛屿上,少数侥幸逃出的,也死在半路。这是北冰洋和北极探险史上最大的一次遇难事件。

1854 年,探险家约翰·雷(John Rae)从土著人口中得知有约 35 ~ 40 个白人在接近巴克河口处饿死,那位土著人向他展示了一些富兰克林探险队的物品。

营救小组里有人在一座荒芜的冰岛上发现了一艘救生艇。显然,这给人们的感觉是水手弃船逃生了,使用救生艇上了荒岛。但是艇里的东西令人费解。艇里有窗帘杆、香皂和书。正常人逃命时是不会想着带这些东西的,人们不得其解。140 年来,这个谜一直悬而未决。

但是科学家们知道在远征队出发早期,有 3 名水手死在了比奇岛上。也许他们的尸体能够提供线索。1986 年夏天,一个调查小组登上了加拿大西北部的比奇岛,这个地方位于北极圈以北 640 千米。

调查小组的科学家就开始挖掘尸体,尸体是解开富兰克林远征队之谜的最后一线希望。经过努力,他们挖开石灰石泥板岩碰到了棺材。

探险队的遗物

比奇岛上的尸体已经变成了木乃伊,他们是被冰雪保存下来的。人们用了几桶热水给木乃伊解冻。8 个小时后,一具保存完好的尸体出现在人们面前,接着又是一具。

科学家们拍了 X 光片,还采集了组织、骨头和头发的样本。验尸工作很平常,没有令人兴奋的新发现。但人们发现这两名船员体内的铅含量是普通人的 5 倍。调查人员把这作为一条解密线索。科学家分析那些遇难水手很可能是死于铅中毒,但问题是,两人是怎样中毒的?

附近仍然堆放着远征队留下的垃圾,调查人员们终于在垃圾中找到了答案。水手们携带的罐头是用铅焊接的。他们在远征过程中,总是吃这些罐头,最终导致了体内铅蓄积过量因而中毒。铅还损害了他们的神智。因此,船员们在试图走到安全的地方时,竟会在救生艇上装一些无用的奢侈品。由于铅中毒,队长以及船员的判断能力都降低了,因而他们无法清晰地思考。

最后,调查人员得出了令人心酸的结论:这些勇敢的队员是因为疾病、神智丧失后的疯狂和严寒而慢慢死去的。最后人们把这两具为富兰克林之谜提供了侦破线索的水手木乃伊重新安葬。

事实上,富兰克林船的遭遇的讽刺意义在于:也许正是它自身最先进的装备导致了失败。富兰克林带去的那些用于口粮的大量食物都密封在含铅的罐子里。这不能不说明当时的工业发展给人们带来了极大的丰富资源,但同时也带来了意想不到的副作用,这也是最终导致灾难的原因之一。

富兰克林的北极之行尽管以失败告终,但是,他的英雄行为和献身精神却使后人无比钦佩,他被人们誉为海洋探险事业的先驱者,成为历史上一名伟大的海洋探险家。

7. 终于打通了北极航线

富兰克林的悲剧之后,人们对西北航线一度失去了热情,英国和美国的注意力主要转向对北极诸岛屿的地理考察和争相到达北极点的竞争。但对东北航线,人们并未忘记。随着欧亚大陆以北一系列岛屿的相继发现,如何打通东北航线的轮廓似乎也就愈来愈清楚了。最后,这一殊荣终于落到了一位芬兰人的身上。

首先通过西北航道的麦克卢尔

19 世纪,西方又开始了西北航路的探寻。这个时候探寻除了具有探险性质外,还有较大的科学考察性和一定的体育竞赛性。19 世纪时科学技术和生产力已有了很大的发展和质的提高,但极地冰海航行探险仍十分危险和艰苦。寻找富兰克林的一艘蒸汽船在英国探险家麦克卢尔(Sir Robert John Le Mesurier Mc-

Clure，1807～1873）率领下，从太平洋、北冰洋进入加拿大北极群岛，但有三个冬天被困在冰雪地里。后来他们弃船乘冰雪橇穿过陆地和封冻的海洋，有幸碰到了从大西洋方面前来救援的船，最后于1854年回到英国。这样，英国人首次完成了海、陆、冰结合的穿越西北通道之行。

1878年7月18日芬兰人阿道夫·伊雷克（Adolf Erik，1832～1901）率领4艘舰艇，向东北航线再次冲击，将完成一次环绕欧亚大陆的历史性航行。9月28日，用了不到三个月时间伊雷克就到达了离白令海峡只有193.1千米的地方，但是他们的船只却突然被牢牢地冻住，动弹不得。10个月之后，就在出发一周年的那一天，即1879年7月18日，他们的船只才挣脱了出来。强劲的南风把浮冰吹开，为他们让出了一条通往胜利的路。1879年7月20日上午11时，他们终于绕过了亚洲大陆的东北角，进

伊雷克

伊雷克在历史性航行的途中

入了白令海峡，来自太平洋的气味扑面而来。人类为之奋斗了几个世纪并付出了巨大代价和牺牲的东北航线终于走通了，仅仅用了一年零两天的时间，与巴伦支的灾难性航行和白令艰苦卓绝的努力相比，这真可以说是"踏破铁鞋无觅处，得来全不费功夫"。

1831年，阿道夫·伊雷克出生在芬兰，其父是一个非常有名的科学家。那时候，芬兰还是俄国的一部分。当他20多岁时，由于激进的活动而被驱逐，被迫移居到斯德哥尔摩，成为瑞典人，并开始对北极感兴

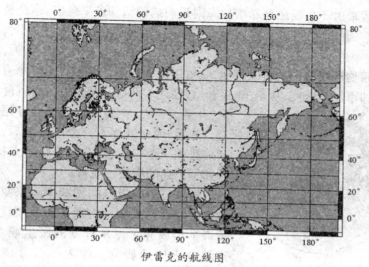

伊雷克的航线图

趣,后来成为诺登舍尔德男爵。

　　1858年,作为一名地质学家,他随队到斯匹次卑尔根岛进行了第一次北极考察,接着于1864年又对该群岛进行了两次考察,并绘制出一张相当精确的地图。从1868年开始,以斯匹次卑尔根为基地,他两次试图征服北极点,但都没有成功。

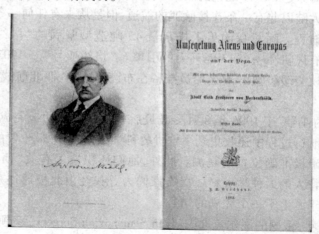

伊雷克撰写的探险记录

187

后来由于在新地岛和喀拉海附近的捕鲸活动愈来愈多,诺登舍尔德便对广阔的西伯利亚海岸产生了浓厚的兴趣,但他的目标不在于去打通通往中国的东北航线,而是想去开辟一条新的商业航路。他认为,如果能把西伯利亚沿岸的航线打通,就可以把那一带丰富的自然资源直接运到欧洲市场。因此,从1873年开始,他连续两次从喀拉海航行到叶尼塞河,并逆流而上,一直到达内地的叶尼塞斯克。然后,他在做好了充分准备之后,并得到瑞典国王和一个俄罗斯富商的支持,便开始了上述的历史性航行。

为纪念诺登舍尔德的功绩于2007年发行的纪念银币

后来征服南极点的挪威探险家罗阿尔德·阿蒙森也成功地打通了西北航线。阿蒙森早年放弃了原来计划的医生职业,决定献身于极地研究。作为一名合格的海员,他曾经在一艘航行于北极海域的商船上工作过。后来,他以大副的身份参加了1897～1899年"贝尔吉克号"在南极首次越冬的探险。

在以往航行中获得的经验,为阿蒙森提供了充足的信心。他决定挑战困扰航海家达300年之久的"西北航线"。探险家们长久以来一直意识到北美大陆以北有一条连接欧亚的航道,但是从未有任何一条船能够完成全部航程。阿蒙森购买了排水量45吨造型坚固的"格约亚号"。船上装备有风帆和一个13匹马力的引擎。"格约亚号"于1903年夏季从奥斯陆峡湾缓缓驶出,6名船员准备在布满坚冰的"西北航线"水域完成航行。

"格约亚号"于1906年8月突破最后一段航线成功地完成了航行。水手们在航行过程中还收集到了宝贵的科学数据,其中最重要的是有关地磁和北磁极准确位置的观测。此外,他们还积累了有关"西北航线"沿途因纽特人的人种学资料。探险家们为寻找经由北极通往东方之路的努力终于画上了一个完满的句号。

1910年,俄国的谢尔盖耶夫(Ivan Semenovich Sergeev)率领由"泰梅尔号"和"瓦加赤号"两艘破冰船组成的探险队,从海参崴出发考察北部海道,直到阿尔汉格尔斯克或摩尔曼斯克。

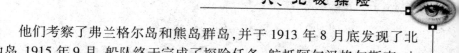

他们考察了弗兰格尔岛和熊岛群岛,并于1913年8月底发现了北地岛,1915年9月,船队终于完成了探险任务,航抵阿尔汉格尔斯克,也实现了通过北部海道由东向西的首次航行。

然而,这些以极其沉重的代价换来的成功,并没有给人类带来多少喜悦。因为穿越北冰洋的航行实在太艰难了,所以毫无商业价值可言。这一持续了大约400年的打通东北航线和西北航线的探险活动就结束了。

21世纪以来由于北冰洋的结冰随全球变暖而缩小。一些有加厚船壳的货船开始使用北方海路,以挪威往中国青岛为例,较以往绕苏伊士运河航线缩短了一半航程。

8. "珍妮特号"的悲剧

在诺登舍尔德完成了那次了不起的航行两个月之后,一艘名叫"珍尼特号"的美国探险船,从相反方向驶来,船员们充满乐观和豪气,他们企图证明北冰洋中部并不结冰。这艘船在白令海峡处为冰所挟,在东西伯利亚海漂流了两年之久,最后被冰压毁。一些船员再也没有回到陆地,而乔治·华盛顿·德朗克领队等人也在西伯利亚勒拿河口避难期间死去。但是,一些残破的船体碎片,以及船员的衣食用品杂物等却漂流到了几千里以外,见之于格陵兰西南尤利阿纳霍普港外的冰块上。

19世纪时人们误认为,位于白令海峡北口西侧的符兰格尔岛是一块往北延伸的大陆,沿符兰格尔岛海岸往北航行,到无法前进时再改乘雪橇就一举可以到达北极点。《纽约先驱论坛报》老板贝内特,认为通过刊登探险记肯定可以增加报纸的发行量并提高其声望,便花了10万美元将一艘游艇改装加固,用3米多厚的实心橡木加以支撑,以为这样就可以承受住来自冰层的任何压力,并改名为"珍妮特号"

德朗

（Jeannette）。

美国探险家德朗（George Washington De Long，1844～1881）于1879年7月8日，乘"珍妮特号"满载着各种物资装备驶离了旧金山。正如34年前富兰克林船队沿泰晤士河顺流而下一样，33名船员兴高采烈，充满了必胜的信念。而12月6日在他们转过白令海峡而进入北冰洋不久，船只就被牢牢地冻住。尽管采取了各种措施，开足马力、抛去重物、利用绞车拉甚至使用炸药炸，都无法使船体往前移动一步，只好随着浮冰向西北方向移动。开始以为，也许过不了几天冰块就会松动，但20个月过后，在冰上漂流了482.7千米，却没有任何挣脱的希望。当漂过符兰格尔岛屿时，却失望地发现，它只是一个小岛。船员们都彻底失望了，唯一的希望就是尽快回家。

"珍妮特号"在白令海峡处为冰所挟

1881年6月10日深夜，船体周围逐渐出现了越来越宽的水面。船员欣喜若狂，以为终于可以返航。但没过多久，冰层又重新合拢，像把巨大的钳子，愈夹愈紧，先是船头变形，后来船体也出现了愈来愈大的裂缝，两天后，只好弃船。那些巨大的实心橡木在冰层的压力之下破碎了。

德朗失望地写到："以前人们随冰漂流总会到达某一块陆地，但我们没有这样幸运，而只是漫无目的地漂流下去，丝毫也看不到任何尽头。"那时只剩下3只小艇，6个雪橇，23条狗和仅够33个人60天吃的粮食。这时雪已开始融化，经一个星期艰难跋涉后，德朗发现了一个可怕的事实：尽管他们以6.5千米/天的速度南进，但洋流却把冰块往北冲去，结果离西伯利亚的距离比出发时还远了45千米。

德朗把这一发现告诉两名助手，然后果断地改变方向，由向南变为向西南。他们把重8吨的东西分装在3条小艇上，再把小艇绑在雪橇上拖着前进，十分困难。且已有1/3的人由于身体状况只能照顾自己。7月29日，登上一个小岛，进行短暂的整顿和休息后继续前进，跋涉了约

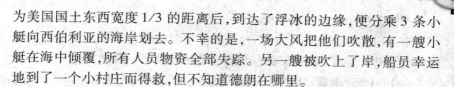

为美国国土东西宽度 1/3 的距离后,到达了浮冰的边缘,便分乘 3 条小艇向西伯利亚的海岸划去。不幸的是,一场大风把他们吹散,有一艘小艇在海中倾覆,所有人员物资全部失踪。另一艘被吹上了岸,船员幸运地到了一个小村庄而得救,但不知道德朗在哪里。

德朗乘坐第三条小艇经漂泊后,于 9 月 17 日在勒纳河三角洲的最北端登陆,13 个人只有 4 天的口粮,但仍保持很好的纪律,继续南进。但船员的健康每况愈下,10 月 6 日,离船后的第 116 天,第一个人死去。这时连吃的也没了,只好派两个人去求援,剩下一个一个地死去。

那两个人费尽了千辛万苦,碰上了一个土著居民,把他们带到一个小村子。可由于语言不通,无法使土著人明白,只好继续前进,终于找到了从第二只船上逃出来的人。虽立刻组织营救,但冰雪封锁了北进的路。次年春天,他们搜寻了几百千米,才找到德朗和伙伴们的尸体和一个他们拼着命保存下来的航海日志,记载着离开"珍妮特号"后 140 天的遭遇。最后一页,德朗以潦草得几乎难以辨认的字迹写到:"(1881)10 月 30 日,星期日,第 140 天。博伊德和戈兹晚上死去,格林斯先生正在死去。"

和富兰克林一样,德朗的探险也是喜剧开始悲剧告终。但不同的是他虽未到达北极点,却留下了沿途详细的书面记录,使人清楚地了解到符兰格尔只是一个小岛;而在北极航行中,日本暖流帮不了多大忙;且首先察觉到,北极冰盖不是静止的,而是以相当快的速度整体移动,这对后来的北极探险有着非常重要的实际意义。

9. 到达北极点!

南森

经过一系列惨重教训后,人们才逐渐认识到北极的症结之所在,于是涌现出了一批新型的探险家,其代表人物就是挪威的南森。

弗里德持乔夫·南森(Fridtjof Nansen,1861～1930)是挪威的一位北极探险家、动物学家和政治家。他的一位祖先,汉斯·南森,曾担任过哥本哈根市长并曾经考察过白海。在渴望探索未知领域的激励下,南森决定进行一次横跨格陵兰冰盖的探险。

南森出生时,世界上已经不存在有待发现的新大陆了。世界地图的轮廓已经基本完成,而南森则为细节的增加提供了一臂之力。

在1881年,南森20岁时,人类到达地球最北的一点是北纬83°24′,这是由美国格里莱远征队的洛克伍德(Lockwood)等人完成的。而北极中央部分还从来没有人去过。北极究竟是什么模样,当时还仅是臆想,有人认为北极中央是没有冰盖的海洋,也有人则说那里和南极一样,是坚冰厚裹的陆地。

南森根据"珍尼特号"残物从东西伯利亚海漂流到格陵兰这一事实,深信一位北极探险的先辈、挪威气象学家莫恩的看法是正确的:在新西伯利亚群岛以西有一股洋流,向北流过北极,然后沿格陵兰东岸南下,进入大西洋。而这些残物就是由冰块随着这股洋流经北极漂来的。同时,南森自己还仔细地印证了在格陵兰东岸着落,而来自西伯利亚的植物。这样,南森就更加深信这股洋流的存在。他想,既然浮冰可以流过北极,那么,为什么就不能利用它来为北极探险服务呢? 南森对未来的事业充满了信心。

他于1888年跋涉格陵兰冰盖和1893~1896年乘"弗雷姆号"横跨北冰洋的航行而在科学界出名。1880年南森进入克里斯蒂安尼亚大学攻读动物学。1882年,他乘船到格陵兰水域去作调查研究。这次海上调查激起了他对研究北冰洋的强烈兴趣。返回挪威之后,他成为卑尔根博物馆负责动物学采集的管理人员。1888年他从克里斯蒂安尼亚大学获得博士学位。

1887年,南森提出用雪橇进行横跨格陵兰冰盖的考察规划。但是挪威政府拒绝提供资金。后来他从一个丹麦人那里获得了财政支援,于是便开始执行他的计划。1888年5月,南森在5个同伴的伴随下离开挪威。8月16日他们开始由东向西艰苦地行进。10月上旬,南森到达格陵兰西海岸上的戈德撒泊村。但是因为最后的一班轮船已经启航,所以他们不得不在那里过冬。而那个冬天却给了南森研究因纽特人的一个机会。最后他写成一本名叫《因纽特生活》的书并于1891年出版。

格陵兰考察成功之后,使南森为他下一次探险——利用浮冰群漂浮横跨北冰洋所进行的筹款活动中遇到的困难大为减少。南森利用那些大部分是私人捐助的资金建造了一艘船。并给该船取名为"弗雷姆"。这艘船的最大特色是其外壳呈圆形。这样可以使船易于挤进大冰群并拱在其上面。1893 年 6 月 24 日，南森带领着 12 个同伴启程向新西伯利亚群岛进发。这一年的 9 月 22 日，他们到达了新西伯利亚群岛以西北纬 78°50′，东经 133°31′ 的冰

南森用雪橇向北极进发

区，那时船只已被冰冻结，从此开始了向北极的漂流生活。漂流初期，船只时而漂向东方，时而漂向东南。到 10 月末，几乎又漂回到了原地，漂流路线很曲折，前进速度很缓慢。关于这一点，是出乎南森意料之外的。但是，"弗雷姆号"毕竟经受住了巨大冰压的考验，在北极地区度过了严冬，这真是一个巨大的成功。

1895 年 3 月 14 日，他们漂流到了北纬 84°，东经 101°55′ 的地方，离北极点大约还有 600 多千米。但是南森估计，如果继续随冰漂流下去，看来难以到达北极点。于是，他决定把船交给船长沃·斯维尔德格普指挥，自己则与约翰逊二人乘坐狗拉着的雪橇向北极进发。后来遇到了像岩石一样的巨大冰块重重叠叠，同时冰面也高低不平，且不时为冰涵所阻，前进十分困难。然而还是到达北纬 86°13′36″，东经 95° 处，创造了新的纪录，成了 19 世纪中最接近北极点的人。那时苦于食物匮乏，人畜都已疲惫不堪，不得已，只好返回。可是，与"弗雷姆号"已经失去了联系。他们艰难地前进，于 1895 年 8 月到达法兰士约瑟夫地群岛北端，在那里好不容易地度过了又一个北极的冬天。正在十分困难的时候，1896 年 6 月，他们喜出望外地在该岛的南端遇到了英国探险家杰克逊，搭乘他们的船只回国，于 8 月 13 日回到了挪威。而"弗雷姆号"则从北纬 85°57′ 处漂过北冰洋，到达斯匹次卑尔根群岛西岸，在南森回国后一星期，安全地回到挪威，漂流了整整 3 年零 3 个月！

探索自然丛书

"弗雷姆号"行驶在北极

南森回到挪威以后,在克里斯蒂安尼亚大学任动物学教授。但是,他的兴趣却转向海洋物理学。后来,在 1908 年他转为海洋学教授。

南森之行虽没有到达北极点,但却是有史以来船只首次到达最北的极区。他们到达的地点,离北纬90°的北极点已经不远了,仅仅差 400 千米,这是一个很大的成绩。因为在当时的条件下,要想用普通船只到达极心确实是十分困难的。挪威人珍视这一北极探险的成就,后众把"弗雷姆号"当作历史纪念品,保存在卑尔根展览馆。

北极点(North Pole),即是指地球自转轴与固体地球表面的交点。你若站在极点之上,"上北下南左西右东"的地理常识,便不再管用。你的前后左右,就都是朝着南方。你只需原地转一圈,便可自豪地宣称自己已经"环球一周"。此前,人们并没有把北极点看得那么重要,只是想越过它而寻找一条通往东方的近路。

后来,美国人库克和皮尔里改变了这一初衷。他们既不想发现新大陆,也不为搜集科学数据,而当成为一场纯粹的"体育比赛",变成了一场争相到达"世界之巅"的竞争,并且取得了最后的胜利。

在踏上北进的征途之前,皮尔里(Robert Edwin Peary,1856～1920)已经完成了两次横穿格陵兰冰原的旅行,并于 1900 年发现了格陵兰岛最北端的土地,后来称为皮尔里地。在此基础上,他把自己的目光盯上了北极点。总结前人失败的经验,他提出了两点新的概念:一是北极的冬天并不可怕,正是探险的最好季节;二是因纽特人的生活方式是在北极生存的最好方式。他决定以自己的实践来证明,地球上任何地方人类都是可以到达的。

当然,光有正确的提法和坚强的决心还是远远不够的,还必须要有强大的财政支持,于是他专门选了一艘"罗斯福号"船。这艘特别设计

采用因纽特人的
服装的皮尔里

的船可以通过史密斯海峡的冰层一直航行到埃尔斯米尔岛的最北端。他在这里的哥伦比亚角建起了一个大本营，离北极点只有664.6千米。一切都准备就绪之后，便从这里派出几支先遣队，将必需的物资和食品运送到指定地点，这样就可以减轻主力部队的负担，以便保存他们的体力。这样，他们就可以从最后一个补给地点向北极点冲击。皮尔里不仅在居住方法、行进方式和衣服帽袜等方面都采用因纽特人的办法，而且还直接雇佣因纽特人为他驾驶狗拉雪橇，并沿途建造冰房子。

在第一次试探失败之后，1905年他又发起了第二次冲击。这次他作了周密的计划，从装备到物资安排都很详细，一共带了200多条狗和几个因纽特家庭，包括男人、女人和小孩子。这次努力虽然也失败了，但到达了北纬87°06′的地方，离北极点只差273.58千米。

1908年6月6日，皮尔里再次率领"罗斯福号"探险船去北极探险。这是皮尔里发起的第三次，也是最后一次向北极点的冲击。探险队由21人组成，包括船长、医生、秘书和一直追随他的黑人助手亨森等。另外还有59个因纽特人，还带了246条狗。9月5日，"罗斯福号"驶抵离北极只有约900千米的谢里登角，却被严严实实地冰封在海湾里了。

1909年2月的最后一天，共有24人、19个雪橇、133条狗从基地出发，踏上了远征北极点的茫茫之路。零下五六十摄氏度的严寒造成了严

皮尔里在北极

重的冻伤,狂风席卷的飞雪迷住了人们的眼睛,起伏的冰面撞坏了雪橇。后来,他们又遇上了一条宽大的裂缝挡住了去路。6 天以后,冰缝终于合拢了,他们才得以继续前进。4 月 1 日,他们行进了 450.6 千米,离北极点还有 214 千米。这时他将最后一批支援人员遣返回去,只带了亨森和 4 个因纽特人作最后的冲刺。幸运的是,他们遇到了连续几天的好天

北极点

气。4 月 5 日,皮尔里已到达北纬89°25′处,离北极点只有约 9 千米了。在一处冰间河流中,皮尔里放下一根长达 2752 米的绳子测深,结果还是没探到底。快到北极点时,他们每个人的体力都消耗太大了,两条腿仿佛有千斤重,一步也迈不动了。稍待休息之后,皮尔里一行勇敢地冲向北极点,终于在 1909 年 4 月 6 日到达北极点。后来,经过专家们的仔细鉴定,确认皮尔里是世界上第一个到达北极极

点的探险家,他所到达的地点,是北纬 89°55′24″,西经 159°。皮尔里在北极点逗留了 30 小时后返回营地。过去 300 多年来人们追寻的目标,而他们只用了 30 多天。

至此,人类在北极所追求的三大目标,即东北航线、西北航线和北极点都达到了。但付出的代价相当昂贵。据不完全统计,光是在正式探险中献身的人数就达 508 人。正是通过这些活动,人类不仅认识了北极:从格陵兰到北极不存在任何陆地,整个北极都是一片坚冰覆盖的大洋。也检验了人类向大自然挑战的信心、决心和能力。

不过,时至今日,对皮尔里是否真的达到北极点仍存在异议。

1909 年 9 月 1 日,皮尔里正在返回途中,对北极探险一直非常关注的《纽约先驱论坛报》忽然收到了一个叫库克(Frederick Albert Cook,1865～1940)的美国医生的电报,声称他早在 1908 年 4 月 21 日就已经

到达了北极点。

9月8日，皮尔里发表声明说："库克从来也没有到过北极点，他只不过是在欺骗群众而已。"于是，这两个曾经一起穿越格陵兰冰原的伙伴反目成仇，展开了一场旷日持久的真假猴王争夺战。《纽约先驱论坛报》支持库克，而《纽约时报》和颇有势力的国家地理学会则支持皮尔里，后来只好提交国会去投票。结果是 135 票支持皮尔里，只有 34 票支持库克。于是，皮尔里便成了官方的胜利者，被晋升为海军上将，而库克则被非难至死，名誉扫地。

但是，这场官司却并未因此告终。因为一场探险上的争论，正如一场体育比赛，怎么能由政治家投票来决定胜负呢？况且，库克并非凭空捏造，而是确确实实地深入到了北极地区。皮尔里和库克，究竟谁是第一个到达北极点的人？

据库克自己称：1907 年，他得到美国富翁布雷法利的资助，和伙伴富兰克来到北极一个因纽特人的小村子越冬，并得到因纽特朋友的大力支持和帮助。1908 年 2 月，他们带着 9 个因纽特人，11 个雪橇，103 条狗，1814.4 千克物资和一条 6 米长的折叠船穿过米尔岛往北进发。3 月 18 日，他遣回了支援部队，只留下两个 20 多岁的年轻的因纽特人和 26 条最强壮的狗拖着两个雪橇继续前进，目标是要往北推进 804.75 千米。按照计算，他们认为，4 月 21 日已经到达了北纬 89°46′ 的地方，在那里待了 24 个小时，然后踏上了归途。但是，直到 1909 年 4 月 15 日他们才重新露面。而在这一年多的时间里他们到什么地方去了呢？库克说，他们的路偏向西去，所以多用了一年的时间，冬天是在一座石头房子里度过的，直到 1909 年 2 月太阳升起时才继续南进。但这种说法却受到怀疑。其他不利于库克的证据还有：他说他在北进途中曾经看到过陆地和岛屿，但这是不可能的。更重要的是，曾全程陪同他们的因纽特人提供证词说，在整个旅行过程中，他们的视野从来也没有离开过陆地。由此，人们得出结论说，库克的描述是虚构的。

实际上，皮尔里也有说不清楚的问题。根据他的叙述计算，他在北极冰面上的行进速度达每天 70.8 千米，而在这之前，无论是南森、卡格尼还是他自己，在北极考察中的行进速度从来也没有超过每天 14.4 千米。1986 年，美国一个考察队完全按照当年皮尔里的行进路线和运动方式到达了北极点。结果发现，在前 9 天里，他们每天平均只能前进 3.58 千米，从第 10 到 21 天，平均速度为每天 8.05 千米，第 22 到 44 天为每天 15.39 千米，第 45 到 54 天，由于冰面较平，装备减轻，天气转暖，行进的速度最快，达到每天 28.64 千米。由此看来，皮尔里的行进速度真是天文数字了。

历史就是如此在沿途留下无穷无尽的疑问让人们去争论，去思考，而它只顾走自己的路。

回顾这一过程，大体上可以说，从 16 世纪末人们寻找北方航路开始，至皮尔里用狗拉雪橇首次到达北极点止，北极考察研究基本上处于地理发现与探险层次。在这一时期中，资本主义发展较早的各国探险家们出生入死，初步揭开了北极地区尤其是北冰洋的面纱。

10. 在北极上空的首次飞行

乘船和雪橇既然难以到达北极，那么，在 19 世纪末，乘当时新出现

埃尔斯沃思

的飞艇是否可以飞到北极呢？1897 年 7 月 11 日，瑞典工程师索洛蒙·奥古斯特·安德烈和他的助手——物理学家尼尔斯·斯特林德贝尔格和技师克努特·弗伦格尔乘"奥雷尔号"（"鹰"）飞艇从斯匹次卑尔根群岛的丹麦岛上起飞，拟穿过北极，谁知一去不返。

首先提出使用飞机对北极进行探险的人是挪威探险家阿蒙森（Roald Amundsen，1872～1928），他早先曾沿西北和东北通道航行过。

1925 年，阿蒙森与美国工程师林肯·埃尔斯沃思（Ellsworth Lincoln，1880～1951）一道组织了第一个航空探险队，准备前往北极地区探险。埃尔斯沃思出资购置了两艘飞机，并把它们运到斯匹次卑尔根群岛。同年 5 月 10 日，这个北极航空探险队从孔绥峡湾起飞，到达北纬 87°43′。由于飞机的发动机工作不正常，阿蒙森决定在此作短暂停留。两架飞机降落在一片无冰的水区，但一架飞

机滑出界限,紧接着冰块毁坏了第二架飞机。探险队的6名队员用了24天时间(到6月15日)在一块浮冰上修复了一台发动机,并修筑一条起飞的冰上跑道。除此而外,阿蒙森使用音响测深计探察了这里海水的深度(3750米)。探险队的队员们还在这个高纬度的海区首次亲眼看到一种海上的哺乳动物(海兔)。

飞机顺利起飞了,它飞到了东北地岛,但是由于燃料不足,被迫降落在海面上,这时恰好一艘挪威船就停留在该海区,把这架飞机拖回到了孔绥峡湾。

阿蒙森说自格陵兰海以北直至阿蒙森到达的高纬度海域没有任何陆地。这是一项重大的地理发现成果。

乘飞机首先到达北极极点的人是美国军官理查德·伯德(Richard Evelyn Byrd, 1888～1957)。

1926年5月29日,伯德和弗洛伊德·贝内特从孔绥峡湾起飞,对北极做了数次试探性飞行,他穿绕北极极点后用15小时返回原起飞地。伯德继续

理查德·伯德

完成了阿蒙森的发现并确认,从北纬87°43′起到北极点止,在斯匹次卑尔根海域不存在任何陆地。

在伯德飞抵北极极点的两天后,另外一艘飞艇从斯匹次卑尔根群岛起飞,穿越北极极点到达美洲,这是有史以来的首次穿越北极之行。参加这次用飞艇穿越北极之行的有阿蒙森和埃尔斯沃思,还有这艘飞艇的设计和建造者——意大利军事工程师乌姆波尔托·诺比尔(Umberto Nobile),他是这艘飞

"挪威号"飞艇

探索自然丛书

艇的驾驶员。这艘飞艇是根据阿蒙森的要求专门为飞往北极而建造的，被命名为"挪威号"。它从孔绥峡湾起飞，然后沿东经11°线向北飞行，穿越北极后再沿西经160°线飞抵巴罗角（阿拉斯加最北部的海角），共用42个小时。当时阿拉斯加地区正处于大风暴时刻，这艘飞艇被迫在克检伦斯湾附近（北纬65°处）着陆。这是在阿拉斯加上空的首次飞行，即从斯匹次卑尔根群岛起飞，经过"无法航行的北极极点"和"结冰的北极区"，然后飞抵阿拉斯加，全程共4000余千米。

阿蒙森领导的这次探险澄清了北极极点与阿拉斯加之间存在着广阔的"哈利斯之地"的说法，那是人们主观臆造的，实际上并不存在。

1928年5月初，诺比尔在罗马又建造了一艘半金属的飞艇，命名为"意大利号"。他乘这艘飞艇从孔绥峡湾起飞，企图独立地完成抵达北极的飞行。"意大利号"飞艇的首次北极飞行失败了。诺比尔驾驶这艘飞艇又向北地群岛作了第二次飞行，然而他未能飞抵北地群岛。

诺比尔的第三次（最后一次）前往北极的飞行以悲剧告终。

1928年5月23日，"意大利号"飞艇从孔绥峡湾起飞，5月24日早晨到达北极点并在极点的上空飞行了两个多小时。由于气候不佳，诺比尔决定不降落，拍摄北极的地理影片后立即朝斯匹次卑尔根群岛返航。返航时，由于气温急剧下降，飞艇在斯匹次卑尔根群岛以北的海面上突然漏气坠落触冰。由于碰撞，发动机毁坏，驾驶员丧生。从悬篮乘员室掉到冰上的有9个人和部分食品以及收发报机。这时，飞艇由于减少近两吨的重量，便带着半破碎的悬篮和其内的6个人又迅速升空飞行，消失于东方。6个人的命运杳无消息。落在冰上的9人中有3人摔断了腿脚或手臂（其中包括诺比尔），这块冰向南面漂去，5天以后漂泊到弗因岛附近（位于斯匹次卑尔根群岛的东北部，北纬80°25′、东经26°10′处）。失事的当天，无线电发报机发出的救援信号并未被人们接收到，所以诺比尔派出了3个人，聪明而又年轻的瑞典学者芬·马尔姆格林和两个意大利军官。这三个人的任务是穿过冻结的冰面，前往斯匹次卑尔根群岛，以便在那里找到渔猎人把飞艇遇难的地点通报给人们。

6月3日，一位苏联的无线电爱好者偶然收到了诺比尔小组发出的救援信号，但是这个无线电爱好者把弗因岛误认为是法兰士约瑟夫地。过了几天，人们还不能准确地判断出诺比尔小组所处的地理方位。6月

20 日,一个飞行员驾驶飞机找到了诺比尔小组的人员,但是他未能在那块巨冰上降落,只是给遇难的人们投下了一些食品和衣服。6 月 24 日,一个瑞典飞行员安全降落在出事地点,但是他声称,他的任务首先是把探险队队长救回基地。诺比尔坚持要救出最后一个人,飞行员同意这个条件后,诺比尔才随同飞行员一起飞走。但是在这个瑞典飞行员第二次飞行降落冰面时,飞机发生了故障。7 月 6 日,另一个瑞典飞行员把前一个飞行员救出运走了。此后,诺比尔小组的另外 5 个人和马尔姆格林小组的 6 个人尚待救援。

阿蒙森于 6 月 18 日从挪威卑尔根港起飞前去救援"意大利号"飞艇的人员,他乘的飞机名叫"拉塔姆号",由法国的飞行员希尔包驾驶。6 月 20 日,人们收到了这架飞机从"大地"海区发出的最后一封电报——询问熊岛群岛附近的结冰情况(飞机正途经北挪威与斯匹次卑尔根群岛),在此以后,"拉塔姆号"飞机失踪了,它大约连同 6 名机组人员一起沉入大海。就这样,为了救援这些极地探险人员,阿蒙森这位"探险之星"坠落了。

11. 由探险到科学考察的过渡

由东北和西北进入北极的航线已经打通,这是人类花费了 400 年的时间取得的成功。但北极之谜依然没有解开,这块冰雪之原的大部分还是没有人到过的处女地。

由于地理的原因,20 世纪以来,加拿大对北冰洋的考察最为频繁。1914～1915 年,加拿大迅速开展北冰洋探险和渔业考察,并在蒙特利尔设有北冰洋研究小组;1940 年,拉先尔率领探险队,驾驶"圣罗克号"汽船,由西向东通过北冰洋西北航线;1944 年 6 月,拉先尔的探险队又对帕里群岛南端的兰开斯特海峡、巴罗海峡、梅尔维尔海峡、威尔士太子海峡、阿蒙森湾进行了探险考察,获取了大量资料;1947 年,加拿大海军向北冰洋派遣了"拉布拉多号"测量舰。此外,海军还设立了北极东部研究小组和极区海域生物研究所;1950 年以后,贝德福海洋研究所的调查船在北极圈北大西洋一带进行了考察;1958 年,加拿大在新斯科舍半岛的哈利法克斯设立了海冰研究中心,积极开展了北冰洋加拿大一侧大陆架的调查研究;1962 年,建立了贝德福海洋大学,调查船"哈德孙号"也从事了北冰洋的海洋学调查研究;1970~1976 年,在加拿大和美国联合进行的北极冰动力学联合实验期间,加拿大使用国防部的"百眼巨人"型飞机及遥感中心的"C－47"型飞机进行科学考察。

近年来,加拿大极地大陆架计划局与其他机构合作进行了北极区域航磁调查,绘制了北极航磁调查图,进行了北极区域大地测量、地貌测量、环境调查、地质学调查、海洋学调查、自然资源调查等。加拿大极地大陆架计划局还与加拿大的其他机构如地质调查局、北美北极研究所、麦克基尔大学等共同制定和实施北极调查研究的综合计划,并研究供北极调查用的专门设备和技术,向进行北极研究的其他机构提供设备和后勤服务。

第二次世界大战以后,法、英也对极地考察加大了力度。1947 年 2 月 27 日,法国内阁决定成立法国极地考察队,制定了极地考察计划;1948 年 5 月 14 日,法国"力量号"极地调查船从里昂起航,揭开了北极格陵兰岛探险的序幕;1949 年,在"LB30"型飞机的空中支援下,由 35 名科技人员组成的北极考察队在格陵兰岛中部成功地建立了一个基地站,进行了地震观测等调查,确定了冰川的厚度;1950 年,法国北极考察队除继续完成原来的调查任务外,还从事地震学、重力学、大地测量学的研究计划;1952 年,考察队人数较少,主要是回收仪器设备,同时进行一些调查研究;1956 年,开始了国际格陵兰岛冰川学考察,法国、德国、奥地利、丹麦和瑞士参加了这项考察。5 国成立了国际格陵兰岛冰川学考察指导委员会,总部设在法国巴黎。法国极地考察队组织和领导了这次考察,在技术和物资上给予了大力支持。目前,法国国家科学研究中心所辖的极地研究所,负责法国在北极和南极的科学考察工作。值得提出的是,在人类日益关注全球气候变化趋势的今天,极地的冰川学研究可以提供绝好的全球气候历史背景,从而使气候学家比较容易地剔除偶然的气候异常,指出今后 10~100 年尺度的气候变化大趋势。从 20 世纪 60 年代开始,以法国为首的西欧国家的冰川学家就在南极大陆和格陵兰岛的内陆冰盖上钻取冰芯,通过分析不同年龄冰芯里的氢同位素、氧同位素、痕量气体、二氧化碳、大气尘、宇宙尘等,来确定当时(百年尺度)全球平均气温、大气成分、大气同位素组成、降水量等诸项气候环境要素。当时在格陵兰岛世纪营地钻取的冰芯长达 1388 米,而在南极美国伯德帕获得了 2164 米长的冰芯。

1979 年,英国兰努尔夫·菲内斯爵士率领探险队员乘"本杰明·鲍英号"探险船进行了人类有史以来第一次穿越南、北极的环球探险。为了这次探险,菲内斯用了 7 年时间收集有关资料,制定详细计划,进行各项准备工作。他们于 1979 年出发,终于在 1981 年 1 月 11 日结束了穿越南极大陆的探险。6 个月后,又开始了穿越北极的探险,并于 1982 年 4 月 11 日到达了北极点。他们几乎用了 3 年时间,行程 5.6 万多千米,终于完成了首次穿越南、北极的环球探险。1988 年,英国海军的核动力攻击潜艇经过长途航行,在茫茫冰雪世界的北极海域浮出了水面。

对于北极这样的未知领域来说,很难把科学与探险截然分开。但开始于 1957 年 8 月 ~1958 年 12 月的国际地球物理年(IGY),毕竟标志着北极的一个新时代——国际化大规模科学考察时代的开端。当时 12 个国家的 1 万多名科学家在北极和南极进行了统一目标、相互配合的多学科综合考察,主要内容是固体地球物理、大气物理、地质与矿产、自然地理和生物科学。这次国际合作大大推动了地球科学的发展,各国迅速增加在两极地区设站的数量。在这一年半的时间里,在北冰洋沿岸又建立了 54 个陆基综合考察站,在北冰洋中建立了许多浮冰漂流站和无人浮标站。

正是一代一代英勇无畏的先驱者的足迹,激励着后人不停地继续前进,1959 年,美国第一艘核潜艇"鹦鹉螺号"第一次冲破冰层,在北极点浮出水面。1968 年,美国的一位探险家自皮尔里之后第一次乘雪上摩托到达北极点。1969 年,一位英国的探险队,乘狗拉雪橇从巴罗出发,也到达了北极点。1971 年,意大利人莫里齐诺沿当年皮尔里的路线到达了北极点。1977 年,苏联破冰船"北极号"第一次破冰斩浪,航行到了北极点。1993 年 4 月 8 日,一位名叫李乐诗的香港女士,第一次代表占世界人口 1/5 的中华民族乘飞机到达北极点,迎着狂风展开了一面五星红旗。

其实,中华民族与北极的关系大约可以追溯到人类对北极的原始开拓时期,那时中亚地区的游牧民族随着末次冰期的冰缘向北迁移,陆续越过了北极圈,可以说我们的祖先在对北极的认识上是走在前面的。但当崛起的西方人为打通"西北航线"和"东北航线"而拼搏的时候,中国却

中国香港女探险家李乐诗

苏联破冰船"北极号"

闭关自守,远远落在后面。但中国与北极却息息相关,直到 1925 年,当时的中国政府签署了斯瓦尔巴条约,才正式以官方形式与北极发生联系。新中国成立前后,曾经有少数中国人从国外不同的路线进入过北极,但并未有任何有组织、有规模的考察活动,直到历史进入到 20 世纪 90 年代,中国人对北极真正开展了考察活动。

1995 年,由国家科委(现科技部)批准,中国科协主持,中国科学院组织、民间筹款,25 名考察队员第一次正式向北极进军,他们对北极中心地区进行大规模综合性科学考察,不仅填补了中国在这一领域的空白,也为中国加入国际北极科学委员会奠定了基础。

1996 年 4 月 23 日,国际北极科学委员会一致通过,接纳中国为其第 16 个成员国。

1999 年 7 月 1 日至 8 月底,中国政府正式开展大规模北极考察,由国家海洋局组织了 87 人考察队伍,乘"雪龙号"破冰船,在北冰洋海区进行了大气、海洋、环境、生物、冰雪、气候等多学科的综合科学考察。为中国加深对北极的认识,提供了丰富的科学资料,也是中国加入国际北极科学委员会以来,首次实质性开展大规模的科学考察活动。

与人类文明征服其他大陆的历史相比较,人们进入白色的极地世界时,不仅带去了征服者的勇敢,同时也带去了科学与理性的精神。

七、南极洲探险

　　南极洲介于太平洋、印度洋和大西洋三个大洋之间，面积为 1410 万平方千米。它严酷的奇寒和常年不化的冰雪，长期以来拒人类于千里之外。人类为了征服南极，揭开它的神秘面纱，从 18 世纪中叶开始至今，全世界有 20 多个国家，数以千计的探险家、科学工作者参与南极的探险活动，他们表现出不畏艰险和百折不挠的精神，并取得了令人满意的业绩。

　　南极洲原来并没有土著居民，所有地名命名都和后来的探险活动密切相关。随着探险和科学考察活动的开展，地名数量也在不断增多。据 1998 年出版的《南极洲地名辞典》统计，包括海湾、岛屿、冰川、山峰、湖泊、考察站等地理实体名称约 12000 条目。这些地名的命名、来源、含义及其演变无不反映着历次探险家的探险生涯，无不记载着历次探险家的探险踪迹。

　　远在公元前 2 世纪，在世界文明发源地之一的古希腊，地理学家们就认为，南半球存在着一块大陆。在《地球结构》一书中，米拉写道："两个海洋……把人们已知的大陆：欧洲、亚洲和非洲，与臆测无人居住的南方大陆相分离，这块南方大陆的四周同样被海洋包围着。"后来，这块"臆测无人居住的南方大陆"，就被定名为"未知大陆"。

　　参加猜想的还有那些严谨的学者和哲学家。他们先是同意地理学家们关于南方"未知大陆"的猜想，并且用他们的方法做出了论证：既然在北半球存在着广大的陆地群，使人们有条件划分三个地球地带，那么，为了"保持平衡"，在南半球也一定存在着这样的大陆。

　　可惜的是，有着很高造诣的中国哲学家们，没有提出这样的猜想。庄子虽然提出"北冥有鱼……"但最后的结论却是"南冥者，天池也"。同样与"南方大陆"的猜想无关。中国人的远航经验举世皆知，但中国的航海家们却没有得到这种猜想的引导。

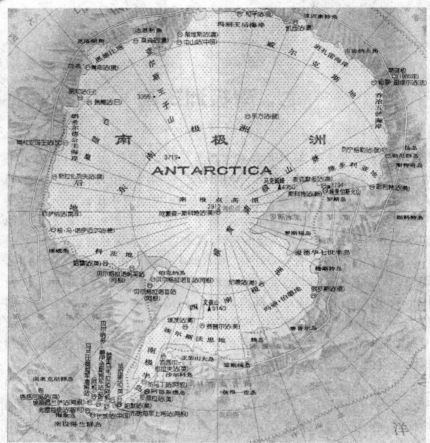

南极洲地图

　　这样的猜想一直被丰富着，传播着，撩拨着那一颗颗被各种梦想搅得无法安宁的心。但梦想也需要插上科学的翅膀才能飞翔，当中国人为世界发明了指南针，当帆船制造业和航海技术取得巨大的成就，海上远航成为可能，探索才得以开始。而郑和从 1405 年开始的持续 25 年的伟大航海，哥伦布从 1492 年开始的持续 12 年发现新大陆之旅，无疑成了后来的大航海时代的前奏。而对猜想中的南方"未知大陆"的发现，是所有探险家心中最绚丽的梦。

　　对南极的探险，可以划分为四个时期，帆船探险时代、英雄探险时

206

代、航空考察时代和常年考察站考察时代。帆船探险时代是从 18 世纪
70 年代到 19 世纪 40 年代,英国探险家詹姆斯·库克,在 1772～1775
年,第一个环绕南极航行一周。在他以后,又有不少国家的探险家驾船
越过险滩暗礁,向南极洲进行探险。

1. 首探南方"未知大陆"的库克

库克

从 15 世纪到 18 世纪的"大航海"和"地理大发现"的三个多世纪
间,前赴后继的探险家们,始终没能真正发现和证实关于"未知大陆"的伟大猜想。于是,1728 年 10 月 27 日,詹姆斯·库克(James Cook,1728～1779)诞生了。

库克是英国的一位探险家、航海家和制图学家。他由于进行了三次探险航行而闻名于世。通过这些探险考察,詹姆斯·库克为人们增添了关于大洋——特别是太平洋的地理学新知识。库克虽然没有科学背景,但他努力学习数学,以便赋予其航行以尽量多的科学意义。他绘制的航海图力求精确。1766 年,他曾经观察到一次日食,并利用它测定了纽芬兰的经度。他也是第一个注意到并且实际应用新鲜的酸橙汁来防治坏血病的人,这在当时的极地探险和考察中具有特别重要的意义。

1746 年 7 月,库克开始了他的航海生涯。两年以后船主把库克调到另外一条船上工作,这是一条运送煤炭的船。航船对库克来说好像是一架奇妙而又复杂的机器。从这个时候起,年轻的库克对运煤船所具有的特殊性能给予很高的评价,稍后一些时候,他在首次环球航行中观察和检验了航船的性能,认为运煤船比任何其他船只更适合进行远途航行,即使这种航行在人们未知的海域延续数年时间。

库克在加拿大

探索自然丛书

1768 年,英国海军部着手组织一支对南半球考察的太平洋探险队,组织这支探险队的公开说法是"将于 1769 年 6 月 3 日日出时刻仔细观察金星凌日的情况"。伴随他的有一名天文学家、两名植物学家和一名擅长博物学的画家——约瑟夫·班克斯。

"观测金星凌日"只不过是为了进行这次航行的一种口实,这次航行的真正目的和具体目标是要发现南部大陆,然后把这块新大陆归并于不列颠帝国。皇家协会建议选派航海学者亚历山大·达尔林普尔(Dalrymple Alexander)为这支探险队的领导,因为这个人当时被人们公认是英国的南海地理学最高权威,然而皇家协会没有资金,无力派出探险队。拥有资金的英国海军部却有另一种打算,它从未把探险队的任务仅仅局限于纯粹天文观测的狭窄范围里。海军部完全清楚为了发现南部海洋上的新土地并把它们加以正式占领,所派出的探险队领导人绝不能是像达尔林普尔这样无所作为的学者,而应该是一个富有经验的海军航海家。首先要解决的问题是进行探察活动,为此目的只派遣一艘不大的船就足够了。所以,非常熟悉库克的帕利赛尔和其他许多有影响的人物都建议把库克选为探险队的领导人,这个建议终于获得了通过。

库克先向南航行,后向西转弯,绕过合恩角,于 1769 年 4 月 13 日到达塔希提岛。调查了维纳斯航道之后,库克又于 6 月 3 日观察了金星凌日现象,随后他的调查船驶向新西兰。在那里库克逗留了 6 个月的时间并把两个岛屿标绘在海图上。为了绕地球一周,库克船长决定继续向西航行,取道好望角回国,经过 20 天航行,他们来到澳大利亚,在这里库克船长发现了袋鼠。库克船长把澳大利亚东海岸命名为新南威尔士,并以乔治三世的名义宣布了英国对这个大陆的占领。

库克船长继续向西穿过澳大利亚和新几内亚之间的海峡,经爪哇,取道印度洋,绕过好望角返回英国。他到达英格兰的时间是 1771 年 7 月 12 日。这是他的第一次航行。

现在在墨尔本费洛伊公园内有一间小屋,就是为了纪念库克船长发现澳大利亚,在 1934 年维多利亚州成立 100 周年时,由当时英国的拉塞尔·格里姆韦德爵士赠送给墨尔本市的。小屋的原型始建于 1770 年的英国,在库克船长死后被拍卖。当时,为了"迁移"它,人们费尽心思——先画出图纸,然后把原屋的一砖一瓦运到墨尔本,再一点一点对照图纸拼装而成。小屋保留了原屋的风貌,就连屋上的藤蔓也是靠英国的种子长出来的。

在 1772 年 7 月 13 日,库克再次从英格兰启航,进行第二次远航。他这次航行的目的是想去验证"在南方还存在着一个大陆"的报道。

"决心号"

这个所谓的"南方大陆",就是后来世人熟知的南极洲大陆。库克船长是最早探索这片大陆的探险家之一,为后来的南极洲探险奠定了重要基础。1772 ~ 1775 年,库克船长率两艘独桅帆船"决心号"和"冒险号"三次穿过南极圈,并于 1774 年 1 月 30 日到达南纬 74°10′,西经 106°54′的海面。在没有破冰船的时代,靠木帆船来穿过这一片无边无际的冰田,根本就是不可能的事,地球上最后一个未知大陆的神秘大门,就这样在库克面前关上了。

不过,库克是第一个闯进南极圈的航海家,他的航海记录保持了 51 年之久。在南极洲虽然没有留下以他命名的地名,但他此前穿过的新西兰南岛与北岛间的海峡和太平洋中的一处群岛已被命名为库克海峡和库克群岛。

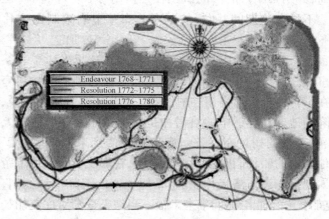

库克三次探险航行路线图

在这次航海中,库克船长还将复活节岛和马克萨扬群岛绘进了海图,并且访问了新喀里多尼亚岛和诺褐克岛。他还在麦哲伦海峡测绘了火地岛和斯塔吞岛,又在南大西洋中测绘了南乔治亚岛,发现了南桑德韦奇群岛。1775 年 7 月 29 日他再次从好望角返航到英国,完成了在南半球高纬度地区绕地球一周的航海。

库克第三次、也是最后一次航海是 1776 年 7 月 12 日从英格兰启航的。这次的目标是考察北太平洋和寻找绕过北美洲到大西洋的航道。绕过好望角之后,库克横渡印度洋到达新西兰。从那里又航行到塔希提岛。随后他们继续北行,在圣诞节前夜发现了一个小岛。这个小岛被库克命名为"圣诞岛"。进一步向北航行,他发现了夏威夷群岛。

1778 年 1 月 18 日,库克的"决心号"和"发现号"发现了瓦胡岛,并于 1 月 20 日在考爱岛登陆,上岛后船员们用铜章和铁钉与当地人换取鱼、猪肉和山药。在这里,船员们被岛上妇女的"友好"举动所吸引。实际上,岛上居民是要试探这些海外来客到底是神还是有着人类欲望的普通人。水手们的行为让他们确信无疑,知道他们也是普通的人类,只不过来自遥远的未知大陆。但是这种尝试使许多英国水手染上了性病。

库克船长用他的赞助人英国海军大臣桑威奇伯爵的名字将他发现的岛命名为桑威奇群岛,随后继续航行到阿拉斯加。阿拉斯加后来也成为了美国的一个州,而且是美国最大的一个州。一年后库克船长又返回夏威夷群岛,并用两个月的时间试图在毛伊岛寻找一个港口,但被证明是徒劳的。不过在这期间,随行的威廉·布莱上尉绘制出这片海岸的地图。

船队最后来到了夏威夷岛(大岛)。谁知在这里发生了一系列奇异和致命的事件。1779 年 1 月 16 日,库克船长航行到凯阿拉凯夸湾。当时这里正在举行一个纪念洛诺神的仪式。据当地土著居民传说,洛诺神有一天会降临地球。神话中的洛诺神是一个站在桅杆形柱子上的小个子,身披船帆一样的树皮布斗篷。库克船长的到来似乎应验了这种预言。于是他和他的船员们被领入一个寺庙,在那里受到对待上帝般的礼遇。当地人把他们当作洛诺神供养,希望他们能够降福给他们,但不幸的是,库克船长并不能给他们带来幸福。当地人逐渐对库克船长一行产生了怀疑。

更为不幸的是,过了几个星期后,库克船长的一个船员死了,这个船员的死,给库克船长带来了灾难,因为在夏威夷人眼中,洛诺神是不会死的。于是他们明白了这些白人也是人。从此以后,双方的关系迅速恶化。有一次,一群夏威夷人从库克船长的"发现号"上偷走了一条救生船,双方的矛盾彻底激化。就在这危难的时候,库克船长却采取了非常不恰当的措施:他掳获了卡拉尼奥普酋长,想用他换回救生船。但这个未经熟虑的策略却导致了更大的冲突,双方正式进入战争状态。在这场冲突中,英国人用火炮利箭打死 17 名当地人,土著人则用木棍石器还击,把库克船长和 4 名水手击毙,按照惯例,大卸八块,分而食之。英国船员见状,一拥而上,沿途烧杀过去,将七零八落的尸首夺回。然后用死者的帆布吊床把残骸缠成一袋,举行海葬。时年库克船长 51 岁。

库克同夏威夷人发生冲突

尽管库克船长在所有的航行中都特别注意照顾自己的人员和下属,在所有考察中都特别强调和平的努力,而且卓有成效,但最终还是死在愚昧与暴力的屠刀之下,实在令人惋惜。库克船长是人类太平洋探险时代中最为重要的领军人物,他的死亡,宣告了太平洋探险时代的结束。

库克船长在人类探险史上具有重要的地位,一直到现在,库克船长的形象,还是许多探险故事、特别是一些动画片中的主人公。由于库克船长的太平洋探险,人类发现了今天太平洋上的许多地方,澳大利亚、新西兰、夏威夷等陆地为文明社会所了解,并且逐渐成为世界的一部分,它大大改写了太平洋地区的地图,也改变了世界的版图。库克船长的发现,具有伟大的历史意义。

库克的航海日志(1768年5月21日)

库克在《南极与环球航行》一书中,对南极的说法显得"模棱两可":"绝对否认那里有存在大陆的任何可能性,即使大陆可能存在,那也只不过是靠近极地的无法到达的地方……我不想否认,在靠近极地可能有大陆或陆地存在,恰恰相反,我坚信,那里有这样的陆地,而且我们已经看到了它的一部分(桑威奇地)……如果有人在解决这个问题上企图表现自己的决心和毅力,深入到南方比我更远的地方,我将不妒忌他的发现,这不会给世界带来任何利益。"他断言:"南方可能存在的那些陆地,永远也不为人们所能考察和得知。"这些说法,使一些人想把他说成是第一个发现南极大陆的人,但是《不列颠百科全书》最终还是没有给他这样的荣誉:他是一个"太平洋和南极海洋的探险家……在探索新地、航海、测绘海图和航海卫生各方面都卓有成就,经他测绘而改变的世界地图较历史上任何人都多"。

2. 完成了环南极洲的伟大航程

别林斯高晋(Fabian Gottlieb von Bellingshausen,1779~1852)是俄罗斯南极探险家,海军上将。别林斯高晋早期当过水兵。1803~1806年,他乘克鲁津什腾指挥的"希望号"航船参加过俄国的首次环球航行探险。当俄国政府着手组建南极探险队时,拨给这个探险队两艘航船——"东方号"和"和平号",并任命在1803~1806年担任过"希望号"航船大副的环球航海家马卡尔·伊凡诺维奇·拉特曼诺夫为这个探险队的领导人。但是,当时(1519)在拉特曼诺夫指挥的一艘船从西班牙返回俄国的途中,不幸在丹麦的斯卡晏角遇难,病魔缠身的指挥官被送到哥本哈根城医治,这时从彼得堡传来了新的任命消息。由于染病在身,拉特

212

曼诺夫拒绝了这个新的任命,并向指挥部推荐别林斯高晋担任航船的指挥官,于是后者被任命为"东方号"航船(900 吨)的指挥官和该探险队的领导人。

别林斯高晋(右)和拉扎列夫(左)

米哈伊尔·彼得洛维奇·拉扎列夫(M. P. Lazarev, 1788 ~ 1851)被任命为"和平号"航船(500 吨)的指挥官。为了进行航海实习,他于 1803 年被派往英国,并以志愿者的身份在英国舰队里服务,在此期间,他在大西洋的海域进行了多次航行,甚至一直行进到安的列斯群岛。拉扎列夫返回俄国时已经成了一个技术高超、表现出众的航海家了。他被波罗的海的著名探险家列翁迪伊·瓦西里耶维奇·斯帕法耶夫看中了,斯帕法耶夫于 1813 年竭力推荐这个年仅 23 岁的海军中尉担任俄罗斯美洲公司的"苏沃罗夫号"航船指挥官,这艘船将启程进行环球航行,驶向俄罗斯美洲地区的海岸。这个年轻有为的指挥官并没有辜负人们对他的信任,他光荣地完成了这个任务。1813 年 10 月,拉扎列夫驶出了喀琅施塔得港,在南半球冬季(1814 年中期)绕过了好望角和塔斯马尼亚南角,然后驶进杰克逊港(悉尼港)。从杰克逊港出发,拉扎列夫驾驶航船朝东偏南的方向行进,他在南部热带海域突然调转船头向北驶进,前往夏威夷群岛。1814 年 9 月底,拉扎列夫在南纬13°10′、西经 163°10′附近的海区发现了一个由五个珊瑚岛组成的岛群,他以自己航船的名称把这个岛群命名为苏沃罗夫群岛,"苏沃罗夫号"的船员们还下船登上了这个似乎无人居住的群岛。1814 年 11 月,拉扎列夫航行到新阿尔汉格尔斯克(俄罗斯美洲地区),并在那里度过了一个严冬。次年春天,他乘"苏沃罗夫号"船前往普里比洛夫群岛(位于白令海上)收购毛皮产品。1815 年 7 月下旬,拉扎列夫从新阿尔汉格尔斯克启程,绕过了合恩角,完成了一次环球航行。

1819 年沙皇亚历山大一世派遣别林斯高晋和拉扎列夫指挥"东方号"和"和平号"两只单桅船于 1819 年 7 月 16 日离开俄罗斯,在 1819 ~ 1821 年间完成了环南极的伟大航程,6 次穿过南极圈,最南到达 69°25′S

处。但是恶劣的天气,无法通过的浮冰以及阴云笼罩的海面,使他们无法再接近南极大陆。

别林斯高晋的船队先后发现了两个小岛,这就是用沙皇的名字命名的彼得一世岛和亚历山大一世岛,后者紧靠着南极大陆。今位于71°S,85°W 的南极大陆边缘海为当年别林斯高晋率领船队抵达的海域,后人为纪念他对南极探险的贡献,将此海域命名为别林斯高晋海。以俄国探险队队长别林斯高晋海军上将姓氏命名的还有别林斯高晋山(75°07′S,

"东方号"和"和平号"

162°E),别林斯高晋岛(59°25′S,27°03′W),别林斯高晋角(54°03′S,37°14′W)。俄罗斯南极设置的常年科考站:别林斯高晋站、东方站、和平站即是以他姓氏及他当年率领两只单桅探险船名而命名的。在南极洲以他的副手,俄国探险队副队长、"和平号"船长拉扎列夫姓氏命名的地名有拉扎列夫湾(69°20′S,72°W),拉扎列夫冰架(69°37′S,14°45′E),拉扎列夫山(69°32′S,157°20′E)和新拉扎列夫考察站。

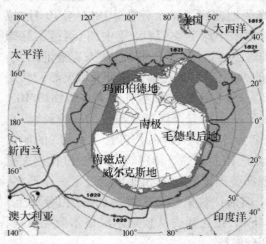

别林斯高晋 1819~1821 年的环南极航行路线图

3. 首次遥望到南极大陆

1819 年 2 月 19 日,英国的海豹捕猎者威廉·史密斯船长驾驶的"威廉斯号"方帆双桅船发现了南设得兰群岛上的利文斯敦岛。

不久,英国海军部又派海军中校布兰斯菲尔德(Edward Bransfield,1795 ~ 1852)同史密斯继续在南极地区寻找新的陆地,他们于 1820 年 1 月 31 日登上乔治王岛和克拉伦斯岛。南设得兰群岛自然得名于英国的设得兰群岛,南设得兰群岛为南极洲的火山群岛。位于南纬 61° ~ 63°,西经 54° ~ 63°之间的南极半岛北端附近,由 11 个大岛和若干小岛组成(其中乔治岛最大),总面积约 4700 平方千米。而该群岛与南极半岛之间的海峡又被命名为布兰斯菲尔德海峡。

该海峡是横亘在南设得兰群岛和南极半岛之间一条狭长的水道。布兰斯菲尔德绘制了南设得兰群岛的海图,然后继续南进到南纬 64°30′的地方。他隐约看到了南方的陆地——那就是南极大陆向北伸展的南极半岛。为了纪念他第一个遥望到南极大陆,那块南面的陆地和南设得兰群岛之间的水域,后来一直被叫做布兰斯菲尔德海峡。

1820 年 11 月 18 日,美国的帕默(Nathaniel Brown Palmer,1799 ~ 1877)乘"英雄号"单桅纵帆船,发现了奥尔良海峡和后来证实为从南极大陆延伸出来的南极半岛的西北岸。

然而,英国称布兰斯菲尔德早在 1820 年 1 月 31 日就发现这个半岛了,布兰斯菲尔德曾在南设得兰群岛和大陆之间的海峡中航行,并发现后来被帕默看到的岛屿。由于对发现权的争议,英美之间对该地的名称一

南设得兰群岛

直不同,英国称之为格雷厄姆地,美国一直将这个半岛称为帕默半岛。到 1964 年,英语系国家才同意以南极半岛为统一名称,但其北部仍保留称为格雷厄姆地,南部称为帕默地。当时的许多历史学家也同意。

中国的第一个南极科考站——长城站就位于西南极洲南设得兰群岛乔治王岛南端。

4. 接近南极边缘海的罗斯

罗斯

詹姆斯·克拉克·罗斯——约翰·罗斯的侄子,是一名航行于北冰洋经验丰富的海员。他曾跟他的叔叔前往北极地区,并到达了北磁极。

罗斯(Sir James Clark Ross, 1800 ~ 1862)是英国海军军官,著名的北极、南极探险家。罗斯早期航海生涯中以北极探险的卓越成就而闻名于世。1840 年 8 月英国精心挑选富有极地探险经验的罗斯爵士率领"埃里伯斯号"和"特罗尔号"组成的英国海军船队,从英格兰出发,开始了南极探险史上重要的航程。

由于罗斯的船只进行了特别的加固,具有一定的破冰能力,因而在冲破了一片冰封的海域后,1841 年 1 月 5 日到达了一片无冰的海域,这就是后来以他的名字命名的罗斯海。1 月 11 日晚上,船员们在阳光西斜的南极白夜下,终于见到了被积雪和坚冰覆盖的南极大陆。次日,罗斯下令船队上岸抛锚,为了纪念维多利亚女王,他将前面的这片山地海岸命名为维多利亚地,沿西岸有一道山脉,罗斯命名为阿尔伯特亲王山,这位亲王是女王的丈夫。在沿维多利亚地的海岸线航行过程中,罗斯等在 77°S 处后被命名罗斯岛上发现了两座如同孪生子的火山,其中有一座竟然冒着大量火焰和烟尘。罗斯以自己的两艘航船的名称命名这两座火山:一座叫埃里伯斯火山,另一座称特罗尔火山。为了寻找南磁极,罗斯继续向南挺进,于 1 月 28 日发现了陆缘冰前缘是高达 50 ~ 60 米的雄伟壮观的白色屏障,厚为 200 多米、长为 800 千米的海上冰障,它是南极最大的冰障,面积和法国差不多。这就是如今南极地图上以其姓氏命名的罗斯冰架。

南极大陆一部分海岸线是一条连续不断的悬崖线,在其他地方则是

罗斯的两艘船"埃里伯斯号"和"特罗尔号"必须顶住厚冰块和狂风的肆虐

有海湾和岬角。冰的厚度在 185~760 米间变化。罗斯冰架像一艘锚泊很松的筏子,以每天 1.5~3 米左右的速度被推到海里,部分原因是由于冰川从陆地流出之故。大块的冰从冰架脱离,形成冰山后浮去。

1841 年 1 月 5 日詹姆斯·罗斯率领两艘船进入浮冰较少、易于接近的边缘海,即如今以他姓氏命名的罗斯海

1911 年挪威和英国两个国家的探险队竞赛谁最先到达南极,罗斯冰架则是此举的起点。罗尔德·阿蒙森率队从鲸湾出发,而斯科特则从罗斯岛出发。冰架在罗斯岛与大陆连接处,离南极约 100 千米远。结果阿蒙森获胜,他比斯科特先一个月到达南极。

5. 证明南极洲是一块大陆

早在公元前 2 世纪,古希腊人就认为,在南极周围一定有一块辽阔的"南方大陆"。希腊地理学家米拉在《地球结构》一书中描述到："欧洲、亚洲和非洲,与臆测的无人居住的南方大陆相分离,这块南方大陆四周同样被海洋包围着"。而托勒密,他猜想有一块被印度洋包围的辽阔大陆。数世纪以来,他们的观点一直影响着欧洲的地图绘制。欧洲人曾把新几内亚、澳大利亚和新西兰绘成这块大陆的一部分。1739 年法国人绘制的南方大陆——南极洲,已很正确地把它描绘成被冰雪覆盖的大陆,但凭想象画了一个海,把南极洲分割成两部分。那么南方大陆究竟是一整块,或者是由两块以上的陆地构成的呢?

也正是这些想象,指引着在人类地理发现上的不断探险。首先做出答案的是美国探险家威尔克斯。

威尔克斯（Charles Wilkes, 1798 ~ 1877）是美国海军少将、南极探险家。他率领一支美国政府组织的探险队于 1839 ~

威尔克斯

1842 年乘三艘航船前往南半球考察鲸类资源和搜寻南磁极。1840 年 1 月,他率领的船队冒着生命危险在林立的冰山之间航行,从 160°E 处向西行进到 98°E 处,总行程为 2400 多千米,他是当时观察到南极大陆海岸线最长的一位探险家。鉴于威尔克斯认出沿岸长达 2400 千米的大陆边缘现象,从而这一事实首次为证明南极洲是一块大陆提供了重要的证据。

1911 年澳大利亚南极考察队长莫森博士把印度洋南部的南极大陆一片广大地区即从 100°31′E 的霍登角延伸至 142°02′E 的奥尔登角的广大

威尔克斯的三桅探险船

范围命名为威尔克斯地。读者可从南极洲地图上一望而知,跨度达 40°经度范围的威尔克斯地是南极洲最长的地理实体名称。另外在 75°S、145°E 处一片海底地形,美国南极地名咨询委员会考虑到它距威尔克斯地很近,且当年他率领的考察队曾在此活动,故将此命名为威尔克斯冰下盆地。

6. 法国人也看见了南极大陆

1837～1840 年,迪蒙·迪尔维尔(Jules – Sebastien – Cesar Dumont d'Urville,1790～1842)受法国国王路易·菲利普任命为南极探险队队长,乘两只军用帆船赴南极考察。他原想超过威德尔的南下高纬度记录,没有成功。

迪尔维尔

迪尔维尔登上迪尔维尔岛

1840 年元旦,迪尔维尔从塔斯马尼亚岛出发开始了第二次南极征途。船行驶了半个多月,到了 1 月 19 日,期盼已久的南极大陆本土出现在迪尔维尔的视线之中。迪尔维尔激动得热泪盈眶,透过濡湿的双眼望着巍巍的山崖从东向西伸入一片无垠的云天……此时此刻,迪尔维尔想起其爱妻

迪蒙·迪尔维尔常年科考站

219

（Adèle Dumont d'Urville）惜别时的情影，于是他意味深长地将眼前这块裸露陆地以他爱妻的名字命名为阿得雷德地。

此刻，迪尔维尔已经距南极大陆近在咫尺，不知由于什么原因，而未进一步登上南极本土大陆，将这一殊誉拱手让给后来的人。

后人为纪念迪尔维尔发现的岛屿（63°05′S，56°20′W）、山峰（63°31′S，58°11′W）分别将其命名为迪尔维尔岛、迪尔维尔山。在南极大陆以迪尔维尔命名的地理实体还有迪尔维尔纪念地。1954年，法国在阿得雷德地附近小岛设置了以他姓名命名的迪蒙·迪尔维尔常年科考站。

7. 探险者终于登上南极大陆

热尔拉什

1898年1月，由热尔拉什（Adrien de Gerlache，1866～1934）率领的比利时探险队，乘"贝尔吉卡号"（BELGICA）。成功地通过了把南极半岛与安特卫普角分开的格洛克海峡。考察队员登上了南极大陆及其沿岸岛屿达20多次，完成了大量科学研究考察项目，获得了地质、冰川、生物学等方面大量资料和标本。

1898年3月2日，"贝尔吉卡"号被封冻在冰海里，随冰漂流，直到1899年2月14日。这是人类第一次在南极地区越冬。越冬队克服了千难万险，以企鹅、海豹肉为食，以它们的油脂为燃料度过隆冬。这次越冬的成功和考察课题的完成，给后来探险家以极大的鼓舞。

人类首次在南极大陆上建立基地进行越冬考察，是由博克格勒文克领导的探险队。这位由挪威移民到澳大利亚的探险家，曾随挪威考察队赴南极考察过。1899年2月17日，在阿德尔角登陆，在南极大陆上建立营地，从"南十字座号"船上运来大批物资，在这里坚持越冬考察，1900年1月28日返回船上。这是最先在南极大陆上建立基地，进行越冬科学考察的一支越冬队。他们第一次在南极大陆上，用狗拉雪橇进行野外考察，搜集了大量的动、植物样品和地质标本，记录了一年期间的气

"贝尔吉卡号"被封冻在冰海里

象资料和地磁数据,遗憾的是,他们也是第一次在南极大陆上举行了同伴的葬礼。一位动物学家尼克霍莱·汉森死于越冬期间。

为纪念热尔拉什在南极探险活动中的贡献,在南极洲以热尔拉什姓氏命名的地名有热尔拉什角(南纬 60°30′S, 99°02′E),热尔拉什山(南纬 74°41′东经 164°06′)和热尔拉什海峡(南纬 64°30′西经 62°20′)。以"贝尔吉卡号"探险船命名的地名有贝尔吉卡号冰川(南纬 65°23′西经 63°50′)和贝尔吉卡号山(南纬 72°35′东经31°15′)。

8. 功败垂成的沙克尔顿

英国南极探险家沙克尔顿曾到达离南极点不到 156 千米处,因意外的暴风雪和准备不足,冲击南极点失败,沙克尔顿为功败垂成曾一度伤心不已。

沙克尔顿(Sir Ernest Henry Shackleton,1874～1922)是爱尔兰人,英国南极探险家。他是一位健如雄狮,英勇顽强,不达目的誓不罢休的人。1901～1904 年曾参加斯科特领导的南极探险活动,乘雪橇穿过罗斯冰架到达 82°16′33″S 处。1908 年沙克尔顿自任探险队长,率领雪橇队到达离南极点不到 156 千米处,因意外冲击南极点失败。

但这次出于科学目的考察,发现了罗斯冰架的南海岸;证明了南极大陆不是个被冰封闭的群岛,而确确实实是块大陆;

沙克尔顿

打通了去南极点的大半段道路;攀登了埃里伯斯火山,测量了它的高程;绘制了维多利亚地南海岸的地图;到了南磁极,采回了极有价值的标本。以上显赫业绩令沙克尔顿这次南极探险功成名就,被英国国王授予爵位,被许多协会接纳为会员,许多外国政府授予他奖章和勋章。

后来,沙克尔顿领导的"坚毅号"南极探险(1914～1916)虽然没有达到预期目标,但是经过两年的生死挣扎,沙克尔顿把手下所有的人从遥远的冰的海洋中安全带回了家,凭借他的领导才能挽救了 28 条生命。

沙克尔顿探险队

1914 年年初,招聘赴南极探险的志愿者,令沙克尔顿没有想到的是,短短几天内应聘者竟有 5000 多人。经过认真、严格的挑选,作为老板和领袖人物的沙克尔顿最后从中确定 27 名船员。

5 个月的集训与准备工作结束后,1914 年 8 月 1 日,连沙克尔顿在内的 28 位勇士乘木船离开伦敦。沙克尔顿根据家庭的座右铭"坚毅必胜"把木船命名为"坚毅号"。12 月 5 日,"坚毅号"离开乔治亚岛,探险队预计 497 天后才能再踏上陆地。

1915 年的 1 月 8 日,"坚毅号"终于到达南极边缘的威德尔海,但马上陷入冰川之中动弹不得,并随冰川漂移了 5 个多月,其中包括南极长达数月之久的漫漫严冬,就在夜夜零下几十度的严冬中,聊以蔽体的船只,最后也被巨大的冰坨压毁。10 月 27 日,沙克尔顿下令弃船。11 月 21 日,"坚毅号"沉没。

探险队员决定尝试着徒步横越冰雪到达大陆,但每天行程连 3 千米都达不到,体能消耗却无

1915 年 1 月"坚毅号"被冰困住了

比巨大,最后,沙克尔顿毅然决定放弃前进,就此在浮冰上扎营。

沙克尔顿在"坚毅号"上

在食品、衣服、遮蔽物都十分短缺的情况下,沙克尔顿和他的船员在冰天雪地里整整露营了 5 个月。这 5 个月中,为鼓励船员们的斗志,在与船员一样身心疲惫的情况下,沙克尔顿仍谈笑风生,并不时在冰上翩翩起舞,而这时,他们的食品几乎全被吃光,只能靠企鹅肉与冰雪来维持生命。

当探险队员最后随冰漂浮到北面的开放水域后,他们立即启用弃船时抢救出的三艘小救生艇,经过 7 天的海上航行,齐心合力终于到达荒无人烟的大象岛。由于大象岛荒无人烟,留在那里其实也是死路一条。

眼见船员们的体能与精神都濒于极限,沙克尔顿知道不能再等了。1916 年 4 月 4 日,沙克尔顿决定与另外 4 名船员乘坐"加兰号"救生艇开始一项几乎不可能的自救行动,目标是横渡东南方 1300 千米远巨浪滔天的大海,到设有捕鲸站的南乔治亚岛求救。

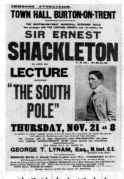

关于沙克尔顿冲击
南极点的报导

"加兰号"救生艇于 1916 年 4 月 4 日出发驶
向 1300 千米外的南乔治亚岛求救

临行前,沙克尔顿秘密写下了一个字条,交一位船员收存,相约 20

天后如果他不能返回救他们时再打开。字条上写着："我一定会回来救你们,如我不能回来,那我也尽我所能了。"

5 个人在狂风巨浪中航行了 17 天,"加兰号"奇迹般地到达了南乔治亚岛的南岸,因风浪太大,"加兰号"无法靠岸,他们不得不在一会儿像升上天空,一会儿又好像沉入谷底的救生艇上苦熬一个晚上。

但是捕鲸站设在南乔治亚岛的北岸,几个面带冰碴,手脚几乎麻木的人在沙克尔顿的带领下,仅靠一根绳索,两把冰镐,在留下两个体弱的队员后,奇迹般地横越了 42 千米被认为是飞鸟难渡的冰川,于 1916 年 5 月 20 日下午 3 点准确抵达了北岸的达史当尼斯捕鲸站。

捕鲸站站长目瞪口呆地望着 3 个似乎是从天而降似人又似鬼的物体发问:你们是谁?

走在最前面的人开口说话:我是沙克尔顿。

深知此行并坚信"坚毅号"已无任何生还希望的捕鲸站站长,一个壮如铁塔般的汉子闻言转身掩面而泣。

5 月 23 日,尚未恢复的沙克尔顿急不可待地在接到留在南乔治亚岛的队员后又借了一艘捕鲸船开往大象岛去营救他留在那里的 23 名船员。所有的人都劝他,留在捕鲸站休息,由别人前往营救,但沙克尔顿坚决不同意,他说他一定亲自去,因为出发前他答应过他们的。

因风浪过大,前三次营救均告失败。8 月 30 日,当第 4 次出发的营救船终于靠近大象岛时,心情激动的沙克尔顿两眼直盯着前方,当隐约有人影可辨时,沙克尔顿便急着清点人数:1、2、3、4……23。

"他们全都在,全都在那里!!"

沙克尔顿因狂喜而泣,回头向营救船上的人反复大喊。他终于如约接走了留在大象岛上的 23 名船员。

事后有人问及这些船员,是什么样的力量让他们在枯坐干等中支撑了那么长时间,其中一个船员说:"我们坚信沙克尔顿一定能成功,他有这个能力。如果万一他失败了,我也坚信他尽力了……"这位船员的话与那张根本没打开的字条出奇地相似。问及那位收存字条的船员,为什么超出预定时间那么久之后仍未打开字条,他说:"因为我和剩余的所有船员都相信沙克尔顿会成功,他不会丢下我们不管……"

从 1914 年 8 月 1 日起航,到 1916 年 8 月 30 日救出所有队员,这场

沙克尔顿之墓地在南乔治亚岛上
的前捕鲸站附近

被永远载入史册的航行与绝处逢生的故事共历时两年零 1 个月。

对于原来探险南极的计划来说，这是一次失败的旅行，但却成为人类历史上英勇和顽强斗志的典范，虽历时久远，但在朝不保夕、生存希望几乎是零的情况下，沙克尔顿临危不惧的坚毅与诚信，沙克尔顿保持队员士气、维系团队精神的领袖特质，仍是当今社会尤为需要学习的榜样。

为表彰沙克尔顿爵士对南极探险事业的贡献，英国、美国、法国、新西兰、澳大利亚等国南极探险组织都以他姓氏命名了不少地名，如沙克尔顿海岸（南纬 82°，东经 162°）、沙克尔顿湾（南纬 82° 19′，东经 164°）、沙克尔顿冰架（南纬 66°，东经 100°）、沙克尔顿岭（南纬 80°40′，西经 26°）、沙克尔顿岛（南纬 65°13′，西经 63°56′）和沙克尔顿冰瀑（南纬 85°08′，东经 164°）。

9. 找到南磁点

南极的英雄探险时代是从 19 世纪末到 20 世纪初。这个时期，澳大利亚探险家道格拉斯·莫森（Sir Douglas Mawson，1882～1958），最先找到南磁极。

1909 年，莫森找到其他人几经努力都没能找到的南磁点的具体位置，并且测定它当时的位置是南纬 72° 25′、东经 155°16′。

1912 年，莫森和两个伙伴在南极海岸

莫森

探索自然丛书

探
索
自
然
丛
书

考察。当他们行进在崎岖不平的冰原时，同伴宁巴斯连人带雪橇突然掉进了巨大的冰裂缝，顿时埋葬在无底深渊。不幸接踵而至，由于装在雪橇上的食品也被冰裂缝吞掉，食物短缺，莫森和另一个同伴梅尔茨只好靠吃狗肉维持生命，谁料梅尔茨因吃了狗肝中毒而死，孤身一人的莫森在茫茫冰原上跋涉了一个多月。当死神的阴影不时掠过他的头顶时，莫森咬紧牙关，以惊人的毅力，在冰原上爬行了 140 千米，才侥幸拣回了一条命。

后来，莫森成为了澳大利亚南极考察队的主要负责人。他在这个世界上最高纬度、最干燥、最寒冷的大陆工作中必须时常同死亡作斗争，也曾经为了他的科学研究工作几乎付出宝贵的生命。然而道格拉斯·莫森也向世人证明了他是一名澳大利亚最伟大的英雄，后人为了铭记莫森作出的贡献，将澳大利亚的一个南极考察站，命名为"莫森站"。

南磁点

南磁点（South Magnetic Pole）是指南针所指之点，是地磁束最密，地磁场最强的南地磁极点，现位于面向澳洲之南极大陆海岸附近的联邦海湾海底。

他在 1907 年 11 月，第一个找到了南磁点。后来，他亲自组织和领导了 2 支南极探险队，进行了大量的考察，并第一次在南极大陆使用无线电波通讯。如今屹立在南极大陆上的澳大利亚莫森站，就是为了纪念这位探险家而以他的名字命名的。

整个地球是个"大磁球"，在其南北两端之"地磁南、北极点"，地球内部除最中心部分为固态外，它由绝大部分液态且极高温的矿物核心所组成，而无法被磁化成具有"强度固定的永久地磁"。它们除了均是动态之外，又均以不同的步调在活动着，使得合成后之地球的"主地磁场"

亦产生动态变化。另地球外部地壳厚度有别,加上其中较低温、会被永久磁化的矿物结构又各处不同,因而导致地球表面各处"次地磁场"强弱不同。由"主、次地磁场"合成之后,便在地球南北两极出现分别取代原"地磁南、北极点"而具有地磁束最密、地磁场最强,并且会动态移位的南、北地磁点"南磁点"与"北磁点"。它们分别为吸引指南针与指北针之点,且每年会移位约 10～15 千米。另一个来自随时在变化的太阳风之复杂影响,使得南磁点的地磁强度及位置每天、甚至每分每秒都有小幅度的动态变化。

南磁点标志

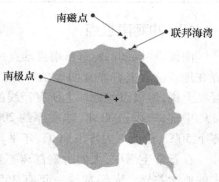

南磁点位置示意图

莫森(中)、宁巴斯(右)、梅尔茨(左)

南磁点之位置

年 份	位 置	
1909	南纬 72°24′	东经 155°18′
1986	南纬 65°42.5′	东经 138°48.1′
1990	南纬 64°8′	东经 138°8′
1993	南纬 64°20′	东经 139°10′
1996	南纬 65°	东经 139°

10. 冲刺南极点

南极点(South Pole)指南极轴点——即地球自转的南轴心点。南极点在地理位置上有非常明显的特征。从纬度上说,南极点是南纬 90°;经度上说,南极点是地球上所有经线的南端汇聚点。南极点位于南极大陆的中部,海拔 3800 米,冰层厚约 2000 米,气候非常恶劣,年平均气温零下 50℃,最低气温零下 80℃,年平均降水量仅为 30 毫米。

在日常生活中,人们时刻都离不开的时间和方向,在南极点有非常大的概念差异。人们常说一年有 365 个日日夜夜,但到了南极点,365个日日夜夜就变成了一个白天和一个黑夜,因为在南极的冬季,南极点半年见不到太阳,是"一整个"黑夜;而到夏季,半年太阳永不落,是"一整个"白天。

在南极点没有时间的正误,谁都可以说自己的表是绝对准确的。因为时间是由连接南极和北极的子午线决定的,而南极点是所有子午线的交汇点,因而,你只要说自己的表是随意选择的子午时间,就永远正确。

人站在南极点,无论他朝那个方向走,都是向北。在这里,谁都不会"找不着北的"。

最先到达这一神奇地方的人就是挪威极地探险家阿蒙森。

阿蒙森(Roald Amundsen,1872 ~ 1928)在探险史上获得了两个"第一":第一个航行于西北航道;第一个到达南极点。

1903 年 6 月,阿蒙森的探险队开始远航寻找西北航道。整队人马在深入北极圈的威廉王岛上安营扎寨,度过了两个冬季,并在马更些岛上又度过了一个冬季。他们于 1906 年 9 月完成了到达太平洋的航行。

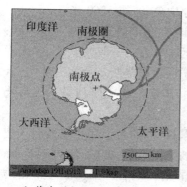

阿蒙森的探险队探险路线图

阿蒙森在南极享受来之不易的休息

　　1910年6月另一位探险家弗里乔夫·南森乘"前进号"从挪威出发,1911年1月3日到达南极大陆的鲸湾。

　　阿蒙森所率领的探险队是1910年6月由挪威首都奥斯陆启程的,于1911年1月14日抵达鲸湾。充分做好一切准备后,10月份即向南极

进发。他的探险队效法因纽特人冰雪中旅行的经验,带了许多狗和雪橇。当轮船被冻结时,就利用狗拉雪橇,在冰天雪地里快速前进;当干粮吃光的时候,便杀那些体力透支的狗充饥。

　　1911 年 10 月 19 日,在度过极地的冬天之后,阿蒙森和 4 名考察队员,驾着由 52 只因纽特狗拉的 4 副雪橇,向南极点进发。考察队坚持做气象和

1911 年 12 月 14 日阿蒙森捷足先登,到达南极点。成为人类征服史上首位到达南极点的探险家

地磁记录及观测南极光。途中他们历经艰险,遭遇了无数次暴风雪的袭击,穿越了险恶的冰缝区,并数次攀登翻越几十米高的冰崖,他们在地球的最南端生活了 3 天,进行了连续 24 小时的太阳观测,确定出南极点的

位置。南极点地处暴风雪席卷荒漠的高原中央,海拔 3360 米。

无疑,这是一个伟大的历史时刻,是时空交汇处矗立的一座丰碑:1911 年 12 月 14 日,在冰天雪地的南极大陆中心——南极点处,挪威人阿蒙森和同伴将人类的第一面旗帜插在了这块白茫茫一片的雪地中心。

1928 年,在另一次北极上空的飞行中,诺毕尔的飞艇与另一飞行物相撞失事,阿蒙森则在寻找诺毕尔的过程中失踪。

阿蒙森成功的南极点之行为全世界瞩目,他的名字和业绩被载入史册。为表彰阿蒙森对南极探险活动作出的杰出贡献,挪威、澳大利亚、新西兰等国南极考察队都有以其姓氏命名的南极地名。如玛丽·伯德地岸外的边缘海阿蒙森海、阿蒙森海岸(南纬 85°30′,西经 162°)、阿蒙森湾(南纬 66°55′,东经 50°)、阿蒙森冰川(南纬 83°35′,西经 159°)、阿蒙森山(南纬 67°14′,西经 100°45′)。为纪念世界上最早两位征服南极点的探险家,美国 1957 年在南极点建成的常年科考站命名为阿蒙森—斯科特站。这个站原来建在南极点,由于冰层以每年 10 米速度向南美洲方向移动,为此考察站现在的实际位置已经偏离南极点了。

11. 壮志未酬的斯科特

罗伯特·福尔肯·斯科特(Scott Robert Falcon,1868～1912)是一位英国海军军官。他未能实现自己第一个到达南极的壮志。他的竞争对手罗阿尔德·阿蒙森抢先一个月到达那里。

1901 年 8 月,英国极地探险家斯科特率领“发现号”离开英国,开始第一次远征南极。斯科特于 1902 年到达南纬 82°17′,创造当时的世界纪录。

创造了挺进南纬 82°17′的记录后,斯科特从上尉晋升为中校,回到英国著书立说并娶了雕刻家凯思琳·布鲁斯小姐。当得知小他 13 岁的娇妻有了身孕时,他急切地希望通过征服极点来尽快晋升为将军。这时,他获悉自己原来的部属沙克尔顿于 1909 年到达南纬 88°23′的地方,离南极点只有 180 千米。他十分着急,将人生再上一个台阶的所有希望,都寄托在对南极点的征服上。

1910 年 6 月,斯科特率领一支由 7 名军官、12 名科技人员、14 名海军士兵组成的庞大的南极探险队,开始了他的极点之行。10 月中旬他到达墨尔本时，接到了挪威探险家阿蒙森的电报："我正去南极。"但他不以为然。1911年2月26日他和他的探险队历尽千辛万苦到达南纬80°的安全营地时，得知阿蒙森已到鲸湾，比他先行了96千米。对他们来说是非常严重的威胁，这使他焦虑起来。此刻他才发现，他使用马拉雪橇比起阿蒙森使用狗拉雪橇来，要处于劣势，因为在积雪深的地方，马肚要碰到冰面，行动极为困难。而狗则更耐寒，又擅长于在雪地上奔跑，身体也不会陷那么深，而且来年还可以在更早的时候出发。当1911年11月15日他们到达81°31′S的营地时，阿蒙森已在85°S处建立了基地。

"发现号"被困在南极的浮冰中
（威尔逊绘）

1912年1月4日，斯科特选定了最后冲刺极点的其他四人：鲍尔斯、威尔逊、埃文思、奥茨。其中身材瘦小的医生威尔逊的入选显然是斯科特感情用事的结果。第二天，他们穿过沙克尔顿创造的最南纪录。在这里，斯科特知道，要么到不了南极点，就是到了南极点，也可能回不来。因为这时鲍尔斯伤寒严重，埃文思怕失去机会而隐瞒了手上的一个小伤口，已开始腐烂。

在距离极点48千米的地方，他们设立了最后一个仓库，带着四天的食品供他们完成对96千米往返路程的冲刺。斯科特深知这几乎没有留下任何余地，有点铤而走险。

斯科特日记中写到："在1月16日，当他们行进到距离南极点只有几千米时，我们向前望去，看到了远处有一个黑点……我们走近一看，这个黑点原来是系在雪橇上的一面发黑的挪威国旗，附近留下许多残物，有雪橇滑行的痕迹……这是一次毁灭性的打击！……我们的全部理想都破灭了……"

斯科特在南极

1911 年 11 月,斯科特在向南极进发前,在南极洲罗斯岛伊文斯角的棚舍里写日记

在南极点的一顶帐篷里,斯科特看到了阿蒙森给他的便条和一封托他转交挪威国王的信。他们垂头丧气地升起了"可怜的被人欺辱的英国国旗","度过了可怕的一天……上帝啊! 这是一个多么可怕的地方!"

1 月 18 日,他们开始返回,"别了,黄金般的梦想!"

"1 月 31 日,走了 24 千米,埃文思的指甲掉了两个。奥茨的脚趾大多变黑。"

"2 月 5 日,走了 29 千米,埃文思掉了三个手指甲,鼻子开始化脓。"

"2 月 17 日 12 时 30 分,埃文思在昏迷中死去。"

"3 月 17 日清晨,奥茨说着:我走了! 走了! 迈着冻伤的双脚蹒跚进入暴风雪中……他通过自我牺牲帮助同伴减轻压力。"

"3 月 21 日,他们离下一个救命的仓库只有 17 千米了,但暴风雪令他们无法走出帐篷。他们没有燃料了。一天,两天,三天……刮到第八天还没停。"

29 日,斯科特写道:"悲惨的结局马上就会到来……恐怕我已经不能再写日记了——罗伯特·福尔肯·斯科特。"

日记上的最后一句话是:"看在上帝的面上,请务必照顾好我们的家人。"

区区 17 千米的路程,将斯科特们挡在了生命线外。

　　8 个月后的 10 月 28 日,南极夏天刚刚到来,阿特金森就率领一支搜索队出发。11 月 19 日,他们在距"一吨营地"17 千米处发现了斯科特他们的三具尸体,还有他们历尽千辛万苦采集的 16 千克重的珍贵地质标本,以及那些用生命写下的日记。

　　斯科特的那些书信写得非常感人。死亡在即,信中却没有丝毫悲哀绝望的情意,仿佛信中也渗透着那没有生命的天空下清澈的空气。那些信是写给他认识的人的,也是说给全人类听的;那些信是写给那个时代的,但说的话却是千古永垂的。

　　他给自己的妻子写信。他提醒她要照看好他的最宝贵的遗产——儿子,他关照她最主要的是不要让儿子懒散。他在完成世界历史上最崇高的业绩之一的最后竟作了这样的自白:"你是知道的,我不得不强迫自己有所追求——因为我总是喜欢懒散。"在他行将死去的时刻,他仍然为自己的这次决定感到光荣而不是感到遗憾。"关于这次远征的一切,我能告诉你什么呢?它比舒舒服服地坐在家里不知要好多少!"

　　他怀着最诚挚的友情给那几个同他自己一起罹难的伙伴们的妻子和母亲写信,为他们的英勇精神作证。尽管他自己即将死去,他却以坚强的、超人的感情——因为他觉得这样死去是值得纪念的,这样的时刻是伟大的——去安慰那几个伙伴的遗属。

　　他给他的朋友写信。他谈到自己时非常谦逊,但谈到整个民族时却充满无比的自豪,他说,在这样的时刻,他为自己是这个民族的儿子——一个称得上儿子的人而感到欢欣鼓舞。他写道:"我不知道,我算不算是一个伟大的发现者。但是我们的结局将证明,我们民族还没有丧失那种勇敢精神和忍耐力量。"他在临死时还对朋友作了友好的表白,这是他在一生中由于男性的倔强而没有说出口的话。他在给他的最好的朋友的信中写道:"在我一生中,我还从未遇到过一个像您这样令我钦佩和爱戴的人,可是我却从未向您表示过,您的友谊对我来说意味着什么,因为您有许多可以给我,而我却没有什么可以给您。"

　　他最后的也是最精彩的一封信是写给他的祖国的。他认为有必要说明,在这场争取英国荣誉的搏斗中他虽然失败了,但却无个人的过错。他一一列举了使他遭到失败的种种意外事件,同时用那种死者特有的无

探
索
自
然
丛
书

这幅《一位英勇的绅士》油画描绘的是极地探险队员奥茨。1912 年，英国极地探险队到达南极点，在返回途中，严重冻伤的奥茨决定宁愿自己冻死，也不愿拖累同伴前进，而步入暴风雪中

比悲怆的声音，恳切地呼吁所有的英国人不要抛弃他的遗属。他最后想到的仍然不是他的命运。他写的最后一句话讲的不是关于自己的死，而是关于活着的他人："看在上帝面上，务请照顾我们的家人!"以下便是几页空白的信纸。

人们知晓斯科特最后一次探险的详情，因为他的日记记到了最后一天。1912 年 11 月，一支搜寻队在距一个食品补给站仅 17 千米处发现了这本日记以及斯科特等 3 人的尸体。3 人的尸体被就地掩埋。如今他们仍长眠于构筑在他们最后安息地上的圆锥形石堆下。但奥茨的尸体始终未被找到。

从存留下来的日记可以看出，斯科特施行的计划确实过于简陋，许多环节存在纰漏，在尚未具备基本装备的情况下，贸然到南极探险。然而，人们永远不会忘记斯科特、威尔逊、奥茨、鲍尔斯和伊文斯的英雄主义精神和顽强意志。

威尔逊在离死神只有寸步之遥的时候，仍坚持科学观察，并拖着 16 千克的珍贵岩石样品! 不幸的奥茨先是要求给他吗啡，以图尽快结束自己，其他队员坚决拒绝了他的要求；第二天，他独自走向了帐篷外的茫茫风雪。最后斯科特海军上校极其冷静地将日记记录到他生命的最后一息，直到他的手指完全冻僵，笔从手中滑下来为止。这样的情节，相信会感动所有的人!

在他们之前，探险南极的行动一直未中断过。从 1772 年库克船长扬帆南下到 19 世纪末，这个被称为"帆船时代"的时期，先后有多位探险家驾帆船去寻找南方大陆，但最终。他们只是接近了南极海岸。深入南极腹地探险的行动，只是到了阿蒙森和斯科特两人才宣告成功。

在罗斯岛上斯科特探险队当年建立的营地木屋，仍然完好地保存着。那里有斯科特他们用过的衣服、炊具、机械和各种食物。这个名叫"斯科特窝棚"的遗迹,已经成为南极的博物馆,许多科学家来到罗斯岛的南极第一城——麦克默多站,都要到这里瞻仰一番。

2002年2月7日英国的安妮公主登上南极大陆,以纪念斯科特南极探险100周年。

[附]斯科特海军上校日记片断

1月27日,星期六

上午我们是在暴风雪肆虐的雪沟里穿行。该死的雪拱起一道道的波浪,看上去就像一片起伏汹涌的大海。威尔逊和我穿着滑雪板在前边开路,其余的人步行。寻找路径是一件艰巨异常的工作……我们的睡袋湿了,尽管湿得不算太快,但的的确确是在越来越湿。我们渐渐感到越来越饿,如果再吃些东西,尤其是午饭再多吃一点,那将会很有好处。要想尽快赶到下一个补给站,我们就得再稍微走快一些。下一个补给站离我们不到60英里,我们还有整整一星期的粮食。但是不到补给站,就别指望真正地饱餐一顿。要走很长的路,然而,这段路程又无比艰辛。

2月1日,星期四

一天大部分时间都在艰苦跋涉。用4小时45分走完了8英里。晚上8点我们还在走。我们只在12月29日才草草吃过一次午饭,当时离开补给站才一星期。按一天三顿计算,我们手里还有8天的粮食,到达下一站应该是没什么问题的。埃文斯的手指头现在情况很糟,掉了两个指甲。是冻伤。

2月17日,星期六

今天情形很坏。埃文斯睡足一觉以后显得好些了。他像往常一样说自己一切正常。他还是走在原来的位置上,但半小时后他弄掉了滑雪板,不得不离开雪橇。路面情况极为恶劣。后来我们停了大约1小时,埃文斯跟了上来,但走得很慢。半个小时后他的鞋又丢了,我们站在纪念碑岩半腰眺望埃文斯,后来又扎下帐篷吃午饭。饭后埃文斯还是没露面,我们四处张望,看见他在离我们很远的地方。这下我们警觉起来,四个人一齐往回滑去。我第一个来到这个可怜的人身边,被他的样子惊呆了。他跪在雪地上,衣装不整,手套没了,手上结满了冰凌。他眼里射出疯狂的目光。我问他出了什么事,他慢慢地说他也不知道,只说他觉得

探索自然丛书

自己一定是昏过去了。我们扶他站了起来,走了两三步他又倒了下去。他完全被冻僵了。威尔逊、鲍尔斯和我回去拖雪橇,奥茨留在原地照顾他。我们回来的时候,埃文斯失去了知觉。我们把他抬进帐篷后,他依旧不省人事。午夜12点30分,他平静地死去了。

2月22日,星期三

不用说,我们命定要经历归途中最严峻的时刻了。今天出发以后不久,东南风变得异常猛烈,风狂扫着地面。我们马上失去了本来就模糊难辨的路标。午饭时根本没见到期望中的圆锥形石头路标……但这些倒霉事并没让我们心灰意懒,这的确应该记录下来。晚上,我们喝了一顿马肉做的浓汤,美味可口,真叫人气力倍增、精神振奋……

2月26日,星期日

现在是夜间,冷极了。我们双脚冰凉地出发了,因为白天穿的鞋袜根本没有晾干。我们谨慎地消耗着食粮,但我们的食物还应当再多一点才够用。我巴望着下一个补给站,现在离我们只有50英里。到了那里,我们就能够带足补给,继续前边的路程了。

12. 南极探险进入航空考察时代

在两次世界大战之间,人类把航空技术应用于南极考察,飞机的使用大大提高了南极考察水平。

阿蒙森1925年乘坐"N25号"水上飞机

阿蒙森在成功的打通"西北航道"和达到南极点后,对于像阿蒙森这样的探险天才已经不存在挑战了。然而他还想做一件事情:在空中探索北冰洋。他和探险队于1925年乘坐"N25号"和"N26号"水上飞机冒险远征。飞机在北纬88°被迫在冰上着陆。但探险队成功地使其中一架飞机重新起飞,于三星期后返回斯瓦尔巴德群岛。

1928～1929 年,澳大利亚赫伯特·威尔金斯(Sir Hubert Wilkins,1888～1958)和飞行员艾尔森第一次从欺骗岛起飞,在南极半岛地区进行了长距离飞行,从空中观察和拍摄航空照片,从而揭开了航空考察时代的序幕。

他于 1928 年 11 月 26 日从迪塞普申岛起飞,沿着南极洲半岛的东岸飞抵 70°S 处,飞越南极半岛,他继续向南飞行直到位于威尔金斯海岸中段的斯特凡松海峡和赫斯特岛。这是首次在南极半岛上进行了长距离的飞行。1929 年他再度领航探险南极洲,绘制了沙尔科岛的轮廓图,并飞达南极洲的西部。

飞机的发明和投入使用为南极的探险开辟了一个新纪元。威尔金斯成为驾机从事南极洲探险的第一人。

不久,美国南极探险队队长理查德·伯德(Admiral Richard E. Byrd,1888～1957)成为世界上第一位驾机飞越南极点上空的探险家,此后他多次组织考察队到南极大陆进行考察,并对西南极和南极半岛进行过大规模的航空摄影,使南极的科学考察一跃进入航空时代。

1933 年理查德·伯德从小亚美利加站飞往南极半岛的上

威尔金斯

空发现一地区,伯德以其爱妻姓氏命名为玛丽·伯德地。罗斯海中的罗斯福岛也是伯德于 1934 年发现,以当时在位的美国总统富兰克林·罗斯福姓氏命名。而瑟斯顿岛(72°06′S,99°W)是伯德于 1940 年 2 月 27 日一次飞行中发现的,为感谢纽约纺织工业商、探险队赞助商哈里斯·瑟斯顿的慷慨资助,伯德遂以其姓氏命名之。

伯德　　　　　　　飞越南极点前的伯德

　　1928～1930 年间,伯德在惠尔湾内建立了小型基地。1929 年 11 月 18 日、19 日,由伯德率领巴尔钦等人,首次飞入南极内陆,抵达南极高原,环绕南极点飞行,从飞机上拍摄了南极洲大约 9 万平方千米的区域,看到了以前未曾发现过的山区,成为首次飞越南极点的空中探险。

　　1929 年 11 月 29 日伯德用无线电报告:他首次驾驶飞机越过南极。

　　1936～1937 年,挪威籍的克里斯腾森(Leonard Kristensen)、米克尔森(Michelsen)多次领导探险队在南极洲探险飞行。在 1934～1935 年夏季的探险中,他们发现了英格丽德·克里斯腾森海岸,并进行了航空测量。1935 年 2 月,米克尔森夫人随挪威探险队一起在英格丽德·克里斯腾森海岸登陆,并成为登上南极大陆的第一位女性。1936 年 2 月 4 日,克里斯腾森夫人在航空探险中,发现了哈拉尔王子海岸。挪威在这一系列的探险活动中,发现了 3600 千米长的南极海岸线,航空测量了 8 万平方千米的南极大陆。他们除进行了三次登陆外,还从飞机上向多个地点投下了挪威国旗。

　　1933～1939 年,美国的埃尔斯沃思(Lincoln Ellsworth,1880～1951)探险家、工程师,生于芝加哥,曾就读于耶鲁大学和哥伦比亚大学。1924 年他率领地质探险队去秘鲁翻越安第斯山脉到达了亚马孙河的发源地。1925 年与挪威探险家罗尔德·阿蒙森试图飞越北极,但没有成功。次年,他和阿蒙森及意大利探险家昂伯特·诺比莱从斯匹次卑尔根群岛飞抵阿拉斯加的特勒,成为第一批飞越北极地区的探险家。他还支持澳大利亚的休伯特·威尔金斯爵士用冰下潜艇对北极盆地进行探测,虽遭失败,但为20世纪60年代潜艇探测工作奠定了基础。1935年他从南极半岛到罗斯海第一次成功飞越南极。美国国会为此授予他一枚金质奖章。

1935～1939年他从事对南极地区的探测工作。1951年5月26日逝世于纽约。美国地质学会根据他从空中拍摄的照片制作的地图包括地面面积100万平方千米。埃尔斯沃思是对极地进行空中探测的最伟大的先驱者之一,他的探测方法至今仍被广为应用。

1935年,他完成了横越南极大陆的

埃尔斯沃思

飞行,他从南极半岛顶端的邓迪岛起飞,直达惠尔湾东南26千米处,共飞行了22天,航程长达3700千米,先后着陆4次。埃尔斯沃思的探险,证实了飞机可以在南极大陆进行多种项目的考察作业,并可代替长距离的雪橇旅行考察,他在飞行中发现了森蒂纳尔岭和霍利克—凯尼恩高原,并将东经80°和西经120°之间的906万平方千米的陆地宣布为美国所有。1938～1939年,他又驾机在东经80°的地区飞行了438千米,为美国要求了约20万平方千米的陆地,并把这一地区命名为美国高地。

1938～1939年,由里彻领导的德国探险队飞入毛德皇后地,对35万平方千米的陆地进行了航空摄影,利用照相和观察手段对60万平方千米的地区进行了空中侦察。他共飞行1.2万千米,每隔25千米投下一面德国国旗,并将东经21°与西经12°之间新发现的陆地绘制成图。

1939～1941年,由伯德率领的美国南极勤务队,主要从事空中勘察,以及继续进行早期的科学计划,他们在惠尔湾建立了西基地,在斯托宁顿岛建立了东基地。他们从东西基地进行了远距离的航空测量,三次飞过阿蒙森海中的大块浮冰,确定了埃尔斯沃思高地和沃尔格林海岸的位置。他们沿着威德尔海岸向南飞行,超过了威尔金斯1928年沿威德尔海海岸飞行最南的地点402千米。雪橇队用84天的时间行走了2027

千米,到达了西南面的乔治六世洼地、威德尔海西南沿岸和罗斯湾。同时勘探了804.6千米大陆的新海岸,证实了亚历山大地确为一岛屿。

美国考察队还装备了一辆名叫"雪上旅行者"的特大汽车,车身长达17米,前轮高达3米,有可容纳4个队员居住的床位,建有一个暗室和一个实验室,在它的车顶上还能停一架飞机。这是第一个在南极洲的活动基地。可是,它的命运同其他设计师设计的众多的"征服"南极的交通工具一样,"雪上旅行者"也失败了,队员们用了九牛二虎之力,花了一个星期才将这个庞然大物运到西基地,但不能使用,仅执行了一次任务就被抛弃了。

"跳高行动"中使用的美国海军飞机

这一时期,英国、澳大利亚、新西兰、挪威、德国等都投入了以航测为目标的考察。英国人在阿根廷岛、罗斯湾等地都建立了基地。这期间,由于飞机的广泛使用,为了保障航空的需要,各国南极基地进入了一个新的发展时期,许多站都有了简易冰上飞行跑道。航空煤油、汽油储存系统,导航指挥系统,气象预报系统,无线电通讯系统相继建立起来。

第二次世界大战期间,各国南极考察计划被迫中断,当时仅有英国、阿根廷和智利等少数国家进行过几次考察,建立了一些基地。这个时期,开始用定期更换考察站上的工作人员的办法来坚持常年基地的研究工作。

自第二次世界大战结束后开始之冷战时代,美国先于1946年,直接将南极大陆当作军事演习之训练场所,进行了其"跳高行动"。美国1946～1947年的"跳高行动"计划(Operation High Jump 简写 USN OpHjp),派出舰船13艘,出动各种飞机26架,参加人员达4700名。在南极水域停留的近40天的时间里,他们从惠尔湾内的小美洲基地,向南、向东飞行。用两架水上飞机沿着南极大陆周围飞行,所到之地除了南极洲半岛和威德尔海的海岸外,几乎包括了全部的南极大陆海岸。对

美国探险家龙尼

南极沿岸的 60% 进行了观察和摄影，航空摄影 1.5 万千米，在 64 次飞行中拍摄照片 7 万张，确定了 18 座山的地理位置，设下了 68 个主权要求标记。

1946～1948 年，美国探险家龙尼（Finn Ronne，1899～1980）曾 9 次进入南极洲。龙尼南极考察探险队的 3 架飞机飞行了 346 小时，着陆 86 次，拍摄了 1.4 万张航空照片，新发现了 13 个地区，共 10359960 平方千米的陆地，证实了南极洲确为一大陆。他在威德尔海南部发现的高地，排除了"大陆在此为海峡所分"的说法。

1949～1952 年，由挪威、瑞典、英国所组成的探险队，冬季在 10°W 的毛德皇后地从事科学研究，他们用地震法探测的冰层厚度为 274～2271 米，还用飞机沿海岸探测飞行 804 千米。

13. 南极探险进入科学考察时代

20 世纪初，英国、联邦德国、瑞典、阿根廷、法国、日本、挪威等许多国家的探险家、科学家纷纷到南极进行考察，建立了许多基地。这些早期的基地，是现代科学考察站的前身。它们大多建在南极大陆沿岸和海岛上，设备十分简陋，大多是就地取材，用石头垒起防风墙，用木板钉起房屋。主要目的是为越冬队员提供栖身之地，储备食品、燃料，存放从野外考察采集到的标本。

最早建立的科学考察站是阿根廷奥卡达斯站，位于南奥克尼群岛苏里岛的斯科舍湾畔。地理坐标

阿根廷奥卡达斯站

探索自然丛书

为 60°45′S、44°34′W。1902 年由布鲁斯领导的苏格兰考察队,首先在南奥克尼群岛建立了气象观测站,布鲁斯于 1904 年把观测站转给了阿根廷政府。阿根廷于 1904 年 2 月 22 日在此建站。站内设有无线电通讯设备。奥卡达斯是由英语奥克尼(Orkney)的西班牙语拼写的。因南奥克尼群岛为英国和阿根廷的争议地区,因此阿根廷在此建站,采用西班牙语的站名。

澳大利亚莫森站

南极大陆上的第一个常年科学考察站是澳大利亚的莫森站(Mawsonstation),也是南极圈以南开放时间最长的考察站,莫森站位于莫森海岸的霍尔姆湾畔。地理坐标为 67°36′S、62°53′E。澳大利亚于 1954 年 2 月 13 日建立。该站有两条飞机跑道和无线电通讯设备。澳大利亚政府为了表彰澳大利亚探险队队长道格拉斯·莫森博士在南极探险所取得的功绩,封他为爵士,并将所建的考察站以其姓氏命名。

其他主要常年考察站如下:

长城站(中):位于南设得兰群岛的乔治王岛的菲尔德斯半岛南端。地理坐标为 62°12′S、58°57′W。1985 年 2 月 20 日中国首次南极考察队所建。现有永久性建筑 2000 多平方米,包括主楼、宿舍楼、发电楼、科研楼、文体医疗楼、气象楼、通讯楼、油库、污水处理站、库仓等。长城站为常年越冬考察站,度夏 40 人,越冬 20 人左右,进行电离层、气象、地磁、高层大气物理等常规观测,开展地质、冰川、地貌、生物、人体医学等学科的考察与研究。长城站以世界著名的中国万里长城命名。

中山站(中):位于东南极大陆拉兹曼丘陵地区。地理坐标为 69°22′S、76°22′E。1989 年 2 月 20 日建成。现有各类建筑 8 栋,2400 多平方米,是中国建在南极大陆的唯一常年科学考察站。度夏 60 人,越冬

20 人左右。进行电离层、气象、地磁、高层大气物理、环境等学科的常年观测,开展地质、冰川、地貌等多学科研究。中山站是中国进行南极大陆考察的前进基地。它以中国民主主义革命的伟大先行者孙中山先生的名字命名。

阿蒙森—斯科特站(美 Amundsen – Scott): 位于南极点,海拔 2900 米。地理坐标为 90°S。1957 年 1 月 23 日建成。越冬有 30 多人在那里工作。有 4270 米长的飞机跑道和无线电通讯设备,呼叫号"NPX"。是常年科学考察站,以世界上最早征服南极点的两位著名探险家,即挪威的阿蒙森和英国的斯科特的名字命名。由于冰层移动,该站的实际位置已偏离南极点。

阿蒙森—斯科特站

麦克默多站(美 Mc Murdo): 位于罗斯海的麦克默多海峡畔,海拔 31 米。地理坐标为 77°51′S、166°37′E。1956 年 2 月 16 日建站。考察站设备先进,有发电站和无线电通讯设备,呼叫号"NGD"。麦克默多为常年考察站,以 1841 年罗斯率领的"恐怖号"船上的阿奇博尔德·麦克默多海军上尉的姓氏命名。

伯德站(美 Byrd): 位于伯德地,海拔 1500 米。地理坐标为 80°01′S、119°31′W。1962 年 2 月 13 日建站。有 4270 米长的飞机跑道和无线电通讯设备,呼叫号"NBY"。为纪念美国 20 世纪极地探险家、首次驾机飞越南极点的理查德·伯德海军少将在南极考察所取得的功绩,此站以其姓氏命名。

帕尔默站(美 Palmer): 位于昂韦尔岛上。地理坐标为 64°46′S、64°05′W。于 1965 年 2 月 25 日建站。站内设有无线电通讯设备,呼叫号"NGH"。以美国南极探险家、"英雄号"船长纳撒尼尔·帕尔默(1799 ~ 1877)的姓氏命名。

赛普尔站(美 Siple): 位于埃尔斯沃思地,海拔 1127 米。地理坐标为 75°56′S、84°15′W。1969 年建站。站内有无线电通讯设备,呼叫号"SIPLE"。该站为常年考察站。以全国竞选童子军的获胜者,随伯德到

探
索
自
然
丛
书

别林斯高晋站

南极洲考察的保罗·赛普尔的姓氏命名。

别林斯高晋站(俄 Bellingshausen)：位于南极洲南设得兰群岛的乔治王岛。地理坐标为 62°12′S、58°58′W。于 1968 年建立。此站以俄国航海家、极地探险家别林斯高晋海军上将的姓氏命名。别林斯高晋领导俄国第一支南极探险队，乘"东方号"和"和平号"单桅船，于 1819～1821 年赴南极探险，1820 年 1 月发现南极洲一些岛屿。

新拉扎列夫站(俄 Novolazarevskaya)：位于毛德皇后地，距拉扎列夫海岸 80 千米。地理坐标为 70°46′S、110°50′E。是苏联于 1961 年 2 月建立的极地考察站。站内设有无线电通讯设备，为常年考察。1819～1821 年，与别林斯高晋一起，拉扎列夫在"和平号"单桅船上任船长，以他的姓氏命名附近的海岸为拉扎列夫海岸。新建的考察站冠以"新"字。

列宁格勒站(俄 Leningradskaya)：位于南极洲维多利地奥茨地的岩岸上。地理坐标为 69°30′S、159°23′E。1971 年 2 月建立的常年考察站，以苏联第二大城、苏联南北极研究所所在地列宁格勒命名。

青年站(俄 Molodezhnaya)：位于南极洲恩德比地西部绿洲上。地理坐标为 67°40′S、45°51′E。是苏联于 1963 年 1 月启用的气象考察站。现发展成为俄罗斯在南极洲最大的常年考察站，设有无线电通讯设备和大型机场。得名于同名的绿洲名。

东方站(俄 Voseok)：苏联建在南极大陆冰原上的一个常年科学考察站，这里测得南极隆冬的最低温度 - 89.2℃。地理坐标为 78°28′S、106°48′E。以俄国探险家别林斯高晋首次探险所乘的船名命名。

俄罗斯站(俄 Rysskaya)：地理坐标为 74°46′S、136°51′W，也是一个常年科学考察站。

和平站(俄 Mirny)：位于南极洲东部真理海岸，即玛丽皇后地。地理坐标为 66°33′S、93°01′E。该站于 1956 年 2 月为苏联所建,是俄罗斯南极考察队的主要基地。站内设有无线电通讯设备和大型机场。以俄国探险家别林斯高晋首次探险的船名命名。

进步站(俄 Progress):是苏联 1988 年建成的,位于南极大陆拉兹曼丘陵地区,是常年科学考察站,地理坐标为 69°24′S、76°24′E。

法拉第站(法 Faraday):位于南极洲格雷厄姆地的加林迪兹岛上。地理坐标为 65°15′S、64°16′W。初建于 1975 年,是个地理观察站。设有无线电通讯设备,呼叫号"AHF44"。考察站以英国著名的物理学家、现代电磁场理论创立者米·法拉第命名。

西格尼站(法 Signy):位于南奥克尼群岛一小岛上。地理坐标为 60°43′S、45°36′W。1947 年 3 月建立,设有无线电通讯设备,呼叫号"ZHF33"。以南极探险家彼得·瑟勒船长的妻子西格尼·瑟勒的名字命名。

哈雷站(法 Halley):位于南极洲哈利湾畔。地理坐标为 75°35′S、25°40′W。1956 年建立,重点研究地球物理,设有无线电通讯设备。该站所在的海湾和该站站名是以英国著名天文学家、哈雷彗星发现者哈雷的名字命名。

鸟岛站(法 Bird Island):地理坐标为 54°00′S、38°03′W。这里是考察南极洲和南大洋生物的常年科学考察站。

马阔里岛站(澳 Macquariel):位于南太平洋的马阔里岛上。地理坐标为 54°30′S、1°56′E。于 1948 年所建。站内设有无线电通讯设备。该站是以同名岛命名的,而马阔里岛得名于英国驻澳大利亚新南威尔士州总督(Lach Macquarie,1762~1824)陆军中校的姓氏。

莫森站

莫森站(俄 Mawson):位于莫森海岸的霍

尔姆湾畔。地理坐标为 67°36′S、62°53′E。于 1954 年建立。该站有两条飞机跑道和无线电通讯设备,呼叫号"VLV"。澳大利亚政府为了表彰澳大利亚探险队队长道格拉斯·莫森博士在南极探险所取得的功绩,封他为爵士,并将所建的考察站以其姓氏命名。

凯西站(澳 Casey):位于威尔克斯岛。地理坐标为 66°15′S、110°31′E。此站原为美国 1957 年 2 月 16 日所建,称为威尔克斯站。后于 1959 年 2 月 24 日转交给澳大利亚。站内有飞机跑道和无线电通讯设备。为纪念澳大利亚联邦总督洛德·凯西对南极探险事业的支持,将其考察站命名为凯西站。

戴维斯站(澳 Davis):位于南极大陆东部普里兹湾畔,海拔高度为 12 米。地理坐标为 68°35′S、77°58′E。1957 年为澳大利亚所建。1965~1969 年期间曾一度关闭。有无线电通讯设备,呼叫号"VLZ"。以参加 1911~1914 年考察南极洲的澳大利亚南极探险队"奥罗拉号"探险船戴维斯船长的名字命名。

埃斯佩兰扎站(阿 Esperanza):位于特里尼蒂半岛的霍普湾畔。地理坐标为 63°24′S、56°59′W。1952 年 12 月建成。有无线电通讯设备。此站的名称在西班牙语中意为"希望"。据说早在 1901 年,瑞典三位南极探险家被暴风雪围困于此,希望有人援救,后来果然得救,希望变成了现实。由此,阿根廷把站名命名为埃斯佩兰扎。

彼得站(阿 Petrel):位于茹安维尔群岛的邓迪岛上。地理坐标为 63°28′S、56°17′W。于 1967 年 2 月在此建站。有飞机跑道和无线电通讯设备,Petrel 在西班牙语中意为"海燕",因考察站周围有众多的海鸟,此站故得此名。

布朗海军上将站(阿 Almiante Brown):位于南极半岛西海岸帕拉代斯港湾内。地理坐标为 64°53′S、62°53′W。于 1965 年 2 月建成。设有无线电通讯设备。以阿根廷的海军上将布朗命名。

马兰比奥海军准将站(阿 Vice Conodoro Marambio):位于南极洲西摩岛上。地理坐标为 64°14′S、56°43′W。1969 年 10 月建立。有飞机跑道和无线电通讯设备。以阿根廷著名的海军准将、20 世纪曾从事南极探险活动的马兰比奥的名字命名。

贝尔格拉诺将军 2 号站(阿 General Belgrano Ⅱ):位于菲尔希纳冰

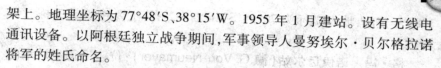

架上。地理坐标为 77°48′S、38°15′W。1955 年 1 月建站。设有无线电通讯设备。以阿根廷独立战争期间，军事领导人曼努埃尔·贝尔格拉诺将军的姓氏命名。

马廷佐中尉站（阿 Teniente Matienzo）：位于南极半岛东海岸。地理坐标为 64°58′S、60°04′W。1961 年 3 月建站。设有飞机跑道。以阿根廷南极考察队员马廷佐中尉命名。

尤巴尼站（阿 Jubany）：地理坐标为 62°14′S、58°38′W。这是建在乔治王岛上的常年科学考察站。

阿·普拉特船长站（智 Capitan A. Prat）：位于南极洲设得兰群岛的格林威治岛上。地理坐标为 62°30′S、59°41′W。1947 年建立。站名取自智利阿图罗·普拉特船长的名字。

贝尔纳多·奥希金斯将军站（智 General Bernado O Higgins）：位于南极半岛西海岸。地理坐标为 63°19′S、57°54′W。1948 年建立。考察站以智利革命领袖、国家元首贝尔纳多·奥希金斯将军的名字命名。

马尔什站（智 Marsh）：位于南设得兰群岛的乔治王岛上。地理坐标为 62°12′S、58°55′W。1969 年建立。以智利的南极考察队员马尔什中尉的名字命名。马尔什站建有机场和居民村、宾馆等。由于它处的地理位置十分重要，这里成了西南极重要的交通转运基地。

斯科特站（新 Scott）：位于罗斯海的麦克默多海峡畔。地理坐标为 77°51′S、166°45′E。1957 年建立的常年科学考察站。有无线电通讯设备。附近有历史纪念地"斯科特棚"，是英国著名的南极探险家斯科特于 1902 年在此越冬而建的营地。为此，新西兰建站时采用了斯科特的名字作为站名。

坎贝尔岛站（新 Campbell Island）：地理坐标为 52°33′S、169°09′E。位于坎贝尔岛上的常年科学考察站。

达克欣·甘戈特里站（印度 Dakshin Gangotri）：位于南极大陆的甘戈特里海岸。地理坐标为 70°45′S、11°38′E。1982 年 1 月为印度所建。甘戈特里，在印度北方邦，是恒河支流帕吉勒提河的发源地，它在印度语里意为"恒河之源"。它是印度教著名的圣地，为朝圣中心，甘戈特里在印度语中可解释为"南极的恒河之源"。

梅特里站（印度 Maitree）：该站位于甘戈特里站 80 千米的地方，

1988 年建成,地理坐标为 70°38′S、14°00′E。其主要建筑是三栋二层楼房。

格·冯·诺伊迈尔站(德 G. Von Neumayer):位于毛德皇后地的西南侧。地理坐标为 70°37′S、8°22′W。该站于 1981 年 2 月建。以诺伊迈尔教授姓名命名。他在世时曾热心组织南极考察探险活动。该站是德国的主要常年站。

迪·迪尔维尔站(法 Dumontd′Urville):位于南极洲阿德利地。地理坐标为 66°40′S、140°01′E。1956 年建立的常年科学考察站。该站现已实现了全面的自动化观测。设有无线电通讯设备,呼叫号"JGX"。为纪念法国航海家和海洋学家迪·迪尔维尔而命名。此人于 1837~1840 年率领考察队考察南极大陆,发现了迪尔维尔岛和阿德利地。

阿克托夫斯基站(波 Arctowski):位于南设得兰群岛的乔治王岛。地理坐标为 62°09′S、58°28′W。波兰在苏联和阿根廷的协助下,于 1978 年建站。设有无线电通讯设备和直升机机场。以波兰极地探险家亨利克·阿克托夫斯基的姓氏命名。此人于 1897~1899 年参加了比利时探险家德热尔拉什率领的南极探险队的考察活动。

阿蒂加斯站(乌拉圭 Artigas):地理坐标为 62°11′S、58°51′W。位于乔治王岛上柯林斯冰盖南侧。该站于 1984 年建成,以乌拉圭民族英雄阿蒂加斯的名字命名的常年科学考察站。

瑞穗站(日 Mizuho):地理坐标为 70°42′S、40°20′E。

昭和站(日 Syowa):位于毛德皇后地。地理坐标为 69°00′S、39°35′E。该站于 1957 年所建。设有无线电通讯设备。是南极洲观测极光和研究宇宙射线最佳站。此站以日本天皇裕仁的年号昭和而命名。

萨纳埃站(南非 SANAE):位于毛德皇后地。地理坐标为 70°18′S、2°22′W。1962 年为南非所建。设有无线电通讯设备。SANAE 为 South African National Antarctic Expedition 的首词缩写,意为"南非国家南极探险队"。

马里恩岛站(南非 Marion Island):位于南大洋的马里恩岛。地理坐标为 46°52′S、37°51′E。1972 年为南非所建。站名得名于同名岛名。岛名是以著名的法国南极探险家夏科的爱女马里恩的名字命名的。

费拉兹站(巴西 C. Ferraz):位于乔治王岛柯林斯冰盖一侧的费拉

兹角上,地理坐标为 62°05′S、58°24′W。是巴西南极考察队的中心基地和常年科学考察站。

世宗王站(韩国):地理坐标为 62°13′S、58°45′W。站上主要建筑有 6 栋,分别为办公楼、实验室、宿舍楼、发电房、冷库和地震地磁观测室,总面积 1387 平方米。

斯维基地(瑞典 Svea):1988 年 1 月建成。地理坐标为 74°35′S、11°13′W。

胡安·卡洛斯一世站(西班牙):1988 年 1 月建于乔治王岛南面的芬斯敦岛上,它是西班牙第一个南极科学考察站,在站上进行高层大气物理、化学、海洋生物、物理海洋、地球化学的学科考察,现在已经扩建成常年科学考察站。

14. 后来勇进的中国南极考察

纵观两极探险史,不知是地理环境的不同抑或是文化背景的差异,东方比西方整整晚了几个世纪,而在东方,日本是向两极进军最早的国家,我们中国人又比日本落后了几十年。直到 20 世纪后半期,中国人的足迹才真正踏上南极大陆。

20 世纪 80 年代后,中国人探索的目光随着改革步伐也逐步转向世界,也转向南极。有许多位科学家从不同地区以不同方式进入南极,为中国南极事业的开展打下良好的基础。

1983 年,中国正式加入《南极条约》,宣告了中华民族与南极事务无缘历史的结束。

1984 年 11 月 20 日,中国首次派出南极考察队从上海出发,赴南极考察。大型科学考

长城站

探索自然丛书

探索自然丛书

察船"向阳红 10 号"和海军打捞救生船"1121 号"满载着中国南极考察队和南大洋考察队的近百名各专业科学家、工程师等专业技术人员和海军官兵、随队记者等共 591 人,经过 30 天的艰苦航行,行程 20668. 69 千米,于 12 月 26 日安全抵达南极洲。经过 26 个日夜奋战,在南极乔治王岛建立起中国南极第一个考察站——长城站 (南纬 62°12′59″,西经 58°57′52″)。

长城站的建立,特别是实现当年建站当年越冬,更增添了中国人对极地考察的信心。3 年后,中国人又雄心勃勃地把目光转向冰雪茫茫的南极大陆,于 1989 年 2 月在东南极拉斯曼丘陵地区建成了中山站,精确位置是南纬 69°22′24″,东经 76°22′40″。中山站周围海均具有明显的南极特征,便于开展各种学科的考察研究。

迄今为止 (2010 年),中国已正式开展了 28 次南极科学考察,在冰雪、地质、大气、生物、气象、海洋、陨石等各学科取得丰硕的成果。

15. 徒步横穿南极的壮举

虽然有 10 多个国家在南极设立了 140 多个考察站。但是,南极大陆的腹地仍旧是个谜。于是,美国和法国联合发起、组织了一支考察队,准备完成人类历史上第一次徒步横穿南极大陆的伟大创举。这支考察队由中、美、苏、英、法 5 个联合国安理会常任理事国和日本各派一名人员组成。中科院兰州冰川冻土研究所副研究员秦大河(现为中国气象局局长)代表中国加入了"1990 年国际横穿南极考察队"。这次考察,旨在向全世界显示多年来各国在南极考察活动中所遵循的"合作、和平与友谊"的精神将持续下去,唤起国际社会对地球上最后一块原始大陆的珍爱和关注。

1989 年 7 月 28 日,秦大河和其他队员们从南极半岛

5986 千米徒步横穿南极的探险考察,
是南极探险史上的第一次

的顶端出发,由西向东,开始了他们的艰险征途。那纵横交错的冰隙、积雪覆盖的暗沟,都深达数米甚至数十米,考察队员只能用雪杖击冰探路,谨慎行进。一旦遇上南极的暴风雪,能见度就只有 10 多米,队员们一天只能前进两三千米。

1989 年 7 月 27 日从南极半岛北端出发,徒步横穿南极进行科学考察,历经 220 天,行程 5986 千米。1990 年 3 月 3 日到达考察终点——南极苏联和平站,圆满完成了考察任务,实现了人类徒步横穿南极进行科学考察的壮举。

1990 年国际横穿南极考察队队员是:

秦大河(中国 43 岁),1990 年国际横穿南极探险队主力队员。地理学家、冰川学家。

维尔·斯蒂格(美国 43 岁),1990 年国际横穿南极探险队主力队员。曾率领第一支无补给而徒步抵达北极点的考察队,并获成功。

让路·易·爱迪安(法国 41 岁),1990 年国际横穿南极探险队主力队员。是第一个单人滑雪抵达北极的人。

维克多·巴雅斯基(苏联 37 岁),1990 年国际横穿南极探险队主力队之一,苏联南北极研究所成员。

舟津圭三(日本 31 岁),1990 年国际横穿南极探险队一般队员,驯狗专家。

杰夫·萨莫斯(英国 38 岁),1990 年国际横穿南极探险队一般队员,英国南极考察队成员。

探索自然丛书

八、环球探险

1. 以实际行动证明地球是圆的

距今 500 多年前,西方仍相信天圆地方之说。有位西班牙航海家(出生于葡萄牙)曾经以实际行动,破除了人们的保守想法。向西行环绕世界一周,证明地球是圆的。他就是麦哲伦。

麦哲伦

麦哲伦(Ferdinand Magellan,约 1480～1521)生于葡萄牙北部的一个破落的骑士家庭。10 岁左右进入王宫服役,充当王后的侍从。16 岁时进入葡萄牙国家航海事务厅,因而熟悉了航海事务的各项工作。

那时哥伦布已经发现了美洲新大陆,达·伽马也从印度返航并带回了巨大的东方财富。怀着对东方财富和远洋探险的向往,麦哲伦 1505 年参加了海外远征队,从此开始了远洋探航的生涯。在这次远征印度、马六甲、马来群岛的过程中,为了与阿拉伯人争夺贸易地盘、取得亚洲南部海洋的霸权,远征队与阿拉伯商人和沿途的居民打过几次仗,麦哲伦因而也三度负伤。

麦哲伦伤愈后,在返回葡萄牙的途中船只触礁。在大家心灰意冷之际,麦哲伦挺身而出,带领幸存的海员克服重重的困难,直到得到援救。由于这次事件,麦哲伦被提升为船长,被留在了印度。此后,麦哲伦在印度和东南亚一带参加了殖民战争,并在这一带进行了探索和游历。

他从实地了解到在东南亚群岛的东面是一片汪洋大海。他坚信地球是圆形的,并猜测在这片大海的东面,肯定是哥伦布发现的美洲大陆。他下定决心一定要做一次环球探航。1513 年麦哲伦回到葡萄牙。他一再请求国王允许他组织船队进行环球探险,然而国王却不理睬他,绝望的麦哲伦只好离开祖国,投奔西班牙塞维利亚城的要塞司令。要塞司令非常欣赏他的才能和魄力,不仅把女儿嫁给他,还向西班牙国王举荐了他。麦哲伦环球航行的计划得到西班牙国王的批准,与他签署了远洋探航协定。

1515 年的一天,西班牙王宫,冠盖云集,文臣、武将、商人聚集一堂,听取大胡子麦哲伦西行计划。

当时,欧洲航海家都东行绕过非洲南端的好望角到达东方;因此,麦哲伦的设想非常大胆,西行可能来到天涯海角,搞不好可能送命。

麦哲伦演说完毕,群众报以热烈掌声。西班牙王查理一世当场批准了麦哲伦的西行计划。

按照协定,麦哲伦被任命为探险队的首领,所率船队的船只由国家提供,航海费用由国家负担。探险过程发现的任何土地,全部归国王所有,麦哲伦充任总督,新发现的土地的全部收入的 1/20 归麦哲伦所有。为了监督麦哲伦,国王又派了皇室成员作为船队的副手。

麦哲伦率领一支由 200 多人、5 艘船只组成的浩浩荡荡的船队,从西班牙塞维利亚城的港口出发

1519 年 9 月 20 日,麦哲伦率领一支由 265 名船员、5 艘船只组成的浩浩荡荡的船队,从西班牙塞维利亚城的港口出发,开始了环球远洋探险。

经过两个多月的海洋漂泊,船队越过大西洋来到巴西海岸。船队沿海岸向南继续航行,在第二年 1 月来到了一个宽阔的大海湾。

"海峡找到了!""海峡找到了!"

　　海员们高兴地欢呼起来,以为已到达了美洲的南端,可以进入新的大洋了。然而随着船队在海湾中的前进,发现海水变成了淡水,原来此处只是一个宽广的河口,这就是今天乌拉圭的拉普拉塔河的出口处。船队继续向南前进。南半球与北半球的季节刚好相反,三月的南美洲已临近冬季,风雪交加,航行极其困难。月底,船队来到圣胡利安港,并在这里抛锚过冬。

　　经过近 5 个月的休整,到了 8 月,又到了这个地区春暖花开的季节,麦哲伦又率领船队出发了。由于有一艘船在 5 月份的探航中沉没,此时只剩下 4 艘船了。

　　两个月后,船队在南纬52°处又发现了一个海口。这个海峡弯弯曲曲,忽窄忽宽,港汊交错,波涛汹涌。麦哲伦派出一艘船去探航,然而这艘船却调转船头逃回了西班牙。麦哲伦只好率领着剩下的 3 艘船像钻迷宫似的在海峡中摸索着前进。麦哲伦以坚强的意志率领船队前进。在这个海峡迂回航行 1 个月后,他们终于走出海峡西口,见到了浩瀚的大海。向来以沉着、坚定著称的麦哲伦激动地掉下了眼泪。

　　过了海峡,便是一片风平浪静的汪洋,麦哲伦欣喜之余,高呼:"就称它作太平洋吧!"

　　为了纪念麦哲伦这次探航的功绩,后人把这条海峡命名为"麦哲伦海峡"。如果你打开世界地图,就可以在南美洲的南端,南纬52°的地方找到它。船队在这片大洋中航行了 3 个多月,海面一直风平浪静。因此,他们就为它取了个名字叫"太平洋"。

　　1521 年 3 月初,在水尽粮绝、人人疲乏虚弱之际,船队来到了富饶的马里亚那群岛,受到当地居民的热情款待。4 月 27 日船队来到了菲律宾群岛。当麦哲伦原来从马六甲带走的仆人亨利用马来语与当地土人对上话时,麦哲伦是多么激动啊! 他的环球航行的梦想终于要实现了,他从西方向西航行终于到达了东方,他以不可辩驳的事实证明了,地球的的确确是圆形的。

　　为了征服这块盛产香料的富饶土地,这个坚韧果敢却满怀野心的麦哲伦,企图利用当地部族间的矛盾来达到他的目的,然而在一次与当地部族的冲突中,麦哲伦被杀害了。

　　麦哲伦在环球航行途中遇害后,胡安·塞巴斯蒂安·德尔·卡诺

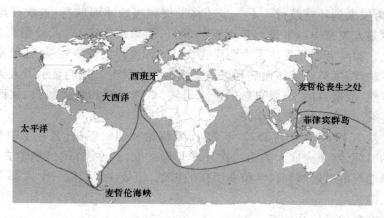

麦哲伦环球航行路线图

（Juan Sebastian del Cano，约1460~1526）接管了这支探险队。卡诺是一位经验丰富的西班牙水手。当麦哲伦的探险队于1519年启航时，他担任5艘船中一艘船的船长。麦哲伦死后，卡诺面临着一个难题：出发时的265人只剩下了108人，这么少的人难以配备留下的3艘船。因此，德尔·卡诺决定烧掉一艘船，然后他们经香料群岛（即今马鲁古群岛）回国。另一艘"特里尼达特号"决定向东行驶，返回美洲。德尔·卡诺他们最后只剩下18人，于1522年9月回到家乡，这时距启程之日差不多已有3年时间。

　　环球航行把业已开始的地理大发现推到了新高潮。首次环球航行在航海史上具有非常重大的意义。这次航行从西欧出发，向西横渡了大西洋，绕过了南美洲，横渡了太平洋，穿越了南洋（马来）群岛，横渡了印度洋，绕过了非洲，回到了西欧。前后历时整整3年，行程8万千米。东西经过了360个经度，南达南纬52°（船队），北抵北纬43°（特立尼达号），航迹面积达4.22亿平方千米，这是当时人类历史上航程最长、历时最久、航迹面积最广的航行，它把15世纪初以来的大航海时代推进到又一个崭新的阶段，即环球航行阶段。首次环球航行证明，地球上无论何地，都可以驾船前往登陆；地球上无论什么海洋，只要不封冻，就可以航行和横渡。从西方到东方，既可以东行走葡萄牙航路，也可以西行走西班牙航路。这样，大航海时代便从近岸的航行，发展到跨洋的远洋航行,再发展到环球航行。下一步还将发展到极地冰海航行;首次环球航行也是人类有史以来最艰难困苦的航行,船只损失 2 只,人员损失 2/3 以上。探险者们经受住了大西洋、太平洋、印度洋的惊涛骇浪、狂风暴雨的考验,两度熬过了坏血病和饥饿焦渴的致命袭击。他们显示了人类认识自然、改造自然、征服自然的巨大勇气、卓越才能和坚强毅力,从而竖立了航海史上最高耸的丰碑。

从 1519 年 9 月到 1522 年 9 月,麦哲伦和他的船员们,花了整整 3 年的时间,终于完成人类第一次环球一周的航行。麦哲伦虽然逝去了,但是他对后世航海和科学事业所作的贡献,却是让我们每一个人都不能忘记的。

麦哲伦身后几件事:

- 关于"圣安东尼奥号"

该船在勘察麦哲伦海峡期间发生第二次哗变。哗变者打伤了船长,并将船长戴上镣铐,然后返回西班牙。为开脱自己的罪责,反叛者先告状,说麦哲伦叛变,由此麦哲伦家属失去了国家的补贴,妻子贝亚特里斯和一个儿子很快在贫困中死去。对于麦哲伦来说,尽管在极其艰难的条件下进行探险,而在国内则给他加上了叛变的罪名。待"维多利亚号"返回西班牙后,经国王查理下令再次调查,始得以给麦哲伦恢复名誉。

- "特立尼达号"的命运

留下 54 位乘员的"特立尼达"号是很不幸的,当与"维多利亚"号准备一起离开摩鹿加群岛返航时,发现船身有裂缝,横梁也断了,必须就地修理。在极度紧张的 3 个月的修复中,领导卡瓦略因劳累过度去世。大家原是指望他引航回国的。

在返航时,由于向西航行的风向很不利,船员们开始向东航行去巴拿马地峡,到那里后可以将香料转到另一艘开往西班牙的船上。但是,在他们启航不久,强劲的西风就把他们吹到了北边。"特立尼达号"在海上搏斗了 15 个星期,结果到了日本附近。

在一次狂风暴雨的袭击下,船的主桅前甲板和尾楼甲板都被风刮掉了,人们在饥饿和寒冷中挣扎着。在绝望中,掉转船头又往回开。"特立尼达号"在海上又向南颠簸了三个半月,船上的人一批一批地死去。当他们最后到达摩鹿加群岛时,只剩下 19 个面色憔悴、瘦骨伶仃的可怜的人还活着。他们发现一个有敌意的葡萄牙船队在等待着他们。

葡萄牙船队由安东尼·布利杜指挥。他们查封了"特立尼达号"上的货物,拿走了航海用具和海图,无疑也拿走了航海日志。"日志"中记载了麦哲伦的探险路线,麦哲伦死亡经过,以及前前后后的各种事件。在拷问被俘的船员中还得到了"日志"以外的很多信息。

之后,"特立尼达号"又在风暴中拖锚触礁损毁,于是,葡萄牙人强迫这些囚犯去打捞船上的圆木,建造作为他们的监狱的要塞。有的人死于殴打和疾病。最后,只剩下船长德尔·卡诺和另外 5 个人活了下来。3 年之后,葡萄牙人看到他们已经没有什么用处了,4 名幸存者获得了自由,被送回到西班牙。那是 1562 年。这样,船长德尔·卡诺和 3 名船员也算是完成了环球航行。至于"特立尼达号"上最后返回的 4 名幸存者,生活同样很凄凉。虽然国王查理已认识到他们都是经受过严峻考验和痛苦折磨的幸存者,也只是赐给他们一份中等数量的养老金。但其中的一位船长却向人们诉说这最后的痛苦,说"不幸远没有结束"。他得到的养老金中还得扣除他在被葡萄牙人关押期间的薪俸。

- 关于"维多利亚号"

"维多利亚号",因首次完成有史以来的环球航行而著名。之后,又曾 3 次完成横渡大西洋的航行。1525 年,在执行第二次灾难性的航海大探险任务时,从新大陆的伊斯帕尼奥拉岛回国途中失事。

尽管"维多利亚号"立了如此大功,真可谓功可盖世,出航时的 265 人,世界周航返回时幸存者仅 18 人,付出了如此沉重的代价。可怜的幸存者回国后,没有得到应有的回报,依然清贫如洗,以至于在回国的若干年后,仍然有人在向西班牙政府请求,偿还他们应得的报酬。

- 被遗忘在圣地亚哥岛上的 13 名船员

"维多利亚号"在返回西班牙的归途中,由于缺水、缺粮,不得不进入葡萄牙人控制的海域,在佛得角群岛的圣地亚哥岛附近海域去取供养。由于德尔·卡诺所编的假话被识破,在尚未来得及接走岸上的船员时,就匆匆返航了。在被葡萄牙人逮捕的船员中,有 12 名西班牙人、1 名马来人。"维多利亚号"返回西班牙后,在查理一世的要求下,葡萄牙人才将他们释放,于稍晚些时候回到了西班牙。

- 皮加费塔留下的极为珍贵的航行记录

皮加费塔

皮加费塔的手稿

斐迪南·麦哲伦环球航行的丰富资料和报告,是由参加这次环球航行的幸存者、意大利编年史学者安东尼奥·皮加费塔(Antonio Pigafetta)带回并完成的。

"维多利亚号"于1522年9月8日返回塞维利亚不久,皮加费塔就给西班牙国王查理一世呈送上《一本处理我们航海中所发生的一切事情的书》。一个月以后,曼士亚的大使报告说,他已看到这本书,并说这本书"好极了"。

皮加费塔旅行到过法国和意大利。在那里,他将他的冒险经历讲给一些关键人物听。接着,他整理了第二批手稿,这批手稿是送给他的保护人、耶路撒冷的圣约翰骑士团的首领的。两批手稿后来都散失了,倘若不是有那么多的手抄本——共四本,一本是意大利文的,三本是法文的——幸存下来,皮加费塔的珍贵日记也会在历史上消失。

2."金牝号"的环球航行

弗兰西斯·德雷克(Francis Drake,1543～1596),英国探险家,可以算作是英国皇家海盗的先驱者,也是当时最负盛名的海盗船长。德雷克于1543年出生于一个贫穷的新教传教士家庭,他有11个兄弟姐妹。德雷克5岁时,他的父亲为了躲避家乡的宗教迫害,举家迁到肯特郡,在麦德威河边定居下来,而家门口就是英国的皇家造船厂。因生计所迫,德雷克13岁时就上船当学徒工,随船来往于泰晤士河和英吉利海峡。26

岁那年,德雷克加入其表兄,英国著名航海家霍金斯(John Hawkins,1532～1595)的船队,前往新世界淘金。

1572年,德雷克怀揣女王签发的"私掠许可证",率领霍金斯出资购置的两艘武装商船和73名水手,重返加勒比海,开始了他的海盗生涯。以后的十几年间,德雷克的海盗船队将让西班牙人闻风丧胆,被尊称为"猛龙"(El Draque)。德雷克的第一个目标是巴拿马地峡北侧的迪奥斯港。此时西班牙将秘鲁和墨西哥出产的金银运回国的路线,是先通过海路将货物运到太平洋

德雷克

一侧的巴拿马城,再用骡马驮运穿过巴拿马地峡的热带丛林,运到加勒比海边的迪奥斯港以后转海运回国。德雷克得知西班牙在地峡两侧的海港都有重兵把守,于是将船藏在一处僻静的海湾里,然后深入丛林在骡马道上设伏。德雷克及其伙伴几次失败都没有气馁,终于在1573年3月截获一支骡马运输队,满载而归。根据西班牙公布的资料,德雷克劫走的金银价值5万英镑。德雷克此次虎口拔牙,出奇制胜,立刻在英国成为家喻户晓的传奇人物。德雷克最著名的一次劫掠当属西班牙宝船"卡卡弗戈号"(Cacafuego)。1577年,德雷克海盗船队再次出击,而他此次出航得到了伊丽莎白女王的资助。由于英国私掠船在加勒比海猖獗一时,西班牙大大加强了该地区的海军力量。德雷克于是避实击虚,率领船队绕过麦哲伦海峡,来到南美洲的太平洋一侧寻找目标。德雷克很快得到情报,西班牙一艘满载金银财宝的运输船"卡卡弗戈号"正从秘鲁驶向巴拿马城。德雷克在巴拿马外海设伏,于1579年3月3日将远道而来的"卡卡弗戈号"碰个正着。经过短暂的炮战以后,"卡卡弗戈号"投降,德雷克掳获黄金80磅,白银20吨,银币13箱以及数箱珍珠宝石。德雷克和同伙花了整整4天才把所有的战利品装上船。

他向北航行并且大约到达了旧金山市。他判断如果自己以同一条路线回去的话一定不安全,因为西班牙的战船可能已经在麦哲伦海峡等

德雷克的旗舰"金牝号"

待他。返航时他沿南、北美洲的太平洋海岸向北行驶，然后横渡太平洋到达香料群岛，最后绕过好望角，1580 年回到英国。德雷克打劫"卡卡弗戈号"得手以后继续西行，利用缴获的西班牙海图穿过太平洋和印度洋，一年多以后才回到英国，成为第一个环绕地球航行的英国人。1580 年 9 月 26 日，德雷克船队满载财宝驶进普利茅斯港，受到隆重欢迎。伊丽莎白女王登上德雷克的旗舰"金牝号"（Golden Hind），在甲板上授予德雷克骑士爵位，并任命他为普利茅斯市长。

英国海盗的劫掠行径让西班牙大伤脑筋，西班牙驻英国大使向伊丽莎白女王提出无数次抗议，但都无济于事。伊丽莎白女王并不愿意和西班牙公开交恶，因而矢口否认和海盗们有任何关联，但局势的变化很快迫使伊丽莎白转变立场。此时西班牙名将、帕尔马公爵法尼斯（Alexander Farnese）正率领 3 万精兵围剿独立不久的荷兰新教政权，荷兰在西班牙军队的打击下屡战屡败，危在旦夕，使伊丽莎白女王颇有唇亡齿寒

德雷克的航海线路图

之感。伊丽莎白毅然派遣英国远征军到尼德兰助战,同时又派德雷克率领一个舰队到加勒比海大肆劫掠,吸引西班牙的注意力。伊丽莎白这一举动为西班牙国王菲利普发动战争提供了借口。

3."贝格尔号"环球考察

　　1831 年,一艘名为"贝格尔号"(Beagle)的小型木制勘察船驶离了英国,开始了它的科学探险发现之旅。船上有一位年轻的自然科学家,他的名字叫查尔斯·达尔文,正是因为他,我们永远地改变了对地球上生命的认识。

1831 年乘"贝格尔号"出航时的达尔文　　　"贝格尔号"船长罗伯特·菲茨·罗伊

"贝格尔号"考察船

1831～1836年英国"贝格尔号"进行环球探险。它历时5年,经历了大西洋、印度洋和太平洋。英国科学家、生物进化论者达尔文(Charles Robert Darwin,1809～1882)参加了这次考察。根据这次考察所得的资料,达尔文解释了珊瑚礁的成因,提出了有关海底运动的论述,并于1859年出版了《物种起源》。这次考察所获得的资料,由"贝格尔号"船长罗伯特·菲茨·罗伊(Robert Fitz Roy,1805～1865)和达尔文整理编纂成《"贝格尔号"航海报告》(4卷)。

4. 孤身环球航行的第一人

斯洛克姆

一个世纪以前,乔舒亚·斯洛克姆(Joshua Slocum,1844～1909),加拿大船员和冒险家,全世界第一个单独进行环球航行的人。16岁时为商船船员,其后大部分时间在海上度过。今天,整个世界仍然为他的航海技术——还有他的散文——惊叹不已。

1898年6月27日凌晨一点,一艘被海浪打得千疮百孔的小帆船悄无声息地沿着海岸驶向罗得岛州新港的港湾。美西战争正酣,港湾的入口处布满了水雷,但它的舵手——也是唯一的乘客认为自己在浅水中会安全些。任何战舰,不论是朋友的还是敌人的,都不会冒险让自己在隐藏于水下不远的礁石上搁浅。

他透过黑暗看去,将船驶进内港,抛下锚,卷起破烂不堪的帆,走下去,躺到卧铺上,像死人一样沉沉睡去。这只小船就是"海浪号"。船长乔舒亚·斯洛克姆时年54岁,精疲力竭的他已成为孤身环球航行的第一人。

这次非凡的航行历时3年有余,航程7.30万多千米。斯洛克姆拥有的只是一个指南针、几张旧地图、一个六分仪以及用来测量水深的缆绳上的一块铅。在没有航道的水域航行时,他就用一个锡制的摆钟记录时间。他曾见过惊涛骇浪、危险的急流、眨眼之间便可撕碎"海浪号"船底的礁石,也曾遭遇过海盗(1次)和野人(6次)。他还得忍受连续几个月航行时的极度孤寂。我们今天很难想象这些都需要多强的自我约束和多大的体力。

斯洛克姆回来时却几乎无人知晓。数月以来已没有人知道他的消息。他飘然驶去，一败涂地，几乎破产。美国正忙着要打败殖民大国西班牙以成为世界大国。

一家地方报纸的记者的确注意到在美国水域已销声匿迹数年的"海浪号"回来了。他的故事被战争的新闻淹没，只出现在 1898 年 6 月 28 日新港《先驱报》的第三版上。这样的忽视至今仍让斯洛克姆的崇拜者们怒不可遏。

问题之一是，在很长时间里，人们都很难相信他和他的"海浪号"的确像他所说的那样环球航行了一周。孤身一人，驾驶着只有最原始设备的简陋的木船，竟能绕着世界的大洋，曲折航行 7.3 万千米？不可能！"即使在今天，没有雷达、远航仪、水深探测器及其他电子装置，水手们甚至连新港以南都不愿意去。"难怪 100 年前人们感到怀疑。怀疑者们看了斯洛克姆详细的航海日志，还有"海浪号"的文件，文件上面盖着他曾去过的二十几个港口和十多个国家的印戳。只是在此时，他们方才真正相信他。

斯洛克姆出生于加拿大的新斯科舍省，16 岁时斯洛克姆就跑到海上，在一艘去利物浦的英国商船上干活。他自学了天象导航，以及如何使用六分仪，18 岁他就成了二副，1869 年他 25 岁时成了一艘海岸纵帆船的船长，同时也成了美国公民。

1871 年，他的横帆船在澳大利亚的悉尼卸货时，年轻的斯洛克姆船长邂逅了出生于美国的弗吉尼亚·瓦尔克，她才 20 岁。经过 3 个星期的求爱，他娶了她。她心脏不好，但也和斯洛克姆一样热爱大海。他的帆船驶到哪里，她就跟到哪里，直到婚后第 13 年她去世。她学会了使用六分仪。在从菲律宾向中国上海运煤、向中国台湾运火药，从阿留申群岛向香港运送淡水冰的漫长旅途中，她教会孩子读书、写字。她也很喜欢音乐，坚持要在甲板上摆上一架钢琴。

他们共有 7 个孩子，其中 3 个在海上夭折。

斯洛克姆 37 岁时迎来了事业的巅峰。作为船长，他指挥并部分地拥有 67 米长的快速大帆船"北国之光"。"它是美国最漂亮的帆船。"他

探
索
自
然
丛
书

说。然而不久,帆船就因蒸汽船只的出现而落伍了。斯洛克姆只好卖掉自己的股份,看着自己心爱的帆船被截断桅杆,改装成一艘运煤的驳船。

"海浪号"

从那时起,他的生活开始走下坡路。他买下三桅的小帆船"艾魁德诺克",和弗吉尼亚及四个孩子载着一船面粉驶出巴尔的摩,准备开往南美洲。在南美,弗吉尼亚的心脏再也支撑不住。1848 年 7 月,当船停在布宜诺斯艾利斯以外的海域时,她溘然长逝。斯洛克姆再也没有真正恢复过来。要是她还活着,他绝不会最终一个人登上"海浪号"(Spray)。

弗吉尼亚死后两年,他结识并娶了波斯托妮娅·亨利埃塔·艾略特。他 42 岁,在她眼里是个锐气十足的水手;而她才 24 岁,在他眼里是个漂亮的女裁缝。但是,正如儿子葛菲尔德这样评论他父亲:"他和她不是一个道上的人。"在离巴西海岸不远的地方,"艾魁德诺克"在一个沙丘上撞得粉碎。亨利埃塔、四个孩子以及船员都划船上岸,而斯洛克姆则像鲁宾逊一样一次次回头打捞任何可以捞上来的东西。这艘船没有上保险,结果全赔了。

船员们很快就被一艘路过此地、开往乌拉圭的蒙得维的亚的船救走。斯洛克姆和他的儿子们用非常简陋的工具建起了一个原始的鲁宾逊式的棚屋,然后又花了几个月时间用当地的木材和从沉船上抢回来的东西草草地造了一艘不很结实的船。竹架上蒙上一层油布就算是船舱了。船装上索具之后,就像中国的舢板。船下水的那一天是 1888 年 5 月 13 号,是巴西所有的奴隶被解放的日子,因此斯洛克姆给它起名"解放号",然后张帆起程,回归故里。

这对他后来在"海浪号"上的航行是极好的训练。暴风将他们吹离航道;礁石不时地威胁着他们;一只鲸鱼似乎下定决心要将他们撞沉。然而斯洛克姆和他的家人却行程 8800 千米,终于在 1888 年 12 月抵达华盛顿特区。

　　斯洛克姆从来没有说出他作出孤身环球航行这一非凡决定的确切时间。"我出生在风浪里，而且对大海的熟悉程度远比许多人高得多。"他写道。他乘大船环球航行已有 5 次，对盛行的信风和环流也颇为熟悉。在他看来，"海浪号"抗风浪的能力丝毫不亚于他曾指挥几十年的大型商业帆船。

　　1895 年 4 月 24 日，东波士顿港口正午的汽笛响起，斯洛克姆开始起锚扬帆，顺风前进……"天气好极了，"他写道，"太阳晴朗朗的，火辣辣的，撒向空中的每一滴水都成了一颗珍珠，'海浪号'名副其实，奋力向前，从大海里撅出一串串项链，同时又把它们扔掉。"

　　也许是转念一想吧，他沿海岸线往北，到了新斯科舍。直到 7 月 2 日他才掉头向东，横穿大西洋。几天后，黄色的浓雾层层裹住了小船。自那以后，他就对"海浪号"绝对地信任。"然而，"他在航海日志中写道，"在阴冷的雾中我仿佛漂进了孤独，像天地间一根稻草上的一只昆虫。"为了对付孤独，他唱起《起锚歌》。待雾散尽，他开始和月亮谈心，这样的谈心他一直坚持到航行结束。他也对想象中的船员发布号令，然后又紧张地忙着去执行。在舱中歇息的时候，他又对根本不存在的舵手大喊："航向怎样？偏离航线了吗？"

　　即使舵轮被海浪冲击，"海浪号"也能连续几天都不偏离航线，这使它的船长有时间睡觉和阅读。他的藏书包括达尔文、朗费罗和莎士比亚的著作整齐地排列在卧铺旁边的书架上。在货舱里，他储藏了 6 个月的粮食。他每天吃的有饼干、土豆、干鳕鱼、咖啡、奶油，如果有一只飞鱼不幸落到甲板上，他的菜单上还可以多出一道美味。

　　坚忍、耐心、辨认大海变化的异乎寻常的能力，加上对船只的满意和自信，这些都是最重要的因素。今天，孤身的水手常常都有自动驾驶仪、无线电、电话、电子邮件、计算机、紧急定位器指向标，甚至有娱乐的盒式录像机。在今天这个即时通讯的时代，我们很难想象斯洛克姆是如何度过与世隔绝的日日夜夜的。

　　1896 年 2 月 11 日，斯洛克姆驶进麦哲伦海峡，他遇上了自然界最恶劣的环境：嚎叫的逆风、危险的海流以及突如其来的威利瓦飚风像发生了雪崩一样咆哮着奔下山来，力量之大，可以将帆船掀个底朝天。

外界环境稍稍安定之后,情况并没有好多少。晴朗的天气带来的是叛教的火地岛土著居民。他们乘着小筏子,一心想抢劫、施暴和谋杀。斯洛克姆早就受到警告,并准备了对策。当他看到火地岛人乘着小舟向他驶来,他立即缩进后舱,迅速地换了衣服,又从前舱出来,像他希望的那样,看上去成了另外一个人。他又赶到舱底,用以前砍好的船首斜桁,做了一个"稻草人",并给它穿上水手的衣服。他把"稻草人"绑到前舱主桅的支索上,并在上面系上一根线,使劲一拉线,它就动起来。在火地岛人看来,船上似乎有三个人。当小舟靠近时,斯洛克姆抓起他的马蒂尼·亨利步枪——他带的两件武器之一——并朝小舟的船头开了一枪。劫掠者撤退了。

斯洛克姆在"海浪号"上

白昼来临,斯洛克姆发现自己处于火地岛西海岸一片叫做"银河"的极其危险的水域中。巨浪打在浅水的岩石上,形成白色的漩涡,"银河"便由此得名。"天知道我的船是如何逃脱的。"他写道。即便是在白天,在这片岩石形成的迷宫中穿行也是一个挑战。最后,斯洛克姆进入考克本海峡,他横穿海峡向北行驶,又回到麦哲伦海峡中部。

虽然,长时间的航行使斯洛克姆经济拮据,只是在到了澳大利亚后,他才想起靠向公众讲述自己的航行经历来维持开销。他用弧光灯作投射器,在当地会议厅放映黑白幻灯片,很快便顾客盈门。入场费为每人 6 便士。到"海浪号"上巡视,价钱也一样。他写道,从那时起,他就给世界各地讲述"海浪号"的故事。每到一个港口,他都收到许多邀请,去和有钱有势的人攀谈。他喜欢让人惊讶不已,同时向他们展示自己是个文人、是个有思想的人,而不仅仅是一个脏兮兮的水手。

在南非,他会见了刚愎自用的总统约翰·保罗·克鲁格。斯洛克姆

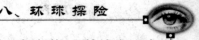

向他解释自己的环球航行时,克鲁格怒气冲冲地打断他,坚持认为地球是方的。"你不是说环绕着地球航行吧,"克鲁格怒不可遏,"不可能!"什么也不能动摇这个固执的布尔人的信念,虽然斯洛克姆说自己"用双手做成弧状,努力向他演示地球真正的形状"。

航行的自始至终,斯洛克姆都收到大量的礼物,有果酱、肉冻,还有船帆。

在认为自己的航行大功告成之前,斯洛克姆还有最后一件事要做。1898 年 7 月 3 日,他和"海浪号"跳着优美的华尔兹,沿着阿库什内河来到它的出生地——费尔黑文。他把它系在下水时所系的同一根雪松木桩上。"这是它离家最近的地方了。"他结束道。

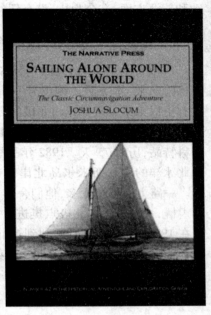

《孤身环球航行》

斯洛克姆在"海浪号"上住了几个月时间,用自己做讲座的笔记和航海日志的内容写成了《孤身环球航行》。在他有生之年,这本书卖出了好几千册,其中有一些就是这个美国佬船长在自己的小船上兜售出去的。在他回到新港后,这本书给他带来了声望和崇拜。斯洛克姆被邀请到白宫去会见总统西奥多·罗斯福。他无论走到哪里,都被当成名人。他沿着东海岸继续给人做讲座,用由此得来的钱和卖书的收入在玛莎葡萄园买了一个不大的农场。但正如他不适应蒸汽机时代,他也不适应岸上的生活。

1909 年 11 月 14 日,斯洛克姆 65 岁。多数人在这个年纪都要慢慢歇下来,安静地度过晚年。而他却要再一次扬帆起程。这次他的目的地是委内瑞拉。他希望沿着奥里诺科河溯流而上,寻找亚马孙河的源头。他解缆起锚,沿着小岛转了几圈,于渐起的风暴里消失在天边,驶向更温暖的水域。从此他杳如黄鹤,音讯绝无。

斯洛克姆孤身环球航行已经 100 多年了,在促进普通人的小帆船运动和航海方面,迄今为止,没有任何一本书能比得上斯洛克姆的书。

5. 穿越南北极的环球探险

1979 年 9 月 2 日,英国兰努尔夫·菲内斯爵士辞别了查尔斯王储,率探险队乘"本杰明·鲍英号"船驶离英国的泰晤士河,从而开始了人类有史以来第一次穿越南北极的环球探险。他们在穿越南极大陆途中,克服了种种困难,终于在 1981 年 1 月 11 日到达了新西兰的南极站——斯科特站,历时 75 天。1982 年夏季,爵士和伯顿两人乘雪地摩托车,离开北冰洋的埃尔斯米尔岛北岸的越冬地,去征服最后的路程——北冰洋。一路上因冰墙太多,他们舍弃了雪地摩托车,拉起装有 72 千克物资的雪橇,一步步地向北极点挺进。他们克服了常人无法想象的困难,终于在 1982 年 4 月 11 日胜利到达北极点。经过 99 天的艰苦跋涉,他俩终于走出冰海,回到"本杰明·鲍英号"船上,当他们返回英国时,受到了人们的热烈欢迎。至此,历时 3 年的首次穿越南北两极的探险结束了,行程达 56000 千米。

6. "信天翁号"环球探险

由美籍华人翁以煊驾驶的"信天翁"单桅帆船在 2002 年 4 月 9 日徐徐驶进了新西兰首都惠灵顿的港口。他用了将近 3 年半的时间,穿洋过海,创下了孤帆环球漫游的壮举,成为单人环球航海穿越南大洋五大角的第一位华人。

1998 年 12 月 14 日,翁以煊驾驶单桅帆船"信天翁号"从美国旧金山金门桥起航,以 3 年 4 个月零 26 天成功环绕世界。途经 26 个国家及地区,航程 31200 多海里,经过三大洋(太平洋、大西洋及印度洋),四大洲(北美洲、南美洲、大洋洲、非洲),及五大角(合恩角、好望角、卢因角、塔斯马尼亚西南角、斯图尔特西南角)。

1998 年 12 月 14 日,翁以煊孤身环球远航,沿着美国的西海岸一路南下,先到墨西哥,后抵厄瓜多尔的加拉帕戈斯群岛,再横跨太平洋2000 多海里进入法属波利尼西亚,经汤加来到新西兰。在这一航程中,翁以煊一开始就遇到了挫折,强烈的海风吹倒了风车,电子驾驶仪器因耗电过多而失灵。出师不利并没有动摇翁以煊去圆自己的梦的决心。在新西兰,他经过一段较长时间的休养生息和对帆船进行彻底整修后,又从惠灵顿出发,继续他梦想穿越南大洋五大角的冒险环球航行的征途。在浩瀚的南太平洋海面上,翁以煊驾驶着"信天翁号"单桅帆船与恶风险浪整整搏斗了 46 天,最后终于闯过了合恩角,进入了威廉港口。

翁以煊

"信天翁号"单桅帆船

穿越合恩角后,游历了南美洲最南端的火地岛和比格尔海峡。随后,当南半球夏天的暖流到来时,他南下乌拉圭、阿根廷。"信天翁"号离开南美洲,东行经特里斯坦－达库尼亚岛,驶进南大洋的又一个著名大角——好望角,停靠在南非开普敦。接着又扬帆远行,先后经过了莫桑比克、印度礁、马达加斯加、科摩罗的马约特岛、塞舌尔、坦桑尼亚。又朝着东南方向直奔澳大利亚。印度洋这段航程总共有 6000 多海里。翁以煊在印度洋上漂流,整整 56 天生活在不到 10 平方米的驾驶舱和卧室。当"信天翁"顺利驶过澳大利亚的两大角——卢因角和塔斯马尼亚西南角后,在澳大利亚最南端的小城霍巴特整修了一个月,为冲向最后一角作准备。

从霍巴特到新西兰的斯图尔特西南角又有 1000 多海里。这一段航程却大不一样,尤其在接近斯图尔特西南角的那段航程,遇上了风暴,也就是风速达到每小时 160 千米的飓风。"信天翁号"在浪尖上上下左右颠簸,无情的狂风把桅顶上的风标吹走,自动驾驶系统突然失灵,情势十分危急。翁以煊只能用手紧紧把握着轮舵与风暴连续奋战了 10 个小时,最后终于战胜凶恶的风暴,脱离了险境,并驶过了最后一大角。在新西兰最南端的城市达尼丁小休后,翁以煊驾驶着"信天翁"回到了惠灵顿,结束了这次环球航行的征途。

翁以煊,1959年出生于北京,1978年考入哈尔滨科技大学电子计算机系。1980年在美籍伯父的赞助下去了美国。1985年毕业于美国德州大学电脑科学系。1998年环球航海前先后在波士顿和加州从事了13年的电脑软件开发。

1991年,以10万美元购入一艘长12米、宽4米的二手单桅帆船,以自己的姓,给帆船起名"信天翁"。翁以煊觉得有种东西是他应该去追求的。一个大胆的想法在他的心里逐渐清晰定影:"随着2000年千禧年的临近,很多人都在计划实现一些人生的重要目标。为了满足自己和在40岁前不至于一事无成,我想展开一次个人的长途旅程,于是有了驾帆环游世界的规划。"翁以煊为了这次的环球之旅认真地准备了6年。先是去学习潜水,然后买船。住在这个船上达两年之久,把这个船完全了解,最后精心策划了一条航海的路线。

"信天翁"是一艘相当高级的旧帆船,有可折式船底鳍,吃水1.5米深。可在浅岸行驶,放开后又能远航。1998年12月14日,翁以煊驾驶着"信天翁",离开旧金山开始了他的全球航海之旅。1999年元旦,他到达墨西哥海。2000年元旦,他到达新西兰。

航海是艰苦也是很危险的事,但航海让翁以煊享受到了一种贴近自然,回归自然的愉悦,享受到了一种最真实的生活。

九、北美探险

探索自然丛书

几千年来,印第安人是西半球的唯一居民。他们是在 2 万多年前从亚洲漂移到北美来的。他们广泛散布在西半球南美的末端。大约 6000 年前,因纽特人——另一支亚洲人——迁移到西半球。他们很快地向东扩散在北美洲部分的北极地区。他们是唯一逗留在北极圈附近远北地区的民族。

1. 首先来到北美的维京人

由里夫·埃里克森(Leif Ericson,960～1025)领导的维京人可能是第一批到达美洲大陆的白人。但是维京人并没有建立永久性的移民点,他们的航海活动很快被人们忘却。

在《世界冒险家传记》(Who Was Who in World Exploration)一书中记载了埃里克森航海的故事:大约公元 1000 年的时候,奥拉夫国王委派埃里克森将基督教传给格陵兰这块殖民地上的百姓。埃里克森原本应当向西航向格陵兰,却被风吹离航道而抵达北美洲。他们登陆的地点大约是新斯科细亚省和切撒皮克海湾中间。

里夫·埃里克森

里夫·埃里克森是一位著名的北欧维京人,可能是在公元 1000 年时,第一个发现北美洲的探险家。他的父亲是挪威流亡海盗——红魔艾瑞克(Eric the Red)。他的父亲开展了两个古代挪威人拓荒的路线,分东西线,位置都在他父亲所命名的格陵兰（Greenland）海域上。

里夫·埃里克森在挪威长大,信仰基督教（当时古挪威人大多信仰基督教）,后来回到格陵兰时,他决心追随他父亲的精神,探索格陵兰的蛮荒,于是他买了船并航向维京英雄布加尼·索瓦尔德森（Bjarni Thorvaldssen）曾探险过的区域,他的探险号命名为 Bjarni Herjólfsson。这也是里夫·埃里克森缔造维京人探险传奇的开始。

里夫·埃里克森选择了与布加尼相反的方向探险,他第一个到达的岛屿充满了平板石,于是他将其命名为 Helluland（意指平石之地）,此地可能是今日加拿大的巴芬岛。接着他抵达了另一个较平缓而且有树林和白沙滩的岛屿,他将之命名为 Markland（意指树岛）;也就是今日在北美哈得孙湾与大西洋间的拉不拉多半岛。接着里夫和他的随从到了下一个岛定居,他们发现该岛的河中有相当多鲑鱼,气候温和,冬日只结一点霜,还不至于冰天雪地。而且草到冬日也还是绿色的。于是里夫在这个岛上一直居住直到冬日过去。最后里夫将这个丰腴的岛屿命名为文兰（Vinland 位于美国东北部新英格兰地区和加拿大纽芬兰拉不拉多半岛之间）。

维京人登上北美大陆

另一个说法是,里夫在从挪威返回格陵兰的航线上,第一个发现了今日的北美洲。但并没有详细提到他是否登陆过美洲,无论如何,维京人的探险传奇是今日美洲发现史上经常被提起的。

可见,由欧洲人探险和移居美洲并非始于其后的 500 年。但随着哥伦布的航行,探险者、军人和殖民者从一些欧洲国家大量地来到美洲。这一进程贯穿着白人控制印第安人家园的始终。

1494 年,欧洲的两个发达的航海国家,伊比利亚半岛上的西班牙和葡萄牙就开始了抢占世界的划分——托尔德西拉条约。这个条约规定在亚速尔群岛以西约 800 英里、佛得角群岛以西 1100 英里的地方划一条相当于今天的经线,将地球划成东西两半球,葡萄牙控制东半球,西班牙控制西半球。从发现美洲后,很快便导致对美洲内部探查与占领的争夺,其激烈情景简直到了无以复加的地步。

接着,英国和法国的探险家为了寻找通往"东方"的富饶市场的新路线,纷纷向北美洲来发现新领地。他们分别在加拿大的不同地区建立了新据点。其中法国人多沿着圣劳伦斯河、大湖区和密西西比河;英国人则集中在哈德逊湾和大西洋沿岸。虽然探险家如卡博特(Cabot)、卡地亚(Cartier)和尚普兰(Champlain)始终没有发现航向印度和中国的路线,但是他们在加拿大发现了许多同样具有价值的东西,诸如富饶的渔场和数量惊人的海狸、狐狸和熊等。

某些北美的印第安人部落帮助早期欧洲移民们在北美的荒原中生存下来。但是由于移民们不断地强迫西进,他们对印第安人的生活方式形成了威胁,从而印第安人与白人开始成了仇敌。

2. 发现纽芬兰

15 世纪下半叶,英国已成为先进国家。在政治上,1453 年英法百年战争结束,1485 年红白玫瑰战争结束,英国政局稳定,建立了都铎王朝,君主专制制度逐渐形成。在经济上,英国的农业、手工业、商业都发展得比较快,成为欧洲经济最发达的国家。在生产关系和阶级关系上,15 世纪时,农奴制已被消灭,资产阶级和新贵族逐渐崛起,是资本主义萌芽生长最茁壮的国家之一。在航海方面,15 世纪初成立了"商人开拓者"公司,与汉撒同盟竞争,从事海上货运。英国商船出现在西欧沿海各地,并有武装护航。英国的渔业也快速发展。英国渔船常到北大西洋深海捕鱼,甚至常到冰岛一带捕鱼。作为海岸线最长的岛国,英国的航海业也迅速成长起来。在这种国情下,英国于 15 世纪末挤进了航海探险地理发现的行列,不过它这时还只能扮演配角。

英国西南部的海港重镇、渔业中心布里斯托尔成为英国人航海探险地理发现的中心和基地。布里斯托尔的商人们得知哥伦布的发现后,出资装备了一个英国探险队前往"中国"海岸,并任命约翰·卡博特担任这个探险队的领导。这个倡议也可能是卡博特自己提出的。1496 年,西班牙驻伦敦大使给斐南迪和伊莎贝拉写信说"有一个像哥伦布的人向英国国王提出要进行如同哥伦布向印度航行一样的探险建议"。西班牙国王在给他们的大使回信中指示说,大使要向英国国王提出警告,这样的探险行动是对西班牙和葡萄牙合法权益的侵犯。然而,不论是英国国王亨利七世,还是后来的法国国王法兰西士一世,都不愿把那个世界分界线放在眼里。按照世界分界线规定,只有西班牙人和葡萄牙人才有权发现和占领偶像崇拜者的全部地区。

从 1480 年起,布里斯托尔的商人们便开始陆续派出船只,去寻找传说中神秘的亚特兰蒂斯(大西洲)、巴西群岛和安的列斯群岛,并寻找新渔场。

这年,一个叫约翰·介伊的人出资组建了一个探险队,去寻找据说在爱尔兰以西很远的巴西岛。这次探险虽然无功而回,但从此开始了几乎每年一度的持续的航海探险。

首先到北美探险的英国人是约翰·卡博特(John Cabot,1450 ~ 1499)。他原来是威尼斯航海家。1496 年 3 月 5 日,英王亨利七世颁发了给卡博特父子的许可敕令。敕令授权他们"以充分的和自由的权利航行至东海、西海、北海的所有海域、区域和海岸,去寻找、发现和考察位于世界任何部分的、迄今为基督教世界所不知的、异教徒和不信神者所居住的一切海岛、陆地、国家和地区"。国王约定从探险的收益中提取 1/5 的利润,并在敕令中故意不指明可以向南航行,以避免与西班牙人和葡萄牙人发生冲突。

1497 年 5 月 20 日,卡博特率以其妻子命名的三桅帆船"马修号"和 18 个成员,离开布里斯托尔向西航行。此次探险主要以开辟去东方的新航路、获取香料为目的,他们采取等纬度航行法,一直把航线保持在北纬 52°的纬线上。6 月 24 日,他们发现了陆地。卡博特称其为"首次见到的陆地",这里是纽芬兰岛的北端。他们在最近的一个港湾登陆,举行了占领仪式,插上蓝底红十字的英国国旗和威尼斯国旗(卡博特是威尼斯籍)。他们在这一带没有见到人,但发现了有人活动的证据,如猎捕动物的套索、织网的骨针和被砍过的树。卡博特然后向南偏东航行,考察了纽芬兰岛的全部东部海岸线,并绕过纽芬兰岛向东南凸出很远的阿瓦朗半岛,到达了北纬 46.5°,西经 55°。在阿瓦朗半岛周围的海域里,卡博特等看到了大群的鲱鱼和鳕鱼,这样就发现了面积 30 多万平方千米的纽芬兰大浅滩(Grand Banks)。这是世界上鱼类资源最丰富的海区之一。

7 月 20 日,卡博特开始掉头走原路返航,8 月 6 日回到布里斯托尔。约翰·卡博特认为他到达了东亚、中国,发现了"大汗的王国"的大片陆地,并绘制过一幅他首次远航探险的地图,可惜未能流传下来。亨利七世则把卡博特"首次见到的陆地"改名为"新发现的陆地",即纽芬兰(Newfoundland)。

卡博特的首次远航探险极大地鼓舞了英国人。他们认为自己没花多大力气便取得了与西班牙人一样、比葡萄牙人还抢先一步的巨大成绩,因为卡博特首航发生在哥伦布首航之后,达·伽马首航之前。于是,英国很快组织了对"中国"的第二次远航探险。1498 年 3 月,亨利七世下达了批准令,5 月初,以约翰·卡博特为首的探险队启航。这次共有 5 条船,约 200 名船员。

关于这次航行探险的情况人们所知甚少。人们推测,老卡博特在航行途中病死了,小卡博特——塞巴斯蒂安·卡博特(Sebastan Cabot,1476 ~ 1557)接替了父亲的指挥权。根据英国史学家的研究,此次探险从布城出发后驶向西北,先后经过了格陵兰岛、巴芬岛、后来由法国人卡提耶尔命名的圣劳伦斯湾,绕过了上次发现的纽芬兰,沿大陆海岸线继续向西南航行,一直到了马里兰后直接返航。

卡博特第二次探险中所取得的出色地理发现成果并不是来自英国

塞巴斯蒂安·卡博特

的历史文献,而是来自西班牙的历史文献。15 世纪末到 16 世纪初,胡安·德拉·科萨绘制了一张西班牙地图。这张地图上标明,在古巴以北和东北很远的地方有一条长长的海岸线。在这条海岸上画了许多河流,

探索自然丛书

塞巴斯蒂安·卡博特绘制的
北美地图(1544)

标出一系列地理名称;画了一个海湾,上面写着:"英国人所发现的海。"还画了几面英国国旗。人们知道,1500 年 7 月底,阿隆索·奥赫达与国王签订进行 1501 年到 1502 年的探险协定(这次探险以全面失败而告终),目的是把委内瑞拉湾沿岸区变为殖民地。他保证说,要继续发现大陆,"直到英国的航船到达过的陆地为止"。最后,彼得罗·马季尔报道说,英国人已经"到达直布罗陀线"(北纬36°),这就是说,他们航行到切萨皮克湾稍南的地方。

他同哥伦布一样,相信自己到达的是亚洲。这次他虽未抵达他想象中的富庶之地,但却证实他所到的地方不是亚洲,而是一个新大陆。塞巴斯蒂安声称自己发现了通向东方的航路,但无人理睬。这些早期航行虽然到达了加拿大海岸,不过没有在人文和地理方面产生很大影响,因此可以说加拿大仍未被"发现"。

卡博特父子的两次北美航行探险的意义在于:他们继诺曼—维京人之后,在地理大发现时代和大航海时代首先发现了北美广大地区,从而开始了发现北美洲的进程;他们的航海探险使英国加入地理大发现的行列,也是英国这个后来最大的殖民帝国、海洋霸王海外扩张的嚆矢,还是北美洲后来成为英语区的滥觞。

长期以来人们认为,塞巴斯蒂安在第二次远航后,可能是因父亲去世而伤心,不再去北美探险了。英国人由于失望灰心,在此后的几十年里也不再进行沿西北航线前去东亚的任何新的认真的尝试了。但近年

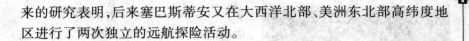

来的研究表明,后来塞巴斯蒂安又在大西洋北部、美洲东北部高纬度地区进行了两次独立的远航探险活动。

3. 维拉扎诺的北美探险

1453年英法百年战争结束,法国驱逐了外寇。1477年路易十一世"削藩"削掉了勃艮第公爵家的大片领地。15世纪80年代以来三级会议不再召开,法国向专制君主制过渡。1491年查理八世合并半独立的布列塔尼,最终完成了国家统一。1516年,法国国王掌握了国内大部分教权。百年战争胜利后,法国经济迅速恢复和发展,封建制度逐渐瓦解,资本主义开始萌芽和成长。到16世纪初,法国已成为西欧地区本土国土最大、人口最多、综合实力最强的统一国家。在这种形势下法国加入了地理发现的竞争。

法国一开始进行地理发现就对北美最感兴趣,这是出于寻找西北通道、捕鱼和殖民扩张的考虑。法国大西洋海岸的第厄普港和圣马洛港则成为远航探险的最主要基地。强大的法国与先进的英国一样,自然不愿意遵守和服从教皇子午线。从16世纪10年代起,法国诺曼底和布列塔尼的渔民就航行到卡博特父子发现的纽芬兰大浅滩捕鱼,有的渔民还航行到新斯科舍半岛附近,并于1504年前发现了这里的布雷顿角岛。稍后,法国海盗出现在中美洲海域,袭击、抢劫西班牙船只。法兰西斯一世(1515～1547年在位)鼓励法国海盗,给他们签发特许状,承认他们袭击西、葡船只合法,向他们提供资金,分享海盗收入。这些做法有些成效,后来还被英国伊丽莎白女王仿效。所以,在地理大发现时期有两类海盗和海盗行径,一类是危害非、美、亚、澳人民的西方殖民海盗,一类是欧洲列强相互间扩张与争夺的海盗。他们争夺霸权、势力范围和殖民利益。由于西、葡教廷擅自瓜分了世界,法、英、荷就对这种瓜分进行挑战。

乔凡尼·达·维拉扎诺(Giovanni da Verrazzano,1485～1528)便是这类海盗中的一个。他是意大利佛罗伦萨人,后为法国服务。在维拉扎诺开始探险前,绕过非洲去东方的新航路和绕过南美去东方的新航路均已开辟。但它们都万里迢迢,且被葡、西分别控制,所以后来参加地理发现竞争的法国仍希望能开辟一条到东方去的比较近又不受他人威胁的西北新航路。1523年冬,维拉扎诺用可能是劫来的西班牙钱财装备了

探索自然丛书

达·维拉札诺

一支有 4 艘船的探险队,正如他自己指出的,此行的"目的是航行到亚洲大陆边陲的中国"。但一场风暴把船毁坏得不成样子,只得返回法国修理。

1524 年 1 月中旬,维拉札诺率 100 吨的"多芬号"从第厄普出发,先到达马德拉群岛,然后向西横渡大西洋。3 月 20 日,他们航行到北纬 34°的"从未有人到过的一片新陆地"(美国东海岸北卡罗来纳州)。维拉札诺先南下探察了约 300 千米的海岸线,寻找可能存在的通向太平洋的海峡,但无结果。然后,船队掉头沿海岸向北航行,在整个航程中他们与印第安人有多次接触,均彼此友好没有发生过冲突。他们先后航入和考察了帕姆利科湾,切萨皮克湾和特拉华湾,发现并驶入了哈得逊河河口。维拉札诺继续沿海岸向东北航行,先后经过长岛、科德角半岛、缅因湾,最后到了新斯科舍半岛沿岸。在此次航行的最北处他们终于发现了本国布列塔尼渔民来过的痕迹。在此以前,维拉札诺一直希望发现前往太平洋的通道,现在他的航行和卡博特父子的探险已表明,至少在北部温带不封冻的水域,希望的海峡并不存在,于是维拉札诺决定返航,1524 年 7 月初他们回到法国。他从第厄普给法兰西斯一世国王寄送了他的探险报告,并保存下来。这是早期北美航行探险方面流传至今的最准确、最有价值的探险考察报告。在维拉札诺首次远航后,法国人便理直气壮地认为北美东边这一带沿岸属他们的合法领土。

今天的纽约周边地区最早居住着易洛魁部落和阿尔冈琴部落的印第安人。维拉札诺受法国安古兰家族弗朗西斯一世国王的委派,漂洋过海,于 1524 年抵达纽约湾,他是第一个踏上纽约土地的欧洲人。他发现了被当地人称为曼哈塔(Manahatta)的曼哈顿(Manhattan),而且还发现了一条河。

维拉札诺 1524 年的远航探险仔细地探察了从北纬 33°到北纬 47°（因先南下 300 千米）长达 2500 多千米的北美东部海岸，发现了其中的一些地段，带回了有关沿岸地区自然环境的居民情况的首批资料，第一个描述了北美东部的广大内河水系。他还在探险考察

维拉札诺海峡大桥

报告中，首次令人信服的指明了北美大陆与其他大陆的关系，首先发现了北美洲具有一块独立大陆的特征。此前，韦思普奇、瓦尔泽缪勒等仅认为南美洲是独立的大陆。此后，把南美和北美连接起来的地图开始出现，到 1538 年，墨卡托便把"亚美利加（America）"一名扩展到北美洲。

今天，维拉札诺海峡大桥横跨在纽约湾，这恐怕是纪念维拉札诺最大地名了。

1609 年又有一个叫做亨利·哈得孙的荷兰探险家也来到这里，并顺河游历一通，第二年便建立要塞。后来这条河流就称为"哈得孙河"。

1620 年左右，荷兰的西印度公司建立了新尼德兰殖民地；1626 年，该公司又委派德国人彼得·明纳维特在曼哈顿岛的南端建立新阿姆斯特丹贸易所。围绕着这个贸易据点，其他殖民地迅速增加，这种情形一直持续到 17 世纪中期，这些殖民地后来发展成为布朗克斯区、布鲁克林区、昆斯区和斯代顿岛。

到了 1626 年，这里已成为荷兰商人的商品交易站。传说荷兰人用价值 24 美元的装饰品与原来住在这里的印第安人相交换，买下了长岛这个小岛。到了 1654 年已有 1000 多荷兰人定居在这里了。为了防范当地印第安人的攻击和骚扰，荷兰人在这个小岛的南边小半截的地段，从东河到哈得孙河两条河流之间，用木头筑起了一道坚固的横墙，这就是现在"华尔街"的位置。

1664 年，当时的殖民地总督彼得·斯图易文森特（Peter Stuyvesant)向英国人投降。英国人将这座城市重新命名为纽约,以示对约克公爵的敬意。现在,纽约的地域早已不是局限在曼哈顿这个小岛上了。

4. 深入北美腹地

西班牙征服者,对位于北部的大陆所知甚少。哥伦布和其他人的航行都没有找到北美洲的海岸。如果墨西哥以北确实存在着广阔土地的话,那是多么神秘的地方!弗朗西斯科·巴斯克斯·德·科罗纳多(Francisco Vázquez de Coronado, 1510 ~ 1564)是找到这一答案的第一位欧洲人。

科罗纳多

他于1510年出生在西班牙,25岁那一年在墨西哥定居。1540年,科罗纳多受科尔特斯委派,率领一支探险队北行,去调查传闻中称为西博拉(现美国新墨西哥州境内)的富有城市。这些传闻出自美洲的印第安人,他们中有些已是西班牙人的朋友,有些则是监禁的囚犯。印第安人可能认为西班牙征服者为搜寻财富将会继续前进,而让他们过和平的日子。科罗纳多所发现的"城市"原来是贫穷的印第安人的村庄。

科罗纳多派出若干小分队去探测格兰德河、亚利桑那东北部和大峡谷。科罗纳多听说更远的北方有一富足地区,于是再度出发。他越过了大平原,但并没有发现什么财富,只得失望地回到墨西哥。

科罗纳多在亚利桑那东北部

人们认为,北美印第安人通过科罗纳多的探险引进了马。这些马可能从他们的营地逃走后,重新回到了荒野里。后来,这些野马又被印第安人俘获。

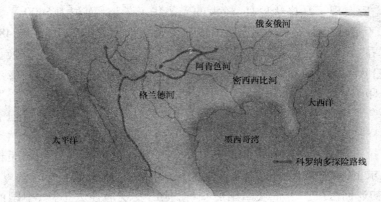

俄亥俄河

阿肯色河

密西西比河

格兰德河

大西洋

太平洋

墨西哥湾

—— 科罗纳多探险路线

科罗纳多的探险路线

5. 对加拿大内陆进行探险

真正开始对加拿大内陆进行探查的是法国人。法国长期以来一直与西班牙存在矛盾,在对美洲的探查和殖民方面也是如此。1523 年法王弗朗西斯一世曾派维拉札诺航行到北美海岸,目的是寻找通向亚洲的水道,但未成功。

1534 年,雅克·卡蒂埃(Jacques Cartier,1491～1557)受法国海军司令的委托和资助,去探寻前往中国的西北通道。2 月20 日,由两艘 60 吨的船和 61 人组成的探险队从圣马洛出发。探险队先向西北航达纽芬兰的最北端海角之外,6 月 9 日起折向西南,缓缓驶进贝尔岛海峡。卡蒂埃仔细地考察了海峡的拉布拉多半岛海岸,然后进入一个巨大的海湾。这是卡博特父子和法国渔民已来过的、长宽各达 400 千米、四周被陆地包围的大海湾。时值 8 月 10 日,是 258 年被罗马帝国处死的基督教圣徒圣劳伦斯的祭日,卡蒂埃遂把这个大海湾命名为圣劳伦斯湾。

卡蒂埃

卡蒂埃沿纽芬兰岛南下，考察了它的几乎全部西海岸。接着驶向西南，先后发现了马格达伦岛、较大的爱德华王子岛（面积为5600平方千米），不过他以为王子岛是半岛。船队沿海岸向西北航行，在北纬48°发现了乔列尔湾，在此探险队首次遇到了印第安人，双方进行了交换。接着，船队又北上到加斯佩湾，他们在此登陆，举行了占有仪式，并带走了两个印第安人做向导和翻译，并作为发现的见证。船队驶向东北，发现了圣劳伦斯湾中最大的安蒂科斯蒂岛（面积达8150平方千米），但卡蒂埃同样把它当成了半岛。船队探察了他的东南海岸和东北海岸，然后沿拉布拉多半岛海岸回到贝尔岛海峡的西南口。此时在两艘船的船长再三恳求下，卡蒂埃中止了继续探索前往中国的通道。他们穿过海峡，于9月初返回法国。卡蒂埃回国后宣称，他已发现通往太平洋、中国的海峡，并称其为圣彼得罗海峡。

1535年，卡蒂埃受法兰西斯一世委派，继续探索西北通道。5月中旬，他率3艘船110多人从圣马洛起航，第一次探险带回的两名印第安人成了向导和翻译。这次卡蒂埃经贝尔岛海峡、圣劳伦斯湾直奔圣彼得罗海峡（今卡蒂埃海峡）。8月中旬他们驶出了峡口，却没有进入中国海（太平洋），而是进入了一条大河的河口。卡蒂尔把这条河称为圣劳伦斯河。他溯河而上，并把大河北岸的一条支流萨古恩来河当成通往另一个海洋的水道，还以为印第安人所说的多有金银的萨古恩来土著王国可能便是印度或中国。

萨古恩来河口以南至今魁北克以南的印第安人把自己的村庄叫做"加拿大"（Kanada），这个表示"村落"的名词被卡蒂埃以为是地名、国名，后来更演变成对北美洲整个北部地区的通称（Canada）。法国人与印第安人亲善友好，向他们宣传、介绍基督教，进行易货交换。它们在河岸边许多地方竖起了高大的木十字架，上面写着"此地归属于法国国王法兰西斯一世"。这样就开始了建立广袤的海外殖民地新法兰西或加拿大的事业。9月中旬，卡蒂埃率40人逆流继续向西南航进，一直到了渥太华河与圣劳伦斯河相汇的地方。这时，他们已探察了从河口至此的约700千米的河道。卡蒂埃把两河相汇处的一座山峰命名为蒙罗亚尔（Mont Réal），意即皇家山。它的发音由于快读不久便讹变为蒙特利尔（Montréal），后来便成了法国人在此建立的城市的名称。11月他们回到魁北克与大队汇合,在此过冬。1536 年 5 月中旬,圣劳伦斯河和圣劳伦斯湾开始解冻,探险队随即返航。他们出河口后经过加斯佩海峡、不雷顿角岛、卡博特海峡进入大西洋,7 月上旬安全返回法国。

法兰西斯一世立即公布了他们重大地理发现,把加拿大地区正式划入法国版图,并认为这一带物产丰富。被卡蒂埃带回来的印第安酋长多纳科纳等人还晋见了法兰西一世,但不久因水土不服而病死了。

1541 年,大贵族诺贝瓦尔被任命为新法兰西的副王,他派卡蒂埃率 5 艘船去加拿大进行殖民开发和探险。他们 5 月下旬出发,1542 年春天,卡蒂埃殖民探险返航。诺贝瓦尔后来派葡籍船长茹安·阿丰索率一艘船尽量溯河而上,最后到了北纬 42°的马萨诸塞湾,然后才返航,1543 年 9 月回到法国。此后,法国人常到圣劳伦斯湾和圣劳伦斯河流域,在那一带捕鳕鱼、鲸鱼,炼制鲸油,与印第安人进行不通话的易货贸易,并深入内地收购毛皮。而购买毛皮的活动又给探察加拿大腹地准备了经济基础。不过法国人满足于既得利益和忙于应付国内的麻烦与欧洲事务,60 年间没有再从事重大的探险和地理发现。

卡蒂埃三次北美航行探险的成就是:探察了圣劳伦斯湾四周绝大部分海岸,基本上完成了环海湾航行;他们发现了湾内爱德华王子岛、安蒂科斯蒂岛两个大岛、马格达伦岛和一些小岛;发现了北美第二大河(按河口流量计)圣劳伦斯河及其许多支流,探察了它的下游约 700 千米的河段,探察了萨古恩来河至圣约翰湖的河段和湖泊(由阿丰索完成);开始了对加拿大北部东部腹地的探察;完整地探察了纽芬兰岛的西海岸,完成了对巨大的纽芬兰岛的发现。

已成为资本主义社会的法国和英国的探险家彼此比较类似,而与还处于封建社会的西班牙、葡萄牙的探险家有所不同。卡蒂埃与卡博特比较类似,对印第安人都比较客气,基本上没干什么殖民海盗的勾当,尽管他原先是一个海盗。难怪英国史学家巴克利说他比起中美洲的西班牙人来几乎是个圣人,他是作为探险家、传教士、商人来到加拿大的,而不是作为征服者、侵略者和强盗来的。

卡蒂埃之后法国政府对加拿大的兴趣消沉了若干年。但此期间北美却成了法国民间向往的捕鱼基地,前去捕捞的船只穿梭不断,1578 年仅纽芬兰海域就有 150 条法国渔船。这些捕鱼的法国人,顺便与印第安

探索自然丛书

人进行贸易,换回当地的毛皮到国内出售,毛皮贸易由此兴起并很快成为有利可图的事情,再次刺激起法国政府探查和开发北美的热情。

约翰·戴维斯

英国的航海家约翰·戴维斯(Davis John,1550～1605)曾进行过3次北极地区的航行,试图寻找到西北航路。第一次航行是在1585年。他的船沿格陵兰西岸北行,对面是巴芬岛。这条海峡现以他的名字命名为"戴维斯海峡"。在巴芬岛的东南岸,他发现了现称为"坎伯兰湾"的小海湾。戴维斯认为这可能是西北航路的起始点。但是冬季即将来临,他不得不朝回家的方向行驶,未作进一步的考查。

1586年,戴维斯又回到了这些岛屿和海湾,向南远行至纽芬兰岛。奇怪的是,他没有回到坎伯兰湾。直到1587年他第三次探险时才重访坎伯兰湾,当时他发现这个海湾不过是海洋深入陆地的一个小湾。

约翰·戴维斯实际上是一位科学家。他保留了详细的航行记录。经以后的北极探险家证明,这些资料是非常宝贵的。他所绘制的加拿大北部海岸外的北极海域图,两个世纪以后仍在使用。

法国的毛皮收购商和猎人,沿别人足迹前行继续对加拿大进行探险和发现。这些人居住在印第安人中间,与印第安女人结了婚,但是他们仍然说法国话,并把这种语言传给自己的后代。为了寻找新的狩猎地,他们向西走得很远很远,一直到达落基山脉的边缘。在北部他们沿密西西比河逆水向上游航行,到达该河的上游地区,然后穿过几乎不被人们察觉的不高的分水岭,在苏必利尔湖的西北地区发现了一系列不大的湖泊以及流入北冰洋的许多大河。

1717年,皮尔·哥迪·瓦林·德·威朗德里定居于苏必利尔湖以北的尼皮贡湖附近。他从当地的印第安人和猎人那里打听到,在尼皮贡湖的西部和西北部地区有许多大湖和大河,于是他认为这些大湖和大河就是通向西海(太平洋)的水道。从1731年起到1748年止,瓦林和他的儿子进行了一系列旅行探寻活动,他们发现了加拿大中部地区的许多大湖,并把它们标入地图。这些大湖是:伍兹湖、温尼伯湖、马尼托巴湖、温尼伯戈西斯湖和其他许许多多较小的湖泊。他们发现了流入温尼伯湖的萨斯喀彻温河,并沿该河向上航行到南北两河汇合地点。在西南地区,他们在小密苏里河流域穿过了北美高原北部地带,行进到大约位北纬44°的落基山脉的东部分支——大霍恩山脉附近。

瓦林父子在他们所发现的湖泊和河流附近地区建立了一连串商业据点。1751年,一个名叫尼维尔维尔的法国人,为了追

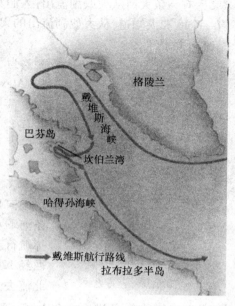

戴维斯航行路线

拉布拉多半岛

戴维斯的航行路线

溯南萨斯喀彻温河的全部流程,从它的河口一直行进到它的上游(北纬50°线),并在落基山脚下的南萨斯喀彻温河的一个源头河(鲍河)上建起了一个要塞(位于现今的卡尔加里城附近)。这一连串的商业据点和贸易区被人们称为"设有防御工事的西海线",而且此名称传遍四方。

每一个大湖都好像是"西海",但是法国人走到每个大湖跟前时却发现,在这个太湖另一边仍旧延伸着辽阔的森林或草原地带。法国人深入到西部更远的地区,这个辽阔的大陆好像无边无际,他们一直走到落基山脉的脚下,这个天然屏障阻止他们继续向前,迫使他们停下来了。

当时的地理学家引用法国的加拿大先驱者的话,在巴黎预言说,西边有一个辽阔的海湾,它深深地嵌入北美大陆,因为人们当时都知道,发源于温尼伯湖的纳尔逊河注入哈得孙湾,所以人们以为,大西洋与太平洋之间的内河水道是要穿过纳尔逊河以及加拿大中部地区的湖泊和河流的。

1779年,荷兰人亚历山大·马更些被派往位于阿萨巴斯卡湖西南角的奇珀怀恩堡担任领导职务。从阿萨巴斯卡湖流出的奴河注入大奴

湖,另有一条大河从大奴湖流出,人们对这个情况是了如指掌的,但是没有一个欧洲人知道,从大奴湖流出的大河向何处流去,是奔向北冰洋,还是流向太平洋。

亚历山大·马更些

为了探察这条大河,亚历山大·马更些(Alexander Mackenzie,1764～1820)于1799年组建了一支探险队,这支探险队共有12个人,马更些同父异母的兄弟罗杰里克·马更些担任了这个探险队的领导。马更些的探险队乘4只小船驶向大奴湖,6月底,进入一条水量充沛的大河,这条河是从大奴湖流出的。马更些沿这条河顺水而下,向西航行,这时他还未失掉航行到太平洋的希望。然而当他航行西经124°时,这条河突然改变了流向,朝北流去。再往下游航至不远的地方,河又朝西北方向奔流,并进入一个山区。河谷的左面是马更些支脉(马更些高地);河谷的右面是另外一些高山。在北纬65°线附近水量充沛的大熊河的宽阔谷地把东面的富兰克林山脉从中间裁断之后,从东面汇入探险者航行的这一条河流。亚历山大·马更些和罗杰里克·马更些不能不对大熊河加以注意,但是大熊河的流向却与他们探险的基本目标相反。3年以后,即1792年,罗杰里克·马更些再次来到这个地区,并在极地圈附近发现了大熊湖。这是北加拿大湖泊中最大的一个湖,大熊河就是从这个湖的西南角流出的。

亚历山大·马更些所航行的这条河在北纬67°附近流入一个宽阔的河谷地带。7月10日,马更些写道:"……十分清楚,这条河将注入北部大海。"他沿着这条向低洼海岸流去的河流又航行了两天时间,这条河在沿岸地区分成了无数条支流。7月13日,亚历山大·马更些在位于北纬63°30′的这条河河口三角洲一个岛的山冈看到了西部大海的水域(波弗特海的马更些海湾)。太阳还未落山的傍晚,他凝视着澎湃的海水,这一切情况表明,他已经到达北冰洋了。但是由于他未能到达海洋边缘,也没有对海洋沿岸的两侧地段进行探察,所以人们长期以来对他的报道是否真实表示怀疑。马更些本人把自己失败的原因解释为食品已经全部耗尽。7月16日,他启程返回。他沿这条河向上游航进,于9月12日回到阿萨巴斯卡湖角的奇珀怀恩堡。沿这条河往返共延续102天之久。

稍后一些时候,这条发源于大奴湖并注入波弗特海的巨大水流被命名为马更些河。这个庞大水系的上段(共1700千米)发源于北纬52°、东经118°的落基山脉前沿山麓,称阿萨巴斯卡河;它的下段被称为马更些河,整个水系被称为马更些—阿萨巴斯卡河。它的全长约4600千米,流域的面积约为176万平方千米。

马更些的探险路线

6. 为寻找"西北水道"来到北美的哈得孙

1607年,亨利·哈得孙(Henry Hudson,1565～1611)受到一家与俄国做生意的英国莫斯科贸易公司的委派,向正北远航,以寻找一条通往中国的航路——"西北水道",也就是理论中在北美洲北方一条能连接大西洋与太平洋之间的水道,但事后证实它根本不存在。当时还无人知晓北极地区是被坚冰所覆盖的,人们以为北极只是一条狭窄的海洋。

哈得孙

探索自然丛书

哈得孙一直航行到斯匹次卑尔根群岛以北北纬 80°的地方。这比以前所有人到达的地方都要更北面一些。由于遇到了大片的浮冰,哈得孙无法继续往北航行,被迫返回。

1609 年,哈得孙第二次远航,再度向北行驶。这回是被荷兰国王派去寻找西北通路。这次他穿越了巴伦支海,但还是因受冰阻而被迫返航。他转向朝西,试图另外寻找到一条经由西北航路的航线。他沿北美洲海岸航行,远至现今称为"哈得孙河"的地方。1609 年 9 月 3 日,一个起雾的清晨,亨利·哈得孙和他的船员们,驾着"半月号",从大西洋海岸驶入河流。强风及暴风雨,迫使他们放弃当初声称要继续往东北探险的航程。他们溯河而上,但没有找到

"半月号"帆船

通往太平洋的航路。当地印第安人告诉哈得孙,并不存在经阿巴拉契亚山脉通往太平洋的路线。

1609 年,哈得孙遇见莫霍史印第安人。他们告诉哈得孙,并不存在经阿巴拉契亚山脉通往太平洋的路线

次年,哈得孙作最后一次航行,又向北极地区进发。他决定在哈得

孙湾过冬,后来证明这是一个致命的错误。由于食品短缺,船员们发动了哗变。哈得孙被弃于一艘救生小船上。

哈得孙第三次探险结束时,他和他的儿子以及5名船员乘坐一艘救生小船,在大海上漂泊。

哈得孙第二次向哈得孙河的航行,得到了荷兰东印度公司的支持。6年后,一批荷兰人来到哈得孙河河口。他们把这块定居地命名为"新阿姆斯特丹"。它就是今天的纽约市。

哈得孙被弃于一艘救生小船上

所以,除了寻找西北航路并没有达到目的外,这些探险家都成功地探索了北美地区。

7. 建立新法兰西

1602年,在亨利四世的支持下,阿伊马·德·蔡斯特斯组成一个殖民冒险公司,吸收当地有钱的商人,对加拿大发起新的探查。这次扮演主角的是塞缪尔·德·尚普兰(Samuel de Champlain,1567～1635)。

尚普兰是法国人,曾于1599年参加一次西班牙探险到过美洲。他有很丰富的航海和地理学知识,深得法王亨利四世信任。尚普兰为在加拿大建立法国势力所做的种种努力超过了其他任何人。1603年,他第一次到达加拿大,循着雅克·卡蒂埃的路线溯圣劳伦斯河而上。与许多欧洲探险家不同,尚普兰努力与遇见的土著美洲印第安人交朋友。这些印第安人属休伦人部落。

1603年他首次参加对圣劳伦斯河谷的探查,沿河行进到拉钦,已接近五大湖地区。他从印第安人那里听说休伦湖水是咸的,猜想那可能是南部大海,或许通向太平洋。这种想法乃是驱使他继续进行探查的动力之一。1608年法国在加拿大建立第一块永久殖民地。

探
索
自
然
丛
书

尚普兰

尚普兰与休伦部落缔结了盟约

1608 年 7 月 3 日尚普兰在魁北克角登陆,尚普兰建立了一个新的聚居地,它深入魁北克省的休伦地区。他根据一个印第安语词语"河流狭窄之地"为该地取名为"魁北克"。魁北克现在仍然是加拿大法语区的中心。

尚普兰与易洛魁人交战

1609 年夏天,尚普兰开始了探察北美腹地,同时参加盟友阿尔贡金人对易洛魁人的军事行动。他率领好几名法国人和几十名印第安人,乘一艘大的船溯圣劳伦斯河而上,然后又沿该河南部的一条支流黎世留河逆水而上,这样就发现了该河中游的尚普兰湖。他考察了全湖,并绘制了这一带的地图,并附上详细的说明。在湖南岸他们与易洛魁人交战,打败了对方。这一小仗奠定了法国统治法属美洲的基础,也开始了后来法国人与易洛魁人的世仇和敌对。此后他们回到圣劳伦斯河,又前进到蒙特利尔,因秋凉而返回魁北克。以后几年,尚普兰致力于魁北克一带的法国殖民地移民点的建设和发展。1613 年他探察了渥太华河,前进到今天的彭布罗克,即从河口上溯了整整 300 千米,探察了这段未被考察过的河段。

1615 年,尚普兰进行了他一生中最重大、最著名和最有成果的探险。这一次他只带上两三个法国人和十来个印第安人,乘小船溯圣劳伦斯河、渥太华河而上。他们越过了上次探险所到达的最远点,发现了不小的尼皮辛湖。接着他们顺源于该湖注入休伦湖的法兰西河而下,发现了五大连湖中间的休伦湖。在休伦湖乔治亚湾,尚普兰失望地发现湾里的水是淡的,这说明它不是大南海——太平洋。于是他称其为淡水洋。之后他们向东南渡过了乔治亚湾、穿过休伦湖和安大略湖之间的陆地,经过锡姆科湖、特棱特河,到达安大略湖。接着他们又向东南渡过了安大略湖。在这里尚普兰确认了圣劳伦斯河是从安大略湖的东北角流出。他们深入到今纽约州的锡拉丘兹、奥内达湖一带。在这里,他们在攻打易洛魁人寨子时被击败,尚普兰腿上也受了伤。探险小队原路绕回,直到第二年春天才回到魁北克。此后,尚普兰不再亲自探险,放弃了寻找陆上西北通道的希望,转而大力经营殖民地。

接下来的几年,尚普兰致力于《新法兰西游记》的写作,他把这本书献给黎塞留主教。1633 年 3 月 1 日,尚普兰受黎塞留指派,再次成为新法兰西总督。

1633 年 5 月 22 日尚普兰于 4 年后重返魁北克市。1634 年,他向黎塞留提交了一份报告。报告中说他重建了魁北克市,扩大了防御工事,在上游新建了一处定居点,在魁北克市附近也建立了一个定居点。他对易洛魁人的态度也开始强硬,试图将其赶走,或者让其屈服。

易洛魁人永远不会忘记法国人站在他们的敌人休伦人一边。一个世纪以后,在英、法两国为争夺加拿大控制权的交战中,易洛魁人站在英国人一边。

1635 年尚普兰瘫痪病倒,12 月 25 日去世,没有留下子嗣。他被暂时葬于 Monsieur le Gouverneur 教堂的墓地。但 1640 年一场火灾焚毁了教堂,虽然教堂立即重建了,但埋葬尚普兰的确切地点已经无从知晓了。

巴芬

在尚普兰取得重要探险成果的同期,1615 年夏天,西北通道公司派出"发现号"去探寻西北航路。这次船长是罗伯特·拜洛特(Robert Bylot)。他至少参加过哈得孙的第四次远航,并最后领导幸存者驾船回到英国。

他的领航员——主舵手是既年轻、又有经验的威廉·巴芬(William Baffin, 1584 ~ 1622)。船队在 9 月上旬回到英国。此次航行他们发现和穿过了福克斯海峡,初步发现了南安普顿岛北岸和梅尔维尔半岛南岸。1616 年 5 月,拜洛特和巴芬又率"发现号"和 17 个人去探寻西北通道。这次他们调整航线,沿戴维斯海峡东岸(格陵兰西岸)北上,先后发现了格陵兰的梅尔维尔湾和赫依斯半岛。接着,"发现号"完成了环绕巴芬湾的航行,8 月底回到英国。巴芬还绘制带回了巴芬湾一带的比较详细和准确的地图,并以探航的赞助人的名字命名了出入巴芬湾北部的那三个海峡。

拜洛特和巴芬第二次探险所取得的地理发现成就是巨大的。他们发现了格陵兰最大的边缘岛、西海岸的迪斯科以及从北纬 72°~77°的好几百千米的格陵兰西海岸,包括梅尔维尔湾和赫依斯半岛;完成发现了比波罗的海还要大的巴芬湾(69 万平方千米);初步发现了史密斯海峡、巨大的埃尔斯米尔半岛(19.6 万平方千米);开始发现了琼斯海峡、德文岛、兰开斯特海峡、拜洛特岛(19 世纪时发现它是巴芬岛隔开的大岛)、巴芬岛的一部分东北海岸。他们在西北通道方面向北挺进到 78°45′,比他们的先驱戴维斯又提高了 5 个纬度。这个纪录一直保持了两个多世纪。

十、中、南美洲探险

当哥伦布到达美洲时已有约 2000 万印第安人居住在美洲。大约 1500 万～2000 万印第安人生活在今墨西哥至南美洲的末端。大约 100 万印第安人生活在现今的美国和加拿大领土上。

美洲印第安人由数百个部落组成，他们操着不同的语言和生活方式。在中美和南美洲的一些部落——包括阿兹特克、印加和玛雅——建立了进步的文明。他们建立的城市有着巨大的、华丽的建筑群。他们还积聚了黄金、珠宝和其他财富。大多数墨西哥北部的印第安人生活在小村庄里。他们打猎并种植如玉米等谷物、各种豆类和各种瓜类。一些部落不断移动以寻找食物而且从不停在一个地方建立固定的移殖地。

1. 首先提出"新大陆"概念

亚美利哥·韦斯普奇（Amerigo Vespucci，1451～1525）是意大利的商人、航海家、探险家和旅行家，美洲是以他的名字命名的。他经过对东海岸的考察提出这是一块新大陆，而当时所有的人包括哥伦布在内都认为这块大陆是亚洲东部。

韦斯普奇出生于佛罗伦萨的一个富裕的家庭，在家中排行第三，父亲是佛罗伦萨货币兑换行会的公证人。他长大成人后，开始为佛罗伦萨一个有名气的银行家麦迪奇家族工作，并在故乡的城市里平静地生活到 40 岁。麦迪奇家族在西班牙开办了一些规模宏大的金融机构，不迟于 1492 年亚美利哥作为麦迪奇银

韦斯普奇

行的代理人被派往巴塞罗那,后来又到塞维利亚任职,在塞维利亚他居住到 1499 年。这年,奥赫达组织了一次对珍珠海岸的探险活动,所用的资金是通过亚美利哥提供的。毫无疑问,韦斯普奇参加了奥赫达在 1499～1500 年所组织的那次航行。不迟于 1503 年,他转向葡萄牙,并为葡萄牙人服务。1501～1504 年,他随同葡萄牙船只航行到新大陆海岸。1504 年,韦斯普奇再次回到西班牙。在西班牙任职期间,他大约两次(在 1505 年和 1507 年)航行到达连湾。在此以后的 4 年时间里,直到他于 1512 年逝世为止,曾担任过卡斯蒂利亚的主舵手。

韦斯普奇赢得的世界性声誉,是建立在他两封令人怀疑的信件基础上的。这两封信写于 1503～1504 年,很快被译成了多种文字,并由当时欧洲一些国家的出版界出版了,但是直至今日,我们并未得到这两封信的原件。第一封信是寄给这位航海者原来的主人——银行家麦迪奇的。韦斯普奇在这封信中叙述了他于 1501～1502 年在葡萄牙任职时期完成的一次航行情况。第二封信大约是寄给佛罗伦萨人索捷波尼的,此人是韦斯普奇童年时的朋友。在这封信中,亚美利哥描述了他在 1497～1504 年参加过的 4 次航行。头两次航行仿佛是在西班牙任职期间完成的,后两次航行好像是在葡萄牙任职期间完成的。关于这几次探险情况韦斯普奇写得非常不肯定。谈到第一次航行的原因时,说他是受斐南迪国王之邀去"协助"进行这次探险。他对第二次航行的原因保持沉默,避而不谈。至于其他两次航行的情况他只说了"在船长们的率领"下完成的。在这些信中韦斯普奇很少提供他所行经路线的距离,这地区的地理概况,已被发现的海岸、海湾、河流及其他方面的名称。然而他却有声有色地描写了南半球的星空,被发现地区的气候、植物和动物情况,以及印第安人的外貌和生活习惯。所有这些描写既生动活泼又引人入胜,充分显示了他的文学才能。

当时欧洲的广大读者对地理新发现的兴趣甚浓。可是西班牙政府对哥伦布和西班牙其他航海家航海发现的结果并不公布于众,因此,这位佛罗伦萨人有关他"四次航行"到大西洋西岸的生动记述赢得了巨大的成功。

人们知道韦斯普奇没有"亲出"发起和组织过任何一次探险,也没有担任过任何一个探险队的领导人,只有他在别人的领导下进行过航行的记录。多数历史学家甚至怀疑,他是否真的进行过他自己所说的那几次航行。亚美利哥的名字变成了新大陆的名称——亚美利加,这件事到底是怎样发生的?

正是由于他的信件被出版并广为流传,因此导致德国地理学家马丁·瓦尔德瑟谬勒(Martin Waldseemuller)写了一本篇幅不大的著作,书名为《天文地理导言》。1507 年出版,书中将这块大陆标为"亚美利加(America)",是亚美利哥名字(Americo)的拉丁文写法——"亚美利乌斯·维斯普苏斯"的阴性变格。并附上了亚美利哥·韦斯普奇那两封信的全文(拉丁文译件)。在这本小册子里人们第一次看到了亚美利加这个名称。

瓦尔德瑟谬勒的世界地图

瓦尔德瑟谬勒写到:"古代人把有人居住的大陆划分为三个部分:欧罗巴、亚细亚和阿非利加,然而现在已被考察过的世界地区更广阔了,亚美利哥·韦斯普奇发现了世界第四个部分……我没有看到有谁会以何种理由和具有何种权力能禁止把世界的这个部分称为亚美利哥或亚美利加地区。""发现了世界的第四个部分"就是发现了新世界。这个新世界是古代人未知的一块大陆,它像非洲一样,沿赤道两侧扩延,但是它远离非洲,被大西洋所隔。

　　既然这块大陆已被发现,就应该给它"洗礼命名"。瓦尔德瑟谬勒的著作就被看作对这块新大陆命名为"亚美利加(America)"的"凭据"。

　　新大陆是由韦斯普奇首次发现的理论曾经引起过许多争议,有人认为这两封信是韦斯普奇为了强调自己的发现伪造的;还有人认为可能是和韦斯普奇同时代的其他人伪造的。

　　地理大发现时期绝大多数历史学家认为,1497～1498年,韦斯普奇根本就没有向西印度航行过。韦斯普奇所谓的第一次航行只不过是历史上一系列文献完全证实的奥赫达于1499～1500年所进行的第二次航行资料的"虚假版本"。韦斯普奇有意臆造第一次航行,是要把哥伦布发现新大陆的功绩归于自己? 还是这件事的结果并不是出于他本人的意愿? 两个世纪以来,几乎所有的历史学家都有一个倾向性的看法:韦斯普奇是一个十足的骗子,他企图把哥伦布发现新大陆的荣誉归为己有。19世纪的初期,只有亚历山大·洪堡先是在他的《地理历史的批判研究》,后又在《天文学》这两本书中试图为韦斯普奇恢复名誉。

　　目前,历史学家普遍认为亚美利哥·韦斯普奇对南美大陆只考察过3次,1497年从西班牙加的斯出发的第一次考察实际不存在。

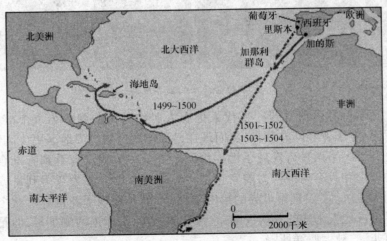

亚美利哥·韦斯普奇对南美洲的探险路线

　　从 1499 年到 1501 年,韦斯普奇曾参加了由阿伦索·德·奥维达领导的探险,到达现在的圭亚那沿海后,两人似乎分手了,韦斯普奇向南航行,发现了亚马孙河河口,直到南纬 6°,然后转回,发现了特立尼达岛和奥里诺科河,经由现在的多米尼加回到西班牙。

　　他的第二次航行是从 1501 年到 1502 年,是代表葡萄牙出航的,如果他的记载是正确的话,这次航行曾到达阿根廷南部的巴塔哥尼亚地区。很少有人知道他的最后一次据说是从 1503～1504 年的航行,也可能根本就不存在。1512 年亚美利哥·韦斯普奇在西班牙的塞维利亚去世。

　　尽管对他究竟有几次探险存在争议,但他对南美洲的探险本身确实存在,而且正是由于他的信件,欧洲人才第一次知道存在一个美洲新大陆。

2. 首次到达巴西的欧洲人

　　卡布拉尔(Pedroálvares Cabral, 1467～1520)是葡萄牙航海者,最早到达巴西的葡萄牙皇家船队指挥官。出生于葡萄牙贝尔蒙蒂一个贵族家庭。曾任葡萄牙王室参事。1500 年,被葡王曼努埃尔一世任命为东印度探险队指挥官。当年 3 月 9 日率船 13 艘船从里斯本出发远航东印度。船队在途中遇强烈风暴而远离非洲西海岸,顺赤道洋流于 4 月 22 日漂抵巴西东海岸的帕斯夸尔山,在塞古鲁港(即今加布拉利亚湾)登陆。

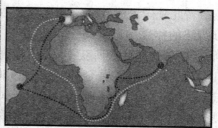

卡布拉尔　　　　　　　　卡布拉尔的航线

卡布拉尔在岸边竖起刻有葡萄牙王室徽章的十字架,宣布该地区为葡王所有

卡布拉尔在岸边竖起刻有葡萄牙王室徽章的十字架,宣布该地区为葡王所有,并派人回国报讯;自己率船队继续航行,绕非洲好望角发现马达加斯加岛,9 月 13 日抵达印度卡利卡特,后在奎隆等地设置商站,同印度南部沿海地区建立了正式的贸易关系。1501 年 1 月 16 日载运大批香料由印度返航,6 月 23 日回到葡萄牙。由于当时葡萄牙拥有富裕的东方,对巴西不大重视,加之航行中数船被毁,损失颇巨,他受葡王冷遇,后退职隐居。

3. 巴拿马探险

最早到达巴拿马一带的欧洲人是一位西班牙探险家罗德里戈·德·巴斯蒂达斯(Rodrigo de Bastidas,1460～1527)。

1500 年 10 月,巴斯蒂达斯指挥两艘帆船到新发现的大陆探险。他聘请了著名的制图者胡安·德·拉·科萨(Juan de la Cosa)做舵手。科萨曾参加了哥伦布的第二次新大陆航海,并为哥伦布绘制了一幅著名的地图。船队里还有另一位后来享有盛名的探险家瓦斯科·努涅斯·德·巴尔波亚(Vasco Nuñez de Balboa)。船队沿着委内瑞拉海岸向西航行,于 1501 年到达了巴拿马的两个港湾——巴斯蒂达斯并没有为它们命名,然后转北驶向圣多明各。由于这次探险,巴斯蒂达斯被冠以"巴拿马发现者"的称号。

尽管巴斯蒂达斯此次所获不多,还是搞到了一些黄金,后来那一带附近的区域竟然被称为"黄金的城堡"。1508 年,西班牙国王斐迪南二世任命迭戈·德·尼奎萨(Diego de Nicuesa)为该地区的都督,派他前往殖民。尼奎萨于第二年来到了贝略港。他深入港湾内部进行探测,不料和当地人发生了冲突,一些部属丧命。尼奎萨只好放弃了这里,来到粮食港的地方,在一块肥沃的土地上建立据点。当时他命令道:"Paremos

巴斯蒂达斯

巴斯蒂达斯的航线图

aquí, en el nombre de Diós!"结果这个地方就真的叫做了 Nombre de Diós, 即"上帝之名",音译为诺姆布雷·德·迪奥斯。1511 年,巴尔波亚来到了东面的达连地区进行殖民,尼奎萨认为侵犯了他的利益,于是前去攻打,反而被打得大败。3 月 1 日,他坐上一条漏水的小船逃走,此后再也没有听到他的消息。诺姆布雷·德·迪奥斯的移民在巴尔波亚的劝

尼奎萨的航线图

诱下,全部迁到达连地区。这就是巴拿马地峡上第一个殖民地的最初经历。

　　1513 年 9 月 25 日,巴尔波亚向西南越过达连地峡后,在高山顶上望见了一片汪洋,地理大发现史从此翻开了新的一页。后来新任都督佩德拉里亚斯·达维拉(Pedrarias Davila)建立了巴拿马城。他的一位部下迭戈·德·阿尔比特斯(Diego de Albites)受命到北方海岸探险,于 1519 年重建了被遗弃的诺姆布雷·德·迪奥斯。佩德拉里亚斯下令疏通连接南北两地的山道,一路开山架桥,铺设河石。虽说长仅 90 千米,宽不过 90 厘米,却不知沾染了多少印第安人的血汗。1519 年 8 月,佩

探索自然丛书

德拉里亚斯从诺姆布雷·德·迪奥斯出发,检阅这条山路,一直到达了巴拿马城。

4. 最早进入秘鲁的西班牙殖民者

　　法兰西斯克·皮泽洛(Francisco Pizarro,1475～1541)是西班牙殖民者,开启了南美洲(特别是秘鲁)的西班牙征服时期,也是秘鲁首都利玛

的建造者。皮泽洛出生在西班牙埃斯特雷马杜拉省的特鲁希略镇上。是丰萨洛·皮泽洛(Fonzalo Pizarro)的私生子。他父亲是一位步兵上校,曾在意大利服务过。皮泽洛的童年资料留下来的不多,仅知他童年过得相当贫苦,而且没有受过什么教育,在16世纪初期,皮泽洛本来在塞维利亚,后来加入了西班牙航海探险的船队,被奉派过几次探险任务,曾远征到西印度群岛的希斯盘纽拉岛,1510年时,据说他曾和阿隆索·德·奥赫达(Alonzo de Ojeda)从希斯盘纽拉岛到过乌拉布(Urab)。皮泽洛跟随着瓦斯科·努涅斯·

皮泽洛

德·巴尔沃亚(Vasco Núñez de Balboa)一同探索太平洋周边的岛屿,并在巴拿马定居,成为了养牛的农夫。

　　1522年,他和教会的修士埃尔南多·德·卢克(Hernando de Luque)以及士兵迭戈·德·阿尔马里奥(Diego de Almagro)合伙,从巴拿马南下寻找更多可殖民的土地,他们三人达成平分土地,和平占领的协议之后,开始有计划地从海路进入当时的印加帝国范围。在途中他们征集了13个追随者,花了几个月的时间,买了一些马、粮食和兵器,聚集在南美洲西海岸的无人海岛上,没有商店,也没有船。皮泽洛相信他曾沿着海岸线航行,经过印加帝国的领地。于是当他回到巴拿马时,巴拿马州长鼓励他继续探险,并拨给他更多的士兵和马匹去探路。1528年春天,皮泽洛从巴拿马起航,初夏回到塞维利亚。当时正在西班牙托勒多的神圣罗马帝国皇帝查尔斯五世对皮泽洛的经历很感兴趣,并在1529年7月26日签署文件授权其征服秘鲁。

拓展西班牙殖民地领土

皮泽洛被任命为地方长官、将军、揽括 1000 千米新发现海岸的新卡斯提尔的州长、全权总督,麾下所有职务都由其同伴担任。授权条件中的一项是六个月内皮泽洛须募集一支全副武装的 250 人的队伍,其中 100 人可以直接从殖民地拨出。这给了皮泽洛时间前往特鲁希略去说服兄弟埃尔南多以及其他密友加入他的第三次远征。到了第二年,已征集 3 条船,180 人和 27 匹马,因为没有凑齐约定的人数,皮泽洛只好在 1530 年 1 月秘密起航到巴拿马。

1532 年 11 月 16 日,皮泽洛和他不到 200 人的小军团,来到了秘鲁卡哈马卡,他邀请印加国王阿达华巴一起到军队当中晚餐,以示对帝国的尊敬,然而印加国王却遭他俘虏,手下 12 个人也被杀害,1534 年皮泽洛就入侵了库斯科,并开始奴役当地人民作为军队,拓展西班牙殖民的领土,逐步地消灭印加帝国。1535 年,皮泽洛认为离海太远,又因位在深山中的库斯科不适合作为新殖民地的首都,在 1 月 15 日他选择了靠海的利玛作为新首都。1538 年,皮泽洛带领的军队内乱,原和他是合伙关系的士兵迭戈·德·阿尔马里奥(Diego de Almagro)开始与他对战,当时在犹他(Ute)城,他击败了阿尔马里奥,但 1541 年 6 月 26 日,他在利玛城中被阿尔马里奥的追随者刺杀。

5. 越过巴拿马地峡第一个见到太平洋的欧洲人

直到哥伦布死后 7 年,即 1513 年,巴尔波亚越过巴拿马地峡,攀上一座高山,才发现面前还有一片海洋,由于这片海洋风平浪静,于是取名叫"太平洋",巴尔波亚是第一个见到太平洋的欧洲人。不过,巴尔波亚不知道,这才是世界上最大的海洋,它比大西洋要大得多。

巴尔波亚(Vasco Núñez de Balboa,1475～1519)是西班牙征服者和探险家,南美大陆第一个永久性殖民地领导人(1511),发现太平洋的第一个欧洲人。

巴尔波亚为逃债由西班牙到达海地。1500年前往美洲探险,在海地垦荒。1510年移往巴拿马地峡海岸的达连,在那里建立殖民据点,后被西班牙国王任命为达连临时行政长官。

瓦斯科·努涅斯·德·巴尔波亚

巴尔波亚选择考伊巴地区为探险的起点,准备从那里横越巴拿马地峡,后来证实,巴尔波亚选择的这一地区并不是巴拿马地峡最狭窄的地段,由于不了解这一情况,他绕道多走了好几天危险的路程。后来那里是卡雷塔酋长的小小王国;不过,对他说来,最重要的是,在如此大胆深入到一个未知地区时,一定得有一个友好的印第安人部落保证他的补给或掩护他的撤退。190名带着剑、矛、弓箭、火枪的士兵和一群膘肥强壮、令人可怕的狼狗,乘坐10条大独木舟从达连渡海到了考伊巴,那位结盟的酋长把自己部落的印第安人派来当向导和驮物的脚夫。

9月6日,横穿地峡的光荣进军开始了。尽管这些士兵已经经过大自然的历练、顽强勇猛,但横越地峡对他们来说,仍然是一场生死的搏斗。他们必须在令人窒息、虚脱和疲劳的赤道灼热之中首先穿过低洼地,那里的沼泽泥潭和蔓延的疟疾即便是在数百年以后修建巴拿马运河时也曾使数千人丧生。这一条通往足迹未至地区的道路,从一开始就得在有毒的藤萝丛林中用刀斧和利剑披荆斩棘开凿出来。恰似穿过一座巨大的绿色矿井,走在队伍前面的人在灌木丛中为后来者开凿出一条狭窄的坑道,然后,这支西班牙占领者的军队排成一条长长的望不到尽头的行列,一个挨着一个顺着这坑道前进。他们手中始终拿着武器,日日夜夜保持着高度警惕,防备土著人的突然袭击。潮湿的巨大树冠宛若穹

探索自然丛书

顶,底下是一片阴暗、闷热,雾气腾腾,憋得人透不过气来,树冠上是无情的炎炎烈日,酷热使人汗流浃背,嘴唇焦裂。这支背着沉重装备的队伍就这样拖着疲惫的步伐,一步一步地向前走着;突然之间,这里又会下起倾盆大雨,小溪顿时变成湍湍急流。他们不得不涉水而过,或者从印第安人临时架起的、摇摇晃晃的绳索桥上通过。这些西班牙人带的干粮只不过是少量的玉米。他们又困又累、又饥又渴,身边围绕着螫人、吸血的成群昆虫,衣服被刺芒扯破了,脚部受了伤,眼睛充满血丝,面颊被嗡嗡叫的蚊子咬得肿了起来。他们白天不休息,晚上不睡觉,很快就精疲力竭了。行军一星期后,大部分人已受不住这样的劳累。巴尔波亚知道,真正的危险还在后头呢。于是他宁愿把所有害热病的人和不能行军的人留下,只带那些经过挑选的人去完成的冒险行动。

地势终于开始渐渐向上升高。只有在沼泽的洼地上才能长得非常茂密的热带丛林渐渐稀疏了。不过,树荫也就从此不能再替他们挡住太阳。赤道上的烈日亮晃晃地直晒着他们,沉重的装备被晒得像着了火似的滚烫滚烫。这群疲惫不堪的人迈着极小的步伐,缓慢地攀登着这通向上面高山的斜坡,那些绵延不断的山岭犹如一条石头的背脊,隔断着两个海洋之间的这一块狭窄地带。视野渐渐宽广起来,空气也愈来愈新鲜。看来,经过18天艰苦卓绝的努力之后,最最严重的困难算是克服了。一条山脊高高地矗立在他们面前。

据那几个印第安人向导说,从那山峰上就能眺望到两个海洋——大西洋和另一个当时尚不为人所知和尚未命名的太平洋。可是,正当自然界顽强而诡谲的抗拒眼看就要被最后战胜,他们却又遇到了一个新的敌人。当地的一个印第安人部落酋长率领着数百名武士,要挡住他们的去路。巴尔波亚有着同印第安人作战的丰富经验。他只要发出一排火炮就行了。那人造的闪电和雷鸣,就可以向土著人显示出自己所具有的魔力。受惊的土著人就会叫喊着、被在后面赶来的西班牙人的狼狗追得四处逃窜。但是这一次,巴尔波亚没有满足于这种轻而易举的胜利,而是像一切西班牙入侵者那样,用惨无人道的残酷玷污了自己的名声:他将一批缚住了手脚、失去自卫的俘虏让一群饥饿的狼狗咬死、撕裂、嚼碎、吞吃——以此来代替斗牛和击剑的取乐。在巴尔沃亚获得名留青史的那一天前夜,却被一场令人唾弃的屠杀败坏了名声。

对着浩瀚无边的太平洋，巴尔波亚兴奋地举起双手

探索自然丛书

在这些西班牙占领者的性格和行为中确曾有过这样一种难以解释的复杂现象。一方面，他们以那种当时只有基督教徒才有的虔诚和信仰，真心实意地、狂热地祈祷上帝；另一方面，他们又会以上帝的名义干下历史上最卑鄙无耻、非人道的事。他们的勇气、献身和不畏艰险的精神使他们能够做出最壮丽的英雄业绩；但同时他们又以最无耻的方式尔虞我诈，而且在这种厚颜无耻之中又夹杂着一种突出的荣誉感、一种令人钦佩和真正值得称赞的对自己历史使命的崇高意识。巴尔波亚就是这样一种人，他在头一天晚上把无辜的、缚住了手脚的俘虏让狼狗活活地咬死，或许还心满意足地抚摸过正滴着新鲜人血的狼狗的上唇，但他同时又清楚地认识到自己的行动在人类历史上的意义，并在那决定性的时刻想出一种能使自己流芳百世的姿态。他知道，这9月25日将要成为具有世界历史意义的一天，因此，这位顽强、坚定的冒险家就要以令人赞叹的西班牙人的激情来表示他是多么了解自己的使命那超越时代的意义。巴尔波亚的非凡姿态是：那天晚上，就在那血腥的行动之后，一名土著人指着近处一座山峰告诉他说，从那高山之巅就能望见尚不为人所知的南海。巴尔沃亚立刻作了安排。他把伤员和累得已经走不动的人留在这个洗劫过的村落里，同时命令所有还能行军的人——总共是67人继续前进，而他从达连出发时带领的是190人——去攀登那座高山。将近上午10点钟光景，他们已接近顶峰，只要登上一个光秃秃的小山顶，就能放眼远眺无尽的天际了。

1513年9月25日登上地峡西部高原的顶峰，望见了太平洋，当时他把这个大洋称为南海。为此，他被任命为巴拿马、科伊瓦和南海（太平洋）陆地行政长官，受达连行政长官佩德拉利亚斯管辖。随后巴尔波亚又成功地越过达连山脉,考察了太平洋海岸的圣米格尔海湾。这引起佩德拉利亚斯的妒忌,1519年1月巴尔波亚被杀害于巴拿马地峡北岸的阿克拉。

6. 寻找"黄金国"

从哥伦布开始,西班牙人寻找黄金的劲头一个比一个狂热。被各种财宝传说冲昏了头脑的欧洲亡命之徒以为只要一到达新大陆,印第安人就会源源不断将黄金拱手送上。

1519年是麦哲伦离开塞维利亚、开始著名的环球航行的一年,也是荷南·科尔特斯(Cortés Hernan, 1485～1547)离开古巴、发动对阿兹特克帝国的同样著名的远征的一年。科尔特斯在远征中,迎来了所谓的征服者时期。从1500～1520年这20年,已是探险者时期;那时,许多航海者打着各种旗帜探查整个南北美洲的东西两侧,以寻找通路。在随后的30年代,数千名西班牙冒险家赢得了第一个庞大的欧洲海外帝国。

荷南·科尔特斯

这些冒险家当为伊比利亚征伐传统的产物。他们成群结队地涌到美洲是希望发财,就像留在欧洲的冒险家受雇于外国统治者或去与穆斯林土耳其人或阿拉伯人作斗争,也是期待发财一样。这样的人不会成为西班牙在西印度群岛中的属岛的理想移民。他们太骄傲、太不安定,不适宜做持久的工作。他们互相争吵,虐待印第安人,并老想去寻找经常听说到的金矿。然而,恰恰是这些令他们与定居社会格格不入的品质,使他们能在侵占由美洲印第安人发展起来的两大文明中心方面立下惊人的功绩。

科尔特斯就是这些运气颇好的战士中的一个。他出身于贵族家庭,曾是位学法律而未成功的学生。1504年,他到达伊斯帕尼奥拉岛,5年后,参加了对古巴的征服战。在这场征服战中,他战功卓著,遂当选为派往尤卡坦的一支探险队的总指挥,其任务是调查传说中生活在内地的文明城市的居民。1519年3月,科尔特斯在今韦拉克鲁斯附近的大陆海

探索自然丛书

岸登陆。他只有 600 名部下、几门小炮、13 支滑膛枪和 16 匹马。然而，凭借这支微不足道的力量，他将赢得巨大的财富，并成为一个异乎寻常、高度先进的帝国的主人。他能取得这一惊人成就的原因前面已提到过——是西班牙人的勇气、无情和优良武装，印第安人的不切实际的作战战术，以及科尔特斯能巧妙而又果断地加以利用的印第安人内部的不和。

科尔特斯与阿兹特克人战斗

科尔特斯上岸后先毁坏所有的船只，以向部下表明，如果他们失败，已无返回古巴的希望。接着，经过几次战斗之后，他与仇视阿兹特克霸主的各部落达成协议。假如没有这些部落提供的食物、搬运夫和战斗人员，科尔特斯原不可能赢得他所赢得的一些胜利。科尔特斯通过利用阿兹特克人的军事首领蒙提祖马的迷信，没有遇到抵挡就进入首都将诺奇蒂特兰城。他虽然受到蒙提祖马的礼遇，却奸诈地将蒙提祖马囚禁起来，扣作人质。这种厚颜无耻的欺骗不可能长久维持。印第安人在人数上占有巨大优势，他们的祭司鼓动他们起来反抗。西班牙人毁坏当地神庙的政策激起了印第安人的一次起义，起义期间，蒙提祖马被杀。科尔特斯在黑夜夺路逃出都城，出逃时，失去了 1/3 部下和大半辎重。但是，他的印第安盟友仍保持忠诚，而且，他从古巴得到增援。数月后，他回来了，以一支由 800 名西班牙士兵和至少 2500 名印第安人组成的部队围攻都城。

战斗十分激烈，并拖延了 4 个月。最后，1521 年 8 月，残存的守城者交出了他们的城市，城市几乎已完全化为碎砖破瓦。如今，墨西哥城就坐落在它的位置上，原先的阿兹特克人的首都几乎没留下一处遗迹。

科尔特斯的成功鼓舞着其他征服者进入南、北美洲大陆的广大地区，寻找更多的战利品。他们没有找到可与阿兹特克人和印加人的金银财宝相媲美的东西，但是，在这过程中，他们却掌握了整个南美洲和很大一部分北美洲的主要地形。到16世纪中叶，他们已从秘鲁沿着亚马孙河抵达其河口。至这一世纪末，他们已熟悉了从加利福尼亚湾南达火地岛、北至西印度群岛的整个南美洲的海岸线。同样，在北美洲，弗朗西斯科·科罗纳多为了寻找传说中的锡沃拉的七座黄金城，跋涉数千米，发现了大

16世纪一张不完整的拉丁美洲大陆地图

峡谷和科罗拉多河。曾在征服秘鲁过程中崭露头角的埃尔南多·德索托广泛探察了后来成为美国的东南地区。他于1539年在佛罗里达登陆，向北前进到南卡罗来纳和北卡罗来纳，再往西行进至密西西比河，然后，从密西西比河与阿肯色河的汇合处沿密西西比河抵达其河口。这些人和其他许多同他们一样的人为西班牙人开辟美洲大陆的方式，与后来的拉萨尔、刘易斯和克拉克为操法语和英语的诸民族开辟美洲大陆的方式一样。

由于加勒比海地区并没有像原先传说的那样"黄金遍地"，蜂拥而至的白种人便转入中南美洲腹地继续寻觅"黄金国"。

德·克萨达

冈萨罗·希梅内斯·德·克萨达（Gonzalo Jimenez de Quesada，约1497~1579）是西班牙殖民地的征服者。他率领探险队探测并征服了南美洲的西北部，即如今的哥伦比亚。大约在1535年，他被任命为新格拉纳达（哥伦比亚原名）圣玛尔塔殖民地的行政长官。次年，他又奉命率领一支探险队深入山区，沿马格达莱纳河上溯，寻找神话中的埃尔多拉多这个地方。

有关埃尔多拉多（意为"金人"）的传说可能起源于古代奇布查人的一种习俗，即统

治者死后全身涂敷金粉,然后被投入瓜塔维塔湖,以示将他的财富奉献给神。关于这种仪式的传说,可能使人产生在某个地方可寻找到无数黄金的幻想。有许多殖民地征服者为寻找这一黄金之地而丧生。

德·克萨达是许多去美洲寻找黄金的欧洲探险家之一。虽然他没有找到埃尔多拉多,但他发现了波哥大——现哥伦比亚的首都。

这是一次艰难的旅行,要穿越茂密的森林和山地。探险队中的许多人因疾病、突发事故或与居住在高原上的奇布查印第安人的交战而死去。但是,西班牙军队轻易地征服了温和的奇布查人。1538 年,德·克萨达发现了圣菲波哥大城。该城现在简称为波哥大,是哥伦比亚的首都。

奇布查人富有黄金和翡翠,这使德·克萨达认为他已接近埃尔多拉。1569 年,72 岁高龄的他率领另一支探险队去寻找传说中的城市。这次寻找使他深入到南美洲的北部山区,靠近现委内瑞拉的边界处。

退休后,德·克萨达著书记述了他的探险经历,但是后来这部书失传了。

7. 拉普拉塔河的探索

从阿根廷土地出现人类(新石器时期的公元前 8000～前 7000 年)到 16 世纪初,那里居住着许多印第安部落。但自哥伦布发现美洲大陆后,这里便失去了昔日的安宁。1530 年,西班牙人卡波特率领船队到达了拉普拉塔河、巴拉那河、巴拉圭河与比可马约河沿岸。1535 年,西班牙探险家门多萨率领由 2500 人组成的舰队再次来到这里,并在拉普拉塔河右岸首次建立了布宜诺斯艾利斯城堡。门多萨被任命为西班牙新领土的总督;随后,西班牙将领阿约拉斯和伊雷拉率领军队沿巴拉圭河逆流而上,于 1537 年建立亚松森城,并以此为基点向外发展,又相继建立了圣菲城(1573)、科连特斯城(1588)、布宜诺斯艾利斯城(1580 年重建)。自亚松森城堡建立后,聚集在秘鲁与玻利维亚的西班牙势力便开始了新的征服。由西班牙将领利玛和玻多西率领的西班牙军队进入阿根廷,先后建立了圣地亚哥—德埃斯特罗城(1553)、门多萨城(1561)、圣胡安城(1562)、图库曼城(1565)、科尔多瓦城(1573)、萨尔塔城(1582)、拉里奥哈城(1591)和圣路易斯城(1598)。16 世纪末,在阿根廷形成了两个殖民中心:一个在潘帕斯(以布宜诺斯艾利斯和圣菲为中心);另一个在安第斯山麓地带。

1526年4月,当时在西班牙任职的塞巴斯蒂安·卡伯特(Sebastian Cabot,1476~1557)率领四艘船驶离西班牙。交给他的任务是,穿过麦哲伦海峡前往马鲁古群岛,但是他没有进行这样的探险,而去探索索利斯河(拉普拉塔河,Rio de la Plata)。在西班牙语中,阿根廷与拉普拉塔两词意义相同,均为"白银"。

1527年2月,他进驻了拉普拉塔河。他在河口留下了两艘大船,乘另外两艘船沿巴拉那河向上游航驶,他逆水慢速向北航进,在旅途中多次停留。次年,即1528年3月,卡伯特抵达从北面注入巴拉那河的巴拉圭河河口。在巴拉圭河的下游地区,大约在贝尔梅霍河的河口,西班牙人与当地组织严密、武器精良的印第安人发生了一场流血冲突,因为西班牙人在这场冲突中损失了25个人,所以卡伯特极力想与土著人维持和平共处关系,这种关系终于确立起来。他发现土著人有银制装饰品,于是就换取了许多这样的银制装饰品(后来查明,这些东西是印第安人在对巴拉圭河流域西北地区的征服过程中夺来的)。当卡伯特回到西班牙后,人们把这条新发现的河流称作拉普拉塔河(银河)。再后一些时候,这个名称又是对巴拉那河和乌拉圭河的河口总称。

卡伯特在拉普拉塔河岸和巴拉那河下游地区建立了两座要塞,但是,1535年,彼得罗·门多萨(Mendoza Pedro de,1487~1537)指挥的新的庞大探险队驶进拉普拉塔河时,发现这些要塞被摧毁了,少量守卫部队被印第安人消灭了。门多萨在拉普拉塔河的西岸,即在巴拉那河三角洲的南部地区,建起了布宜诺斯艾利斯城。被派出寻找白银地区的部队,在胡安·阿约拉斯的率领下深入到皮科马约河的河口,并在那里建起了亚松森城(1535)。次年,阿约拉斯沿该河向上游进发,一直走到南回归线(南纬21°),发现了大查科地区。穿过这个地区的"透明的森标",他率领部队向西走得很远,一直走到安第斯山脉的脚下,然后他转身返回。在巴拉圭河附近与印第安人的一次战斗中,他和他的同伴们全被打死。布宜诺斯艾利斯地区的印第安人同样对这座城市发动了连续不断的攻击,西班牙人被迫从那里退走。西班牙人在撤退之前,放火烧毁了这座城市(1541)。布宜诺斯艾利斯城重建于1580年。后来,拉普

探
索
自
然
丛
书

塞巴斯蒂安·卡伯特

彼得罗·门多萨

拉塔殖民区(属于亚松森)的中心迁移到该城。

门多萨死后(1537),卡维萨·德·瓦卡被任命为拉普拉塔殖民地的总督。为了深入到拉普拉塔河流域,他选择了一条新的路线,率领一支部队在南纬27°5′的南巴西海岸登陆,踏上了巴西高原的南部地区,然

1701 年绘制的拉普拉塔河口区地图

后沿着急流险滩众多的伊瓜苏河(约 1300 千米长)的谷地穿过了巴西高原,到达巴拉那河。在这次行进中,他在伊瓜苏河河口以上 25 千米的地方发现了世界上最壮观的瀑布之一。这条水量丰富的河流在此遇到了许多支流,河道宽达 3 千米,河水从高达 65～70 米的台级上倾泻而下,由于石崖上的小丘阻拦,河水被分成 30 多条急流。卡维萨·德·瓦卡的部队沿巴拉那河逆

水而上,航行到巴拉圭河并沿巴拉圭河一直航行到亚松森。

卡维萨·德·瓦卡的助手马丁多明盖斯·伊拉拉于 1543 年从亚松森向巴拉圭河的沼泽地区进发,一直走到库亚巴河的河口(南纬 18°之外)。他想从自己"赤贫的"拉普拉塔殖民地前往富饶的秘鲁,但未成

功。过了几年后(1547～1548),伊拉拉又试图通过较南的路线(南纬21°)前往秘鲁。他穿过了北大查科地区,登上了现今玻利维亚高原。从拉普拉塔通往秘鲁的道路终于找到了。

经过这几次探险之后,西班牙人查明了巴拉圭河和巴拉那河的中、下游全部流程,并证明了伊瓜苏河的源头位于马尔山脉,巴拉那河左部一些支流至少也是发源于靠近大西洋海岸边一些山脉的西部山麓。

8. 走进充满神秘色彩的亚马孙河

1540 年,当佛朗西斯科·奥雷利亚纳(Francisco de Oreliana,1511～1546)在纳波河被迫地与冈萨劳·皮萨罗永远分手时,奥雷利亚纳的船上有 50 名士兵和两个神职人员,一个名叫卡斯帕尔·卡瓦哈里的神职人员记述了这次旅行的经过。按卡瓦哈里所记述的关于奥雷利亚纳的一种说法,水流湍急的纳波河几天的工夫把他的船冲到离分手地有好几百千米的地方,然而这条河的两岸看不到一个村庄。皮萨罗的探险队缺乏粮食,奥雷利亚纳的人员也忍受着饥饿的痛苦,他们把马鞍上的皮

奥雷利亚纳

革都煮熟吃了。直到 1541 年 1 月 8 日,他们才遇到第一个印第安人的村庄,返回去已没有任何可能,因为在陆地上无路可走。如走水路就不得不以极大的力气沿河逆水行舟好几个月。

奥雷利亚纳决定随波逐流,直到大海,他不管最终将会到达什么地方。从当地印第安人那里得知,他们离一条很大的河流不远,于是他们决定再建造一艘船。2 月 1 日,他们继续航行。1541 年 2 月 11 日,他们航行到三条河汇集的地方,三条河中有条大河"宽阔如同海洋一般"(亚马孙河的上游——马拉尼翁河)。随着这条巨大的水流漂泊,河水把他的船向东推去,他的船经过未曾探索过的地区,朝着人们不知道的海洋漂去。在纳波河河口,一条大河在他们的眼前滚滚而下,这时奥雷利亚纳觉得已经离海洋不太远了。

然而时间一天一天、一个星期一个星期地过去了,西班牙人仍然顺

水向下漂流,始终没有看到靠近海洋的任何迹象。一条又一条巨大的支流注入这条大河,但是这些旅行者在河道的中心仍然能够望见它的两岸,有时他们只能望见遥远的模糊不清的绿色地带。当他们驶近岸边时,满布着不可逾越的赤道原始密林,无数小溪以及支流出现在他们的面前。西班牙人只要在岸边碰到一个大村庄,就对它进行抢掠,并以暴力向"野蛮的人"索取粮食。他们在较大的村庄里向印第安人换取和恳求食物,有时印第安人给他们吃得很好,可是"一种使人难以忍受而又不可抗拒的灾难——蚊虫"经常折磨着他们。

1542 年奥雷利亚纳的船航行在亚马孙河上

西班牙人沿这条河继续向下游航驶,当他们靠近岸边时,遇到了一些乘坐着轻型船只的好战的部族人,那些人对西班牙人进行攻击。西班牙人火药受潮,弓弦失去了弹性,远射程炮变成了无用之物,所以他们把两艘船尽可能停泊在河的中心,以躲避印第安人对他们的侵扰。经过 50 天航行后他们到达从左边来的一条支流的河口,这条支流的河水"黑得像墨水一样"。奥雷利亚纳把这条支流称作黑河(葡萄牙语称为里奥内格罗河,这是亚马孙河左面最大的一条支流,全长 1500 千米以上)。沿河再向下就是人口稠密的地区,西班牙人在河的两岸遇到了许多大村庄,其中一些村庄沿河岸延伸数千米,到处都能弄到玉米和家禽。

6 月 24 日,据卡瓦哈里记载,西班牙人发现了一个村庄,这个村庄里只居住着"一些浅肤色的女人,她们与男人毫无交往"。这些女人留着长长的发辫,身体强壮而有力,她们的武器是弓和箭。她们向西班牙人进行攻击,结果被打败了,在这次战斗中她们损失了七八个人。在有关奥雷利亚纳航行的记述中,这个地方给他的同代人们留下了深刻的印象,因为这个地方使人想起了古代希腊神话传说中的女儿国。奥雷利亚纳原想以自己的名字给这条河命名,但后来这条河取名为亚马孙河,这个名称被保留下来了。

加勒比人居住在靠近海洋的地方。据卡瓦哈里记载,他们是"食人者"(吃被打死敌人的肉),但是这些人是一些精巧的工匠,他们能制造出各种各样的武器和色彩鲜艳漂亮的器皿。最后,西班牙人驶进一个淡水海,即这条大河的河口。这是1541年8月2日发生的事。他们从纳波河河口沿亚马孙河到达海洋的全部航行时间延续172天。尽管西班牙人与印第安人有过一些冲突,但是西班牙人只有三个人受伤而死亡,另外八个人是病死的。

西班牙人用了三个星期时间准备驶向海洋,他们为两艘船铺设了甲板,用自己从秘鲁带来的斗篷缝制了几张风帆。8月26日,奥雷利亚纳在没有罗盘和舵手的情况下驶入大海沿着大陆的海岸向北航驶。幸运的是,在整个航行期间没有遇到风暴和大雨的袭击,这些脆弱的船只未必能经受住坏天气的折腾。一天晚上,这两艘船失去了联系,于是各自向前继续航行。奥雷利亚纳和他的同伴们顺利地穿过了帕里亚湾和该海湾的两条可怕的海渊,即海峡,他们于1541年9月11日到达珍珠岛(马加里塔岛)南岸附近的库巴瓜小岛。他们在这里遇到了一些西班牙人,这些西班牙人友好地接待了他们,听到他们谈起进行了总共八个半月异常罕见的航行后都感到非常惊奇。

奥雷利亚纳的探险日程和路线

这就是卡瓦哈里有关奥雷利亚纳的记述。但是皮萨罗的支持者们把奥雷利亚纳宣布为叛变者和谎言家。很多历史学家认为,奥雷利亚纳以中世纪谎言旅行家的手法编造出如《曼德维尔》那样种种荒诞故事来渲染自己本来就令人十分惊异的冒险经历。他们认为关于河流两岸不寻常的民族的记述特别是关于西班牙人在不可逾越的原始森林中遇到"亚马孙河好武的女儿国"的故事是凭空杜撰的寓言。在此以后,许多旅行家曾经沿亚马孙河两岸寻找这个女儿国和沿河岸延伸数千米长的大村落,但都无获而归。

奥雷利亚纳或者他的同伴们杜撰的另外一个明显的神话故事给现代人留下了深刻的印象,就是说他们在旅途中遇到了一些最富有的城镇,这些城镇的居民用黄金镶包神庙,他们的家里都是纯金制成的摆设物。在 16 ~ 17 世纪期间,这个神话传说导致对亚马孙河流域一连串毫无结果的探险活动。

奥雷利亚纳的伟大地理发现成就是,他第一次从西到东,从一个海洋到另外一个海洋穿越了人们尚未探察过的大陆,并从实践上证明了这个位于赤道附近的南大陆至少已经有数千千米长的广阔地域,同时也证明了维森特·平松说的淡水海就是亚马孙河的河口。

奥雷利亚纳从库巴瓜小岛给西班牙国主寄出了一份报告,但是他本人却与自己的同伴们离开了库巴瓜小岛向伊斯帕尼奥拉岛驶去,于1541 年年底到达伊斯帕尼奥拉岛。他梦想占领他所发现的全部地区。次年,他回到了西班牙,与西班牙政府签订了一项占领这个地区的协议。他找到了支持他进行这个事业的财政资助人。

1544 年中期,一支由 400 人和四艘船组成的探险队从瓜达尔基维尔河的河口启程,但这个探险队遭到了全面失败。探险队在加那利群岛耽误了三个月,在佛得角群岛又耽误了两个月,约有 100 人死亡,50 个人开了小差。在横渡大西洋时风暴吹散了他的船队,仅有两艘船抵达亚马孙河河口。在亚马孙河口,奥雷利亚纳和他的绝大部分人员死于热带黄热病,几十个幸存的人逃到伊斯帕尼奥拉岛上去了。

一直以来,科学家都认为亚马孙热带雨林潜藏着一些不为人知的生命形态。在这个神奇的自然王国里,至今仍有许多待解之谜。食人鱼、吸血蝙蝠、食人族、黄金城,充满神秘色彩的亚马孙河吸引着前赴后继的探险者。

亚马孙河流域地处赤道附近,气候炎热潮湿,雨量充沛,年平均温度在 25 ~ 27℃之间,年平均降水量 1500 ~ 2500 毫米。亚马孙流域是一座巨大的天然热带植物园,茂密葱茏的林海,覆盖了整个亚马孙流域。亚马孙流域的动物种类丰富,其中部分在其他地区濒临灭绝,成为极为珍稀的物种。水资源丰富,每年泄入大西洋的水量占全世界河流注入海洋总水量的1/5。印第安人是亚马孙流域最早的居民。目前,亚马孙流域居住着 70 万 ~ 90 万印第安人,他们分属 241 个部族,主要部族有马约鲁纳、雅马马迪、穆拉、蒙杜鲁库、玛瑙斯河阿鲁亚夸人。

在 20 世纪初的年代里，许多地理探险家希望能从地图上消除掉亚马孙河广大流域的最后"一些空白点"。早在第一次世界大战前，即 1907 年加米尔顿·拉依斯在巴西与哥伦比亚接壤的西北部地区开始了大规模的地理探索工作。他考察了多急流陡滩的沃佩斯大河，行进到该河注入里奥内格罗河河口处。1912 ~ 1913 年，他继续在巴西的西北边境地区进行探察工作，在此期间，他还调查了伊萨纳河（里奥内格罗河右部支流的上游），然后由那里转向哥伦比亚的东南地区，即奥里诺科河流域，并查看了奥里诺科河水系的一条大河——伊尼里达河流域。第一次世界大战结束前（1917），他把对里奥内格罗河的考察推进到两大河交叉的河道处——卡西基亚雷运河地区（委内瑞拉的南部），在此，他结束了自己的考察工作。

1924 ~ 1925 年间，拉依斯在巴西与委内瑞拉的一个边境地区考察。他查看了里奥内格罗河的北部巨大支流——布兰科河水系，从而证明：布兰科河水系的支流河中没有一条与奥里诺科河相连，它们与奥里诺科河之间有一条不高的分水岭——帕卡赖马山脉（平均高度为 1000 米，罗赖马峰的高度为 2770 米）。拉依斯进行了这项工作之后，亚马孙河流域北部分界线的情况最终被弄清楚了，并被准确地标入了地图。

然而，弗塞特上校的行为与稳健的探险者拉依斯截然相反，他简直是个怪人，他把自己打扮成 20 世纪的征服者。20 世纪第一个 10 年期间（1900 ~ 1910），弗塞特上校担任巴（巴西）玻（玻利维亚）划定边界委员会玻利维亚小组的领导职务，在此期间，他曾在亚马孙河的一条最大支流马代拉河上游地区进行了许多有价值的考察。因为 16 世纪里真正的征服者很少到过这个地区，所以弗塞特产生了一种狂妄而又奇怪的想法。他在 1910 年写到："如果有可能掌握一支不大不小的武装部队，那么有必要再重复一次冈萨芬·皮萨罗从基多到亚马孙河所进行的那样一次艰苦的旅行，也一定会找到皮萨罗想要找到的一切，因为在寻找一支神秘的印第安部族踪迹过程中（但始终未能找到），一直有着这样一种传说：在南美腹地居住着一支人们罕见的部族。"

很长一段时间里，弗塞特一直随心所欲地夸大这个传说，并认为这些神话传说是千真万确的事实，即在亚马孙河流域存在着一个"被人遗忘的世界”，那里居住着一支具有古老文明并为人们不知的强悍民族。为了证实自己的这种假想和收集到应有的物证，弗塞特于 1925 年带着自己的儿子和一个年轻而又忠实的“朋友”启程，去寻找这个神秘的民族。临行之前他宣布说，他打算“越过文明世界的门槛”前往库亚巴。他甚至还宣布了自己将要行进到南纬 10°，并沿 10°线向东行进，穿越巴西中央地区，并到达圣弗朗西斯科河边的巴拉城。但弗塞特一去再无音讯，他和他儿子及两个年轻同伴的死亡情况无法解释清楚。

达约特率领一个分队出发去寻找弗塞特的下落。达约特沿弗塞特所行进的路线穿过了巴西中央地区，到达欣古河，在此期间发现了一个很少有人考察过的地区。然后他沿欣古河向下游行进，到达亚马孙河。尽管他未能找到这些死去的旅行者的遗迹，但是却从南美地图上抹去了一个“很大的空白点”。

古代印加帝国十分强盛，京城内所有的宫殿和神殿都是用大量金银装饰而成，金碧辉煌。16 世纪初，西班牙人推翻了印加帝国，掠夺了所有黄金宝石，西班牙统帅庇萨罗听说印加帝国的黄金全是从一个叫帕蒂的酋长统治的玛诺阿国运来的，而且那里金银财宝堆积如山，庇萨罗立即组织探险队，开赴位于亚马孙密林深处的“黄金城”。然而在这个广袤无垠的原始森林里，每前进一步都意味着恐惧和死亡，这里有猛兽毒蛇，有野蛮的食人部落，有迷失道路的威胁，一支支探险队或失望而归，或下落不明。其中，有位叫凯萨达的西班牙人率领约 716 名探险队员向黄金城进发，在付出 550 条性命的惨重代价后，终于在康迪那玛尔加平原发现了“黄金城”和传说中的黄金湖，找到了价值 300 万美元的翡翠宝石，然而这仅是“黄金城”难以估价的财宝中的微小部分。从 16 世纪以来，对黄金湖的打捞一直没有停止过。1911 年，英国一家公司挖了一条地道，将湖抽干了，但太阳很快地把厚厚的泥浆晒成干硬的泥板，当英国人再从英国运来钻探设备时，湖中再度充满湖水，这次代价昂贵的打捞归于失败。至今，“黄金城”仍是一个谜。

亚马孙河流域分布着世界上最大面积的热带雨林，茂密的雨林极大地改善了地球的大气质量，被誉为“地球之肺”，是世界人民的宝贵财富。亚马孙地区独特的自然条件和地理位置，在人类社会的发展和全球环境变化研究中都占有举足轻重地位置。亚马孙河流域是一个具有世界级的重大影响的巨型复杂的复合生态系统,在我们人类居住的生命地球系统中发挥重要作用;亚马孙河是世界级的重要河流,流域总面积 580 万平方千米,年径流总量 5500 立方千米,年平均流量 21 万米^3/秒,占到世界河流总流量的 1/5,流域的面积的60% 为低地热带雨林所覆盖;亚马孙是地球生命的摇篮和生命延

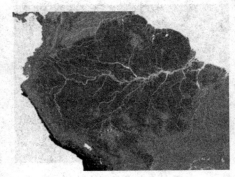

亚马孙河流域卫星照片

续的根据地,物种的重要进化中心之一,也是世界上生物多样性最丰富的地区之一:55000 多种植物,3000 多种鱼类,众多特有动物等;亚马孙河流域的原住民是印第安人,有着他们的文化和生活方式,长期以来和亚马孙地区的自然环境和谐相处,是地球人类大家庭的平等的成员;亚马孙河流域在其规模上,在地质、地理、水文、气候、生物和人文经济等诸多方面,在地球系统的动态过程中,像大气环流、水分循环和能量平衡,热带雨林吸收二氧化碳释放氧气等都扮演着不可替代的重要角色,关系到全球系统的稳定性的问题;亚马孙地区的研究、保护与发展已经成为世界各国和科学家关注的焦点;亚马孙的重要性是超越了国界的,不仅是巴西人民的亚马孙,而且是世界人民的亚马孙。

9."第二次发现了热带美洲"

1792～1797 年,亚历山大·洪堡(Alexander von Humboldt,1769～1859)在德国矿产部任职。1798 年,他在巴黎结识植物学家埃米·邦普兰(Aimé Bonpland,1773～1858),他们商议一起进行一次长途旅行。他们一起启程前往南美洲。1799 年 7 月,洪堡和邦普兰在委内瑞拉的库马纳港登陆。由此出发,他们前往加拉加斯,然后一直向南行进到奥里诺科河。他们沿奥里诺科河的上游河道逆水而上,一直航行到西南部的卡西基亚雷河,这条河的河床宽度不亚于莱茵河,奔腾向前,注入亚马孙河的支流奥内格罗河。洪堡对这种河流分叉现象首次作了细致的科学考察和记述,数年之后卡西基亚雷河被人们认为是河流分叉的典型例证。

探
索
自
然
丛
书

洪堡和邦普兰在南美洲

洪堡和邦普兰这阶段的旅行终点是里奥内格罗河左岸哥伦比亚的一座要塞——圣卡尔洛斯。

1803年3月,他们渡海航行到墨西哥南部的太平洋港口阿卡普尔科,经过一个月的旅行后到达墨西哥城。他们在墨西哥城逗留了好几个月时间,在此期间,他们从墨西哥城出发,在这个国家进行了数次旅行,这些旅行的路程不算很远,但很有收获。洪堡继续对火山进行了研究,收集了有关火山的大量资料。在此以后,他们经过韦拉克鲁斯港再次航行到哈瓦那(1804年3月),又由哈瓦那渡海前往美国的费城。在外旅行了5年之后,他们于1804年8月回到了欧洲,归来时带回大量收集品,仅收集的植物标本就有6000余种,其中3000种是人们早先不知的新品种。

按其所取得的科学成果,这是一次最伟大的旅行。如果按"发现"一词的意义来说,洪堡和邦普兰没有完成过任何伟大的地理发现,然而,从科学观点来看他们的旅行是"第二次发现了热带美洲"。洪堡当时所使用的地理考察方法成了19世纪进行科学考察方法的典范,他成了地球物理学和其他一些学科的创始人之一。

洪堡是一位了不起的博物学家。他1769年9月14日出生于德国的柏林,曾在柏林格廷根法兰克福大学和弗顿贝格矿业学院接受高等教育。在拜罗伊特和安施帕赫当了3年矿长。在这段时间里,他的收入和生活都相当不错。后来,在朋友的鼓励下,洪堡做了到南美洲进行探险的计划。洪堡酷爱大自然,他毅然抛弃舒适的都市生活,前往南美洲,历尽艰辛,从事大规模的科学探险考察活动。1799年,他和法国植物学家邦普兰德一起,乘一艘科学考察船驶往南美洲。他们花了整整5年时间,对南美地区的河流、山川、海洋进行了全面考察。他们先后到达古巴、墨西哥和南美沿海许多地方,收集了大约8000种以上的植物标本,其中至少有一半以上是欧洲人从未见到过的。这次科学探险考察的成果,他们用了10年时间进行整理,出版了《洪堡和邦普兰的美洲内陆旅行》的鸿篇巨著,共分 17 卷。这部巨著分为 5 个部分:动物学和比较解剖学,地理学和植物分布,政治杂文和新西班牙王国人文,描述了天文学和地磁学,赤道的植被等。

在 1802～1803 年,洪堡和邦普兰一起乘船对秘鲁、厄瓜多尔等地进行广泛考察。正是在这次航行中,他们对通过秘鲁沿海的寒流,进行了考察测量。对海流的温度、流速等进行了测定。这是人们第一次对秘鲁寒流进行科学调查。后来,人们就将这一寒冷的海流命名为洪堡海流。

洪堡海流,又称秘鲁海流,是一条宽而低流速的寒流。海流沿智利与秘鲁海岸向北流动,围绕南太平洋海盆反时针方向旋转流动。海流起源于沿海盆南面边缘向东的绕南极寒流,达到南美洲南端时,又偏向北方,分出一个分支。秘鲁海流比较浅,一般流速低于 0.5 节。海流的南半部分,又称其为智利海流。

在秘鲁海流附近,由于季风和科里奥利力的共同作用,推动表层海水向西流动。这种海水位移,使下层海水的丰富营养物质升至表层,这里便成为鳀鱼、金枪鱼的饵料场。使这一海域成为世界著名的秘鲁渔场之一,因此,吸引了大量海鸟。这里海鸟之多,为世界各大洋少见。数量巨大的海鸟又生产出大量的海鸟粪,成为一种商业性资源。每年,南半球夏季的信风,吹动暖而咸的表层水沿赤道向西流动,但是,在特殊的年份里,由于信风较弱,风力不足以推动暖海水向西流动,此时,造成有营养的下层的低温海水,停止上升。而浅层的赤道高温海水向南运动,取代了冷水控制海面地位。出现这种情况时,便发生了人们常说的厄尔尼诺现象,结果是,大批鱼类死亡,成千上万的海鸟被饿死,造成了捕鱼量减产,鸟粪资源生产大幅度减产。

在 1845 年间,洪堡在欧洲和亚洲做过多次科学研究性旅行,先后进行了 61 次讲演。这些讲演稿以《洪堡的宇宙》为名出版,受到社会的高度评价,使人们对大自然有了科学的了解。这本书可称得上是自然界的百科全书,也使得洪堡成为那个年代,自然地理学、气象学和海洋学方面的最伟大的科学家之一。不幸的是,洪堡在他刚刚度过 90 大寿之后不久,他的那部巨著尚未全部完成,便与世长辞了。洪堡去世后,德国伟大的文学巨匠——歌德,这样评价洪堡和他的兄弟,他们是"天神宙斯的一对优秀子孙"。

探索自然丛书

十一、攀登山峰的勇士

1. 远古的登山者

冰人"奥茨"照片

应当说在远古时期，人类就有过登山活动，但由于缺乏文字记载，难以确定始于何时。唯一具有科学依据的是1991年发现的天然木乃伊"奥茨冰人"（"Otzi Iceman"）所提供的信息，大约在公元前5300年，就有人登上海拔3200米的阿尔卑斯山。

1991年，德国业余登山家赫尔穆特·西蒙（Helmut Simon）和他的妻子埃丽卡（Erika Simon）在奥地利和意大利交界的阿尔卑斯山的奥茨山谷的冰川中发现了一具尸体。他们最初认为那是一名不幸遇难的登山者的遗体。研究人员开始也没有意识到这具木乃伊的重要价值，他们用木乃伊身旁的一段木头挖掘尸体，而这段木头正是"奥茨冰人"随身携带的物品之一，具有十分重要的考古价值。随后进行的测试结果让整个

西蒙和他的妻子

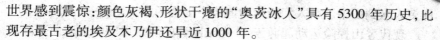

世界感到震惊:颜色灰褐、形状干瘪的"奥茨冰人"具有 5300 年历史,比现存最古老的埃及木乃伊还早近 1000 年。

更让科学家感到兴奋的是,他的衣服和随身携带的武器都保存完好,这对研究欧洲青铜器时代末期的社会发展状况无疑具有很高的价值。"奥茨人热"随后迅速席卷欧美,存放"奥茨冰人"的意大利博尔扎诺博物馆几乎被挤破门槛。从那时起,作为这具"冰人"的发现者,西蒙也成了大名人。

复原的"奥茨冰人"

"奥茨冰人"发现地

2. 由阿尔卑斯山勃朗峰开始

在 18 世纪之前,几乎没什么人对世界各地的高山地区有过兴趣。可这之后,情况就变了。崇山山顶开始吸引一批与众不同的登山者——研究自然界的科学家,他们的注意力被欧洲阿尔卑斯山上的冰川所吸引。他们研究了冰川附近的岩石、气候以及生长在低坡上的植被,山中的奇观让他们感叹不已,而山中幽居的生活更让他们兴奋异常。可是,这种状况并没有维持太久。到了 18 世纪末,为了体验登山带来的刺激,许多人来到山中。在人们新编的词典中出现了一个新词——登山运动。

现代登山探险运动起源于18世纪欧洲的阿尔卑斯山地区。这一被列入极限运动范畴的探险行为，在追溯它的起源时，同时并存的是一个浪漫的传说和一个真实却颇具传奇色彩的故事。

相传在阿尔卑斯山脉3000～4000米的雪线附近，生长着一种美丽的野花——"高山玫瑰"，因为采摘这种花难度很大，便被人们自然而然地用来象征忠贞不渝的爱情。于是在山区就沿袭了一个习俗，即小伙子向姑娘求爱时，要克服重重困难，攀到雪线附近，采下"高山玫瑰"献给心上人，以示对爱情的忠诚以及不畏坎坷相伴终身的决心。

1760年，在法国沙莫尼镇（位于阿尔卑斯山脉主峰勃朗峰脚下），一纸布告打破了沙莫尼小镇的宁静，悬赏敢于攀登勃朗峰的人。关于勃朗峰上精灵鬼怪的传说，年复一年地在小镇上流传，加上一代代人们的演绎，愈加显得神秘莫测。这张署名索修尔的布告内容，成为小镇上人们茶余饭后的热门话题，但很快就被人们遗忘了。索修尔在一家小旅馆里等待无望后，也只好悻悻地打道回府。只剩那纸布告在风雨下逐渐地老旧、黯淡下去……

勃朗峰远眺

26年后的1786年，一向好奇且大胆的沙莫尼镇的医生帕卡尔经过长时间的斟酌，决定亲自去验证一下那些自幼便听滥了的传说。帕卡尔很幸运地找到了一位愿意同行的人——村民巴尔玛。于当年8月8日登上了阿尔卑斯山的主峰——海拔4810米的勃朗峰顶峰，帕卡尔和巴尔玛站在勃朗峰顶俯视阿尔卑斯群山。

一个跨越了26年的故事终于有了结局，这个结局使得这个故事被认为是现代登山运动的第一章，也使阿尔卑斯山区被称为现代登山运动的纯正源头。此后的100

余年间,登山运动在欧洲蓬勃发展,逐渐在组织方式、登山战术、装备器材、攀登技术等方面形成了专门的知识。由于这一阶段的主要活动地区在阿尔卑斯山脉,所以在世界登山史上,这一时期被称为"阿尔卑斯时代"。

阿尔卑斯山区在此后亦占尽风头,以现代登山运动发源地的显赫声名,成为欧洲乃至世界著名的登山旅游胜地。沙莫尼小镇的全名为沙莫尼勃朗峰,是位于勃朗峰狭长山谷里的一个小镇,这个仅有万余人口的小镇,今天已是攀登勃朗峰的最佳起点。

到了 20 世纪,当现代登山运动经历了 160 余年的发展,在攀登技术及装备方面都有了极大的飞跃,随着一个又一个难度被人类超越,登山的热点也开始向高峰云集的"喜马拉雅"地区转移。而今世界范围内的登山运动已经进入"喜马拉雅的黄金时代"。

3. 进军帕米尔高原

自 20 世纪初开始,尼古拉·列奥波尔多维奇·科尔热涅夫斯基多次访问了帕米尔高原地区,他在帕米尔高原的西北地区发现了一座高峰(7134 米)。这座高峰位于北纬 39°、东经 72°处,列奥波尔多维奇以他的妻子和助手的名字把这座山峰命名为科尔热涅夫斯卡娅峰(现名为列宁峰 Lenin Peak,位于吉尔吉斯和塔吉克边界上)。

帕米尔高原

1926年,他还完成了另外一项重大的地理发现,即在帕米尔高原的西北地区发现了一条不太长的新山脉——科学院山脉,这条山脉很高,并与所连接的彼得一世山脉形成垂直交叉。这条新发现的山脉的特征

阿巴拉科夫

是,它沿着经线延伸,这与当时已被发现的苏联境内帕米尔高原的全部山脉走向完全不同:后者都是沿纬线延伸的。最新的探察资料表明,科学院山脉是苏联冰河最集中的地区之一(除北冰洋沿岸的大群岛)。举世闻名的费德琴科大冰河(长约77千米)和一系列长达20～36千米的冰河部发源于这个地区。

1928年苏联帕米尔探险队前往帕米尔高原进行探险,从此时起人们才真正开始了对这个"世界屋脊"的全面考察和综合研究工作。他们在科学院山脉发现了苏联境内的帕米尔高原最高峰——共产主义峰(旧称斯大林峰,7495米),在此期间,这个探险队在科学院山脉之东还发现了另外一条与经线平行延伸的山脉——祖卢马尔特山脉以及一系列接近于7000米高度的山峰。

1933年,苏联科学院帕米尔塔吉克探险队的队员阿巴拉科夫(Евгений Абалаков,1907～1948)登上了共产主义峰的顶端。

1938年,苏联科学考察登山家阿夫古斯特·安德烈耶维奇·列塔维特从天山山脉考察回来时报道说,在人们认为是天山山脉最高点的汗腾格里峰(6995米)以南,他的探险队队员们登上了另一座高峰的峰腰,这座高峰以其高度来说完全可以与汗腾格里高峰比肩。

早在1857年,П. П. 谢明诺夫首次探察这个山势很高、道路隔阻不通的地区时把它称为"冰海",从此以后又过了80年,这个地区并未进行过充分的考察。为了扫除这个约有8000平方千米的"空白点",1943年苏联组织了一支军事探险队对这个地区进行彻底查探。这个探险队里有一个地形测量小组,将使用飞机对这个地区进行航空探察和拍照。

探险队队员登上共产主义峰峰顶

　　1943 年 7 月初,这些地形测量学家就地开始了航测工作,同年 11 月完成了对这个地区全部的考察和拍照。他们从各个方面对汗腾格里高峰周围的山脉进行了空中投影从而弄清了这里山脉的位置和走向。1944 年春,科学工作者完成了对航测照片的分析和研究工作,所得的结论使地理学家为之一振,看来,列塔维特于 1938 年所报道的那座高峰不仅"完全可以与汗腾格里高峰比肩",而且还比后者高出整整 500 米。

　　这样,共产主义峰终于被发现了。它的海拔高度为 7495 米,是天山山脉的第一高峰,也是苏联境内的第二高峰。许多冰河从这座高峰的山麓直泻而下,给阿克苏塔里木河提供了充足的水源。

4. 征服世界最高峰

　　人类向海拔 8000 米以上高峰的挑战开始于 1895 年。1950 年法国人首次登上了海拔 8091 米的世界第 10 高峰——安那普尔纳峰,揭开了人类征服 8000 米以上高峰的序幕。其后 15 年间,地球上 8000 米以上的 14 座高峰全部被人类所征服。

　　世界最高峰——珠穆朗玛峰位于东经 86°54′,北纬 27°54′,地处中尼边界东段,北坡在我国西藏境内,南坡在尼泊尔境内。整个山体呈巨型金字塔状,威武雄伟,昂首天外,四周地形极为险峻,气象瞬息万变。

在山脊和峭壁之间,分布着数百条大小冰川,还有许多美丽而神奇的冰塔林,犹如仙境广寒宫。从18、19世纪开始,便陆续有一些国家的探险家、登山队,前往珠峰探测奥秘,但直到20世纪50年代以后,才有人从南坡登上峰顶。

从1921年至1938年,他们称珠峰北坡是"不可攀登的路线"、"死亡的路线"。清康熙五十六年(公元1717年),康熙皇帝派出两名懂技术的喇嘛,从青海西宁进入西藏踏勘地形,绘制山水图纸,首次用汉、满文标注了珠穆朗玛峰的位置(汉文为"朱母朗马阿林","阿林"满语为大山),明确其位于中国境内,并载于清《皇舆全览图》中,这是世界最高峰最早的文献记载,它比英国人在咸丰二年(1852)测量此峰并擅自命名为"埃佛尔斯峰"早135年。

藏语"珠穆朗玛"就是"大地之母"的意思。藏语"珠穆"是女神之意,"朗玛"应该理解成母象(在藏语里,有两种意思:高山柳和母象)。神话说珠穆朗玛峰是长寿五天女所居住的宫室。

珠峰不仅巍峨宏大,而且气势磅礴。在它周围20千米的范围内,群峰林立,山峦叠嶂。仅海拔7000米以上的高峰就有40多座,较著名的有南面3千米处的"洛子峰"(海拔8463米,世界第四高峰)和海拔7589

14座8000米以上高峰位置示意图

米的卓穷峰,东南面是马卡鲁峰(海拔 8463 米,世界第五高峰),北面 3 千米是海拔 7543 米的章子峰,西面是努子峰(7855 米)和普莫里峰(7145 米)。在这些巨峰的外围,还有一些世界一流的高峰遥遥相望:东南方向有世界第三高峰干城嘉峰(海拔 8585 米,尼泊尔和锡金的界峰);西面有海拔 7998 米的格重康峰、8201 米的卓奥友峰和 8012 米的希夏邦马峰。形成了群峰来朝,峰头汹涌的波澜壮阔的场面。

19 世纪中叶,印度、英国的侦察人员对喜马拉雅山脉和喀喇昆仑山脉加紧了研究工作,因为这两条山脉的外面是亚洲的中心地区,英国早已对这个地区垂涎三尺了。

一些专门进行登山探险的地形测量学家也参加了由军事侦察人员所领导的喜马拉雅山探险队,前者对喜马拉雅山脉和喀喇昆仑山脉的不同的高峰进行了数十次攀登尝试,并成功地登上了几座高峰,其中包括对位于尼泊尔和西藏边境的第 15 峰(北纬 28°)的攀登。1856 年,对这些高峰的资料研究工作暂告一段落,研究结果表明,这里有一系列高达七八千米的高峰,在这些高峰中第 15 峰是世界最高峰——高约 8840 米(根据最新资料,该峰的高度

乔治·额菲尔士

为 8844 米)。1858 年,印度测量局局长恩德留·旺在英国人的把持下,擅自以该局前任局长乔治·额菲尔士(George Everest,1790～1866;1830～1843 年在印度任职)的名字命名了这座高峰并错误地把珠穆朗玛峰与高里桑加尔峰混在一起(后一座高峰为 7144 米)。1913 年的调查资料证明,英国人所确定的额菲尔士峰在珠穆朗玛峰以东约 60 千米的地方。

19 世纪下半叶,在喜马拉雅山进行活动的有 20 多个探险队,它们的目的是对这个山系进行全面的探察,并攀登这里的高峰。

到了 20 世纪上半叶,活动在这里的探险队数目猛增到 80 多个,其中大部分是英国的探险队,这些探险队大部负有军事侦察任务(调查苏

联与中国的高山边境地区，北自中国的西藏，南自印度和尼泊尔）。当时尼泊尔禁止外国人进入，所以对珠穆朗玛峰"突击"的全部尝试活动都是从北部的西藏开始的。19 世纪里，没有一个探险队能够攀登到 8600 米的高度，到了 20 世纪，在 1921 年第一支英国登山队在查尔斯·霍华德·伯里中校的率领下开始攀登珠穆朗玛峰，到达海拔 7000 米处;

安德鲁·欧文　乔治·马洛里
爱德华·诺顿　　诺艾尔·奥戴尔

英国 1924 年登山队

第二支英国探险队于 1922 年是用供氧装置首次登上 8326 米的高度，然而在这次攀登过程中，西藏夏尔巴族的 7 个搬运夫和向导全部死于一次雪崩中;1924 年，第三支英国登山队攀登珠穆朗玛峰时，诺尔顿登上了 8572 米的高度，但是诺尔顿探险队的两个队员乔治·马洛里(George Mallory)和安德鲁·欧文(Andrew Irvine)在登顶过程中失踪。马洛里的遗体于 1999 年在海拔 8150 米处被发现，而他随身携带的照相机失踪，故无法确定他和欧文是否是登顶成功的世界第一人;1934 年英国人威尔逊(Maurice Wilson) 单人登山时,罹难;1938 年英国

珠穆朗玛峰

人比尔·蒂尔曼（Bill Tilman）带领一队科考队员通过西北山脊登峰，在无氧气设备情况下登到 8230 米，最后由于天气条件过于恶劣，蒂尔曼放弃继续攀登。

从 1950 年开始，尼泊尔政府允许外国人自由出入，于是从南坡，即从尼泊尔境内攀登珠穆朗玛峰的活动开始了。1951 ~ 1952 年，一支英国探险队在攀登珠穆朗玛峰的战斗中取得了显著的成就。这支探险队的领导人是埃利克·施普顿,新西兰著名的登山家爱德华·希拉里参加了这个探险队的攀登活动。1952 年,一支由法国和瑞士组成的探险队登上了更高的高度——8600 米的高度。次年,即 1953 年,约翰·亨特领导的一支英国探险队在法国—瑞士探险队攀登的基础上开始征服珠穆朗玛峰,他们取得了首次登上这个高峰顶端的辉煌胜利。在这次登顶活动中,丹增·诺尔盖发挥了极为重要的作用,这是他第 12 次攀登珠穆朗玛峰之行。

有一张照片(右图)因为记录了 1953 年 5 月 29 日人类首次登上珠穆朗玛峰而闻名世界。在这张照片上,尼泊尔向导丹增·诺尔盖(Tenzing Norgay,1914 ~ 1986)站在峰顶手举一块冰,上面插着随风飞舞的旗子。而给诺尔盖拍这张照片的,正是世界上首个登顶成功的新西兰登山家埃德蒙·希拉里(Edmund Hillary,1919 ~ 2008)。

曾经在家乡奥克兰作过养蜂人的希拉里自从登顶成功后,接受过数以千计的采访。平易近人的希拉里从没有因为自己创造登山记录而拒人千里之外。相反,任何人在翻阅奥克兰当

丹增·诺尔盖站在峰顶手举一块冰,上面插着随风飞舞的旗子

地电话簿找到希拉里这个名字时,都会看到他特意在那里留下的居住地址。

希拉里 1919 年 7 月 20 日出生,父亲是一名老兵。第二次世界大战期间,希拉里加入空军,战争结束后开始迷恋登山。一次他和乔治·洛攀登阿尔卑斯山时,突然冒出攀登喜马拉雅山的念头。他的想法得到了当时世界登山协会的重视。1953 年,希拉里攀登珠峰成功后,当时身在大本营的乔治·洛亲眼目睹了希拉里和向导诺尔盖返回大本营时的情景。他回忆说:"当时埃德蒙露出疲惫的笑容,然后一下子坐在冰上,用

丹增·诺尔盖

希拉里

他一贯的语气说：'行了，我们把那个家伙征服了。'"

希拉里后来被英国女王册封为爵士，不过他曾经在书中这样写道："（被封为爵士）对我来说是无上的荣誉，但是我所做的实在与我得到的头衔不相符，我甚至不敢相信自己得到册封。"

晚年的希拉里和夫人

希拉里成名后成立了以自己名字命名的基金会，目前他的基金会出资在尼泊尔等地建立了 27 所学校、两家医院以及十几个诊所。希拉里的家人也投身于基金会的工作当中，1975 年，他的妻子和女儿在尼泊尔参加基金会活动时因飞机失事而丧生。1984 年，希拉里被任命为沟通新西兰和尼泊尔、印度文化的特使，他后来与登山家米格鲁的遗孀结为夫妻。

他非常乐于帮助那些登山爱好者，并且经常不厌其烦地回答他们各种各样的问题。待人随和的希拉里很少发脾气，唯一的例外是 1999 年发生的一件事。那一年，1924 年登顶时失踪的英国登山家乔治·马洛里的遗体被一支美国探险队发现，探险队拍下了遗体的照片。

希拉里得知后在公共场合大发雷霆，认为美国人的做法"令人讨厌，冷酷无情"。

希拉里表示，如果马洛里被认定为登顶成功的第一人，他会为此感到兴奋："45 年来我一直被认作第一个到达珠峰峰顶的人，所以我也没有什么遗憾了。"

诺尔盖 1914 年出生在西藏夏尔巴族一户普通人家，站在家中就可以望见白雪皑皑的珠峰。诺尔盖曾经说："我替父亲放牛时就经常想象，登上峰顶就如同登天一样。在那样高的地方一定住着神灵。"18 岁那年，诺尔盖离家开始闯天下。1935 年，他说服了英国的一支登山队让他加入登顶探险的行列。在后来的几年中，诺尔盖又先后 5 次向峰顶进军，在登山队中帮助队员搬运行李，担任向导。每一次他都向峰顶迈进了一步，可惜峰顶似乎永远遥不可及。

1953 年 5 月 29 日，诺尔盖终于实现了儿时的梦想。他成为新西兰登山者希拉里的向导，二人一同向峰顶攀登，写下了人类登山史上最重要的一笔。他在回忆当年登顶的情景时说："（站在顶峰）我看到了前所未有、今后也不会再看到的景象，这种感觉既美好又恐怖。当然恐惧不是我当时唯一的感觉，我太热爱这座雪山了！对于我来说，峰顶上所见到的不仅是岩石和冰，所有的一切都是温暖的、富有生气的。"

诺尔盖因为登顶闻名世界后，曾去过很多国家和地区，向人们讲述他做向导的登顶经验。当厌倦了镁光灯包围的生活后，晚年的诺尔盖与家人共享天伦之乐。令人不解的是，诺尔盖极力反对他的孩子继承他的事业。当他的儿子向父亲表达要登顶的愿望时，诺尔盖这样回答："我已经替你上去过了。你不必亲自登上峰顶。"1986 年，"雪山之虎"诺尔盖离开人世，享年 72 岁。

5. 登峰英雄谱

从 1921 年开始直到 1960 年中国登山队登上珠穆朗玛峰，珠穆朗玛峰的正式登山活动一共进行过 15 次。其中成功的仅有两次。

1921 年，英国登山队（队长克·哈瓦德巴里）首次从西藏一侧攀登珠峰，他们宣称到达的高度是 6985 米，由于没有成功，他们称这是一次侦察登山活动。

1922 年,英国登山队(队长吉·布鲁斯)沿北侧路线越过了北坳,在到达 8225 米的高度时,因死亡 7 名夏尔巴人而告失败。

马洛里及其妻子

1924 年 6 月 6 日,英国登山队(队长弗·诺顿)沿北侧路线攀登,当诺顿等人到达北坡"第二台阶"下边的 8572 米附近时,因氧气不足而被迫下山,队员马洛里(George Herbert Leigh Mallory,1886 ~ 1924)和欧文(Andrew Irving)坚持继续前进但一去不返,成为世界登山史上的"马欧之谜"。马洛里生前"因为它在那里"(Beacause it's there.)的遗言,成为登山界的名言。英国公众的悲痛犹如 1912 年悼念南极考察遇难的斯科特一样。

在 1924 年 7 月 5 日出版的《泰晤士报》上,与马洛里和欧文一起登珠峰的奥德尔详细记载了自己那天的经历。奥德尔知道,马洛里二人在攀登时穿着皮夹克和羊毛马裤,外面罩着机织棉衣,脚穿皮制带钉的登山鞋,还携带了瓶装氧气,但那种氧气设备非常重,也非常原始。由此推论,马洛里不可能在山上度过两个夜晚,所以马洛里一定是遇难了。他认为,马洛里是在登顶后失踪的,也许是被猛烈的山风吹了下去,或者是在回营地的路上遇到恶劣天气而丧生。

1999 年 5 月 1 日马洛里遗体和遗物的发现彻底地揭开了 1924 年马洛里的失踪之谜。多年以来西方人一直对中国 1960 年首次从珠穆朗玛峰北坡登顶的事实有所质疑。他们认为英国人在中国 1960 年攀登珠峰之前曾几次攀登珠峰,马洛里很可能是第一位越过第二台阶甚至于从北坡登顶成功的人。只是在下撤途中马洛里与同伴欧文遇突发事件罹难。

根据中国队攀登第二台阶的情况来看,在英国人攀登珠峰的年代,当时的登山设备是很难越过第二台阶的。所谓"第二台阶"就是指珠穆朗玛峰东侧山脊 8570 ~ 8600 米之间的一段陡峭地区。这一地段从来被认为是从北坡攀登珠穆朗玛峰的第二个、也是最后一个难关。另一个被称为"第一台阶"的天障是位于海拔8200～8400米的层状岩石。黄褐色的岩石东高西低一层一层地排列着像一条黄色的带子，所以也被称为"黄色走廊地带"。马洛里和欧文最后出现时正是在这里试图攀登"第一台阶"。越过这两级台阶便可以轻松的触摸到世界之巅了。由于近几年世界气候转暖，1999年一支美国珠峰登山队终于发现了马洛里遗体和遗物。根据1999年美国珠峰登山队报告，5月1日，该登山队沿传统路线在即将到达第六号营地的途中于海拔8150米处发现了1924年6月8日失踪的著名英国登山家马洛里的遗体和一些遗物。马洛里面部朝下，部分身体与泥土和碎石冻结在一起。很明显，他曾经历过严重的滑坠，一条腿已经摔断，其他部位多处受伤。腰部仍系着半段绳索，看来他可能是从黄色带，第一台阶下滑坠了一段距离最后受重伤丧生的。他的身份是从几处缝在他衣服上有他的名字的标记上辨别的。个人物品，包括太阳镜，袖珍小刀，高度计，几封家信，手帕，一盒火柴，没有发现照相机，也没有氧气设备，冰镐和背包。这更增加了马洛里曾遇意外的可能性，因为这样一位登山家、探险家不可能不随身携带相机，也不可能丢下生存工具。现场没有发现他的同伴、与马洛里一起失踪的另一位探险家欧文的任何遗物。如果不是意外，他们的尸体应该相距不远。

发现马洛里的遗骸处

马洛里的遗言："亲爱的艾诺尔：趁着天气不错，我们明早（8号）可能会很早上路。如果不成，可能会在傍晚之后赶回来。马洛里"

1999 年 5 月 17 日，在第一台阶下面海拔 8500 米处发现了 1924 年英国登山队的一个氧气瓶。除此之外仍没有找到任何英国人登顶的证据。被人们认为最有可能首先登顶的登山家——马洛里，他的尸体所在位置说明他是在穿过黄色地带时遇难的。1971 年以后的 1995 年马洛里的孙子终于完成了祖父的遗愿，沿这条夺去祖父生命的传统路线登上了珠峰。依然没有证据说明马、欧曾身处 8500 米以上高度。所谓英国人越过第二台阶的结论下得过于轻率。而西方人对于 1960 年中国人第一次北坡成功登顶的事实却抱有偏见。美国珠峰登山队员用碎石掩埋了马洛里的遗体。尽管他没有成为穿越"第二台阶"的第一人，但他仍然是那个时代的登山英雄、一个伟大的探险家。

1933 年，英国登山队由 16 人组成（队长赫·卢托列吉），沿北侧路线攀登。队员哈利斯和威格尔两人到达海拔 8570 米高度时，发现了 1924 年英国珠峰登山队队员欧文的冰镐，证实了马洛里等二人死在这个高度附近。这一年的探险队在资金和组织上都是当时条件下最好的：两架飞机，精良的帐篷，靴子和衣服，但是天不作美，只能撤回。

1934 年，英国人米·威尔逊使用轻型飞机单独登山，结果飞机损坏在孔布冰川附近，他受了轻伤，后来他又雇用当地一些夏尔巴人协助登山，但在一场风暴之后，他被冻死在东绒布冰川上。

1935 年，由 7 人组成的英国登山队（队长伊·希普顿），攀登到我国境内珠峰北坡海拔 7000 米（即北坳附近）返回。

1936 年，由 10 人组成的英国登山队（队长赫·卢托列吉），到达海拔 7007 米的北坳顶部后返回（注：北坳顶部过去高 7007 米，1975 年中国登山队经过实地测量计算出确切高度是 7028 米）。

1938 年，由 7 人组成的英国登山队（队长葛·狄尔曼），仍从我国境内的北坡登山，在到达海拔 8290 米的高度后宣告失败。

1947 年，第二次世界大战后第一次攀登珠峰的活动由加拿大人勒·甸曼一人实施，他雇用当地夏尔巴人运输，仍走北坡路线，但未超过海拔 6400 米的高度。

1950 年，由美国人克·修斯顿等人组成的登山队，从尼南坡首次对珠峰进行试登，只到达了孔布冰川上海拔 6100 米的冰瀑区上端。

1950 年，英国登山队（队长葛·狄尔曼）从南坡攀登珠峰，在到达海拔 5480 米的孔布冰川后返回。

1951 年,英国登山队(队长伊·希普顿)全队共 7 人,攀越了一段孔布冰川,在到达海拔 6450 米后返回。

1951 年,丹麦人克·贝加·拉尔逊非法越境进入西藏,拟从北坡攀登珠峰,但他仅到达不到海拔 6500 米的高度。

1951 年,珠峰南侧入口被希普顿和希拉里的登山队找到,他们发现孔布冰川上有一个拐弯抹角的路线通往珠峰。

1952 年 5 月,瑞士登山队(队长勒狄特玛尔)10 人从南坡尼泊尔境内攀登珠峰,但他仅到达不到海拔 8540 米的高度后,因天气变坏而告失败,但他们却开创了一条从珠峰南侧通向顶峰的路线。

1952 年 10 月,瑞士登山队(队长葛·舍瓦列)首次在秋季(喜马拉雅山的雨季之后)从南坡攀登珠峰,在到达海拔 8100 米的高度后再次由于天气变坏而失败。

1960 年,共有印度、美国、英国、法国、瑞士、日本、新西兰、尼泊尔、南斯拉夫、伊朗 10 个国家的 12 个队在喜马拉雅山区活动,绝大多数登山队的目标是攀登珠穆朗玛峰。这时,中国登山队也开到了珠穆朗玛峰脚下。

1960 年 5 月 25 日——中国人首次登上珠穆朗玛峰。他们是王富洲、贡布、屈银华。此次攀登,也是首次从北坡攀登成功。

右起:王富洲、贡布(藏族)、屈银华

1963 年 5 月 1 日到 22 日,美国登山队(队长恩·狄林法斯)采取从珠峰南侧沿西南山脊登顶的路线取得成功。美国队前后相隔 21 天进行了两次突击,5 月 1 日两人登顶,22 日四人登顶,这是登上珠峰的第四个登山队。威特(Jim Whittaker)成为第一个登顶的美国人。

1963 年,美国登山队翁邵尔(Willi Unsoeld)与汤姆·霍恩贝因(Tom Hornbein)首次由西脊转北壁登顶,并由东南山脊下山,成为第一个跨越珠峰的队伍。

探索自然丛书

北坡攀登路线

1965 年 5 月 20 日,印度的夏尔巴人那旺(Nawang Gombu)成为两次到达珠穆朗玛峰山顶的第一人。

1969 年春,日本登山队从珠峰南侧首次试登,在登达海拔 6450 米的孔布冰川地区后,留下了部分冰川和气象观测人员,他们在珠峰对气象、冰川等作了一年时间观测,同年秋,日本登山队(队长藤田佳宏)企图在当年春天登山侦察的基础上,争取从南坡登顶,但到达了海拔 8000 米的高度后就返回了。

1970 年 5 月 11 日、12 日,日本登山队(队长松方三郎)在沿自选的技术型路线攀登失败后,改走传统路线,结果有两个梯队共 4 人从传统路线登顶成功。

1970 年,日本登山爱好者三浦从南坳 8000 米处滑雪下山,创下世界纪录,以此拍摄的纪录片《第一位滑雪下珠峰的人》(THE MAN WHO SKIED DOWN EVEREST),获得了 1976 年奥斯卡最佳外语纪录片奖。

1973 年 10 月 26 日,日本登山队石黑久和加藤保男沿东南山脊经南坳的传统路线登顶,这是珠峰攀登史上首次在秋天登顶成功。

1975 年 5 月 16 日,日本人田部井淳子成为世界上首位从南坡登上珠穆朗玛峰的女性。1939 年,田部井淳子生于福岛(日本本州岛东北部城市),她说 10 岁的时候,老师带她和同学们攀登纳苏(Nasu)山,从那时起就深深地被登山这项运动所吸引。1975 年成功登上珠峰之后,田部井淳子又继续攀登了世界各地的多座高峰,并且成为世界上首位成功登顶 7 个大洲的最高峰的女性登山运动员。

1975 年 5 月 27 日,中国登山队第二次攀登珠峰,9 名队员登顶。其中藏族队员潘多成为世界上第一位从北坡登顶成功的女性。潘多,1939 年出生,西藏昌都地区德格县人。1958 年参加登山运动。1959 年 7 月 7 日登上 7546 米的慕士塔格峰。1961 年 6 月 17 日登上 7595 米的公格尔九别峰。1975 年 5 月 27 日登上

田部井淳子

潘多

8848 米(现测为 8844.43 米)的珠穆朗玛峰,成为世界上第一位从北坡登上珠峰的女性。1975 年 5 月 27 日,是潘多一生中最重要的一天。潘多在登珠峰的时候已经 37 岁了,而且是三个孩子的母亲,这对她来讲是最大的困难,也是登山历史上还从来没有过的。

　　1975 年英国 SW 登山队在查理斯·鲍宁顿(Chris Bonnington)带领下,两队同时登顶,队员包括:斯科特(Doug Scott),黑斯顿(Dougal Haston),鲍得曼(Pete Boardman),和皮藤巴(Sirdar Pertemba),BBC 的摄像师布克(Michael Burke)企图单独登顶而失败。

　　1978 年 5 月 8 日,奥地利人彼德·哈伯勒(Peter Habeler)和意大利人莱因霍尔德·梅斯纳尔(Reinhold Messner)经东南山脊路线首次无氧登顶。

　　1979 年,施马特茨(Hannelore Schmatz)是登上珠峰的第四位女子,当她登顶下山时不幸遇难,是第一位遇难的女登山家。

　　1980 年,波兰登山家克日什托夫·维里克斯基第一次在冬天攀登珠穆朗玛峰成功。

　　1980 年,Reinhold Messner,第一个单独攀登珠穆朗玛峰时而没用氧气瓶的人。

　　1982 年 10 月 5 日,Laurie Skreslet 是第一个登上珠穆朗玛峰的加拿大人。

　　1983 年 10 月 8 日,美国旧金山湾区队 3 人首次由东壁转东南山脊路线登顶。

1984 年澳大利亚登山队第一次攀登珠穆朗玛峰。登山队队员包括：斯耐普（Tim Macartney – Snape）、毛蒂莫（Greg Mortimer）、亨德尔松（Andy Henderson）和霍尔（Lincoln Hall）。其中前两名到达了山顶。

1986 年 5 月 20 日，加拿大女子伍德（Wood）成为北美第一位登顶珠峰的女性，同时也是第一位由绒布冰河登上西山脊，经由霍茵拜恩沟登顶的攀登者。

1987 年 9 月 25 日，36 岁的法国人马克·巴塔尔于当地时间 17 点从南坡海拔 5300 米处出发，夜间不吸氧气越过南坳，26 日 15 点 30 分成功地登上珠峰。所用时间为 22 小时 30 分钟。

1988 年 5 月 5 日，中、日、尼三国联合登山队创下从南、北两坡双跨并会师顶峰的壮举，并创下 6 项纪录。

1988 年 5 月 12 日，美国新西兰国际登山队开创第 11 条登顶路线，即由东壁—南坳—东南山脊路线登顶。

1988 年 10 月 14 日，新西兰女子莱·布拉迪成为首对无氧登顶珠峰女子。

1990 年 10 月 7 日，斯洛文尼亚夫妇安德烈和司特瑞菲尔（Andrej & Marija Stremfelj）成为首对同时登顶的夫妻。

1990 年 10 月 7 日，法国人罗策（Jean Noel Roche）与其子泽布龙（Roche Bertrand aka Zebulon）成为第一对同时登上珠峰的父子，当时儿子年仅 17 岁，打破了最年轻者纪录，父子从南坳用滑翔伞下山到大本营。

1992 年 5 月 12 日、1993 年 5 月 10 日，印度女性亚德福·桑多什（Yadav Santosh）两次登顶珠峰，是第一个两次登顶珠峰的女性。

1992 年 9 月 25 日，阿尔贝托（Alberto）和伊努拉特圭（Felix Inurrategui）成为第一对同时登上珠峰的兄弟。

1993 年，西班牙人拉蒙·布兰科（Ramon Blanco），是登上珠穆朗玛峰年龄最大的人，已经 60 岁零 160 天。

1993 年 4 月 23 日，第一位尼泊尔女性巴桑·哈努登上珠峰，但不幸在下山时丧生。

1993 年 5 月 5 日，中国海峡两岸联合攀登珠峰活动中，王勇峰、普布、其米、开村、加措登顶，台湾同胞吴锦雄首次从北侧登顶。

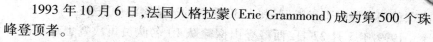

1993 年 10 月 6 日,法国人格拉蒙(Eric Grammond)成为第 500 个珠峰登顶者。

1993 年 12 月 18 日至 20 日,日本队 Hideji Nazuka、Fumiaki Goto 等 6 人首次在冬季沿西南壁登顶。

1995 年,中国台湾女性江秀真从南侧登顶,成为目前唯一登顶珠峰的台湾女性。

1996 年,汉斯·卡默兰德尔(Hans Kammerlander)通过北边山脊登山。花了 16 小时 45 分钟,返回时滑雪下去。

1996 年 5 月 23 日,丹增·诺尔盖的儿子贾令登顶。

1996 年,瑞典克罗普(Goran Kropp)第一个骑自行车从瑞典的家到山脚的人,一个人不用氧气瓶开始登山,最后骑自行车返回。

1996 年,包括著名登山家罗布·哈尔在内的 15 名登山者在登顶过程中牺牲,是历史上攀登珠穆朗玛峰牺牲人数最多的一年。

1998 年,美国人汤姆·惠特克(Tom Whittaker)成为世界上第一个攀登珠穆朗玛峰成功登顶的残疾人。

1999 年 5 月 6 日,尼泊尔著名登山家巴布·奇里从大本营出发由北坡攀登,耗时 16 小时 56 分登顶成功,创造了登顶的

汤姆·惠特克

最快纪录。奇里是夏尔巴族人。奇里第一次登山时年仅 13 岁。奇里于 1989 年带领一苏联登山队成功地登上了世界第三高峰——干城章嘉峰。一年后,他又征服了世界第一高峰珠穆朗玛峰,并从此和珠峰结下了不解之缘。在以后的 11 年里,他 10 次登上珠峰,而且创造了多项世界纪录。其中,值得一提的是,1995 年,奇里在 14 天里连续两次登上珠峰峰顶,这在世界上是绝无仅有的。奇里打破了 1998 年由卡吉创造的 20 小时 24 分的世界纪录。他用了近 17 个小时登上珠穆朗玛峰并因此被列入《吉尼斯世界纪录大全》。巴布·奇里,最后在带领一登山队挑

战珠穆朗玛峰时不幸滑倒,跌入 30 米深的冰体裂缝中丧生。

1999 年 5 月 27 日,西藏登山探险队 10 名队员再次登上珠穆朗玛峰,并从顶峰上采集到第六届全国少数民族传统体育运动会圣火火种。他们同样创造了多项攀登珠峰的纪录:采自世界上离太阳最近的运动会圣火火种;10 名队员在先后相差 1 小时内全员登顶成功;桂桑成为第一位两次登上珠峰的女性;边巴扎西仅用 4 小时 47 分就从 8300 米突击登顶成功,是至今有记录的最快者;边巴扎西在没有帐篷等避寒设施的情况下在顶峰上停留了 138 分钟,打破了次仁多吉保持的纪录;次仁多吉、仁那、边巴扎西并肩创造了登上 10 座 8000 米以上高峰的中国登山纪录。

1999 年 5 月 29 日,南非女性凯西·奥多德(Cathy O'Dowd)从北侧登顶,她成为从南北两侧登顶的第一位女性(1996 年 5 月 25 日南侧登顶)。

2000 年 5 月 22 日,波兰女子登山家安娜·克泽文斯卡从尼泊尔一侧登顶珠峰,成为登顶珠峰年纪最大的女子登山运动员(时为 50 岁)。安娜·克泽文斯卡 1949 年 7 月 10 日生于波兰。她曾是一位药剂师,为了自己的登山事业,离开了医学行业。安娜也是首位成功登上 7 个大洲最高峰的波兰女子登山运动员。她利用 5 年时间,登顶乞力马扎罗山(非洲最高峰)、阿孔卡瓜峰(南美最高峰)、麦金利山(北美最高峰)、厄尔布鲁士山(欧洲最高峰)、科斯尤斯克峰和卡尔斯滕兹峰(大洋洲最高峰)、维森峰(南极洲最高峰)、珠穆朗玛峰(亚洲最高峰)。

2000 年 10 月 7 日,斯洛文尼亚探险家卡尔尼察(Davo Karnicar)用 5 个小时的时间,从珠峰之巅滑到山脚的营地,成为滑雪珠峰的第一人。

2001 年 5 月 23 日,夏尔巴人高中生策利(Temba Tsheri)于 2001 年当地时间 5 月 23 日早晨,登上世界最高峰——珠穆朗玛峰,至此诞生了最年轻的世界之巅征服者。策利这次已经是第二次挑战珠穆朗玛峰了。

2001 年 5 月 25 日,美国人艾瑞·韦亨梅尔(Erik Weihemayer)成为第一位登上珠峰的盲人。他在 4 名同伴的陪伴下,与 8 名在腰间系上铃铛,使他能够听音辨位的夏尔巴族向导一起登顶。韦亨梅尔在 13 岁因视网膜剥离而失明,但他热爱登山,曾挑战过包括南北美洲、非洲多地的高峰。

策利

诺尔盖的孙子他什·丹增

2001 年的同一天,64 岁的美国人布尔(Sherman Bull)成为了登峰年龄最大的人。

2001 年的同一天,19 人同时登上峰顶,刷新了之前 10 人的纪录,并且无一伤亡。

2002 年 5 月 16 日,63 名登山者从南侧成功登顶珠峰,并且全部安全撤回四号营地,创造了单日登顶珠峰的人数新纪录,加上中国西藏一侧的成功登顶者,整个 2002 年春季珠峰南北两侧共有 155 人登顶。2002 年 5 月 17 日,中国僧人王天汉登顶,成为第 1599 个到达珠峰顶的攀登者。

2002 年 5 月 17 日,首登珠峰的诺尔盖(Tenzing Norgay)的孙子他什·丹增(Tenzing Tashi)也登上珠峰,成为第一个祖孙三代都登上珠峰的家族。

2003 年 5 月 21 日,21 岁的美国人罗斯克莱(Jess Roskelley)通过南边的山脊登顶,成为美国历史上登上珠峰最年轻的人。

三浦雄一郎

2003 年 5 月 22,23 日,23 岁的美国人克拉克(Ben Clark)通过北—东北山脊路线登峰,成为美国历史上第二个年轻的登顶者。

2003 年 5 月 22 日,日本业余登山家三浦雄一郎成为登峰年龄最大的人,当他登峰时已经 70 周岁零 222 天了。

2003 年 5 月 23 日,25 岁的尼泊尔夏尔巴人潘巴多吉（Pemba Dorjie）用 12 小时 45 分钟的时间创造了登顶的最快纪录。

2003 年,仅仅在 3 天后,夏尔巴人拉克帕格鲁（Lakpa Gelu）以 10 小时 56 分钟的时间打破了登顶最快纪录。在与 Dorjie 经过短暂的争执之后,旅游委员会在 7 月确认了他的纪录。

2003 年,由美国德州残障协会（CTD）支持,队员为各种不同类型的残障人士所组成的"Team Everest 2003"（队长古勒 Gary Guller）登山队攀登珠峰,队长古勒是个失去左臂的独臂人,他们希望以此举鼓励全世界残障人士勇于面对生命的困境。

2004 年 5 月 21 日,潘巴多吉（Pemba Dorjie）又以 8 小时 10 分钟的时间创造了新的登顶最快纪录。

2005 年 5 月 22 日,世界最高峰珠穆朗玛峰的精确高度,多年来一直为世人关注。中国政府资助的由 24 名队员参加的科考队登上了峰顶,为重新测量高度驻扎 GPS、地面雷达设备并采用传统的测量方式来测量雪和冰的厚度,从而获取新的数据。根据《中华人民共和国测绘法》,珠峰高程新数据经国务院批准并授权,由国家测绘局公布 2005 年珠峰高程测量获得的新数据为:珠穆朗玛峰峰顶岩石面海拔高程 8844.43 米。珠穆朗玛峰峰顶岩石面高程测量精度 ±0.21 米;峰顶冰雪深度 3.50 米。

6. 攀登乔戈里峰的艰难之路

乔戈里峰（又称戈德温—奥斯汀峰;K2 峰）,世界第二高峰,海拔 8611 米。"乔戈里"是塔吉克语,意为"高大雄伟",它是喀喇昆仑山脉的主峰,国外又称 K2 峰,它位于喀喇昆仑山脉的中段,东经 76°30′,北纬 35°54′,其西北—东南山脊为主脊线,同时也是中国与巴基斯坦的国境线。峰顶呈金字塔形,冰崖壁立,山势险峻,在陡峭的坡壁上显现出雪崩溜槽的痕迹,可以想象其雪崩的频繁。直到海拔 6000 米的地方都是岩石峰体,在这范围之上覆盖着一望无际的冰雪。峰的北侧如同刀削斧劈,平均坡度在 45°以上,而垂直高差竟达 4700 米,是地球上垂直高差最大的山峰。乔戈里峰的北侧,是长达 44 千米的音苏盖提大冰川。

乔戈里峰在不同的时间里曾被描述成"令人敬畏的""杀手"和"野

乔戈里峰

蛮之峰"。这是由于它高大魁伟的山姿，也由于许多登山队在乔戈里峰上都历经了无数次失败的攀登尝试。

1856 年，正当英国加强对印度的控制而引起了印度 1857 年独立战争的时候，一位年轻的英国皇家工兵陆军中尉 T. G. 蒙特哥摩利正悄悄忙于勘察克什米尔境内的山峰。在他的勘察当中，他发现在遥远之处，有一座高大显著的山峰朝喀喇昆仑山脉地区方向屹立着，他立即将其命名为"K1"（K 代表喀喇昆仑山脉）。之后，它被证明是巴拉提斯坦卡布鲁地区哈什山谷里一座美丽的山峰，当地土语称之为"马舒布鲁木峰"。他也看见了另一座高峰高耸在马舒布鲁木峰（K1）后面，并将之命名为"K2"，之后证明这就是"乔戈里峰"。然而，"K2"这个名字仍在使用。

1860 年亨利·哈佛沙姆·戈德温—奥斯汀（Henry Haversham Godwin – Austen，1834 ~ 1923）到巴拉提斯坦地区对著名的施迦和萨尔托洛山谷进行勘察。他是英国皇家第 24 步兵营的军官，也曾在 1852 年第二次英缅战争中服过役。早在 1857 年，他曾加入到蒙特哥摩利中尉在克什米尔的勘察站。曾勘察过克什米尔南部的卡吉纳山脉，并首次将古尔马格峰画在地图上。1858 年至 1859 年，他对包括查谟在内的克什米尔东部地区进行勘察。1861 年，他从斯卡都出发，从海拔 5043 米的斯科罗拉峰进入巴拉尔度山谷。然后他登上乔戈—兰马，科罗兰马，比亚弗和潘马等冰川进行勘测。并从

戈德温—奥斯汀

科罗兰马冰川登上了海拔 4990 米的努什克山口,据说还曾进入了长达 53 千米的希斯巴冰川。他很可能就是到达这一冰川的首位欧洲人,也是第一个近距离考察乔戈里峰的人,被誉为当时最伟大的登山家之一。

另一个后来被授予爵位的探险家法兰西斯·扬哈斯本,是个著名的士兵和惊险小说迷。1887 年,他显示了他的勇气和固执,从北京出发穿越了戈壁沙漠,从马兹他山口进入印度。就在旅途中,他首次见到了乔戈里峰。他穿越马兹他山口的首位欧洲人,也是首位从北面看到乔戈里峰的欧洲人。

1902 年,奥斯卡·艾肯斯坦率领的一个有组织的探险队可能是第一次从巴尔托洛冰川向乔戈里峰进发的。探险队没有雇佣任何向导。它的目标就是勘探出通往乔戈里峰的途径,可能还要尝试登顶。然而,恶劣的气候使得探险队无法尝试登顶,他们却收集到了关于戈德温—奥斯汀冰川地表层的有用信息,这些信息在随后几年里被探险队当作跳板加以使用。探险队有两位队员——瑞士人朱利斯·加科特·加勒莫特博士和奥地利人威斯利博士,成功抵达乔戈里峰东北山脊海拔 6523 米的地方。探险队还攀登了海拔 6150 米的斯开昂拉峰以确定攀登海拔 7544 米的斯开昂堪格里峰的可能性。艾肯斯坦是把工程学原理运用到登山运动和装备上的首位登山家。

1909 年,一支大型的探险队在意大利国王维多·艾蒙纽尔二世的孙子,性格坚毅的刘易奇·阿玛迪奥·吉塞普(Luigi Amadeo Giuseppe,1873 ~ 1933,即阿布拉兹公爵)的率领下对乔戈里峰进行勘探。探险队成员制定出了非常完善的附带有巴尔托洛地区照片和精确地图的探险报告书。然而公爵反对攀登南部和西部山脊。他的探险队尝试从东南山脊(即后来闻名于世的阿布拉兹山脊)登顶,但是在海拔 5560 米以上的地方,由于挑夫的问题没办法继续攀登。然而探险队从南到东北对乔戈里峰完成了彻底的勘探。探险队里陪同公爵来的还有登山家兼摄影师维托里奥·萨拉(Vittono Sella)。戈

吉塞普

德温—奥斯仃冰川附近的萨拉山口就是以他的名字命名的。

1937 年,英国两位著名的登山家哈罗德·威廉·提尔曼(Harold William Tilman,1898～1978)和艾力克·伊尔·施普顿(Eric Earle Shipton,1907～1977)对乔戈里峰北壁及其附属冰川进行了探险和勘测。事实上,当他们去特兰勾和萨坡拉勾冰川的时候,他们还参加了驻沙克斯甘山谷的一个勘测代表团。他们也对闻名遐迩的斯喀姆利冰川进行了探险和勘察。施普顿是 20 世纪重要的探险

提尔曼

施普顿

家之一。在大部分的探险中,他是提尔曼的同伴。1940～1942 年和 1946～1948 年期间,施普顿任驻喀什葛尔的印度总领事。

1938 年,美国阿尔卑斯俱乐部倡议创办了一支乔戈里峰勘测探险队。建立了 8 个营地之后,探险队抵达了海拔 7925 米的高度。和以前的那些探险队相比,这次探险结果似乎是一次相当可观的进步。像查尔斯·休斯顿医生(Dr. Charles Houston)和罗伯特·贝兹(Robert Bates)这些美国著名的登山家都参加了这个探险队。来自尼泊尔的 6 个夏尔巴人也在这个探险队当挑夫。通过对通往乔戈里峰的路线进行彻底的勘测之后,探险队否决了西北和东北路线,相反,选择了东南山脊(阿布拉兹山脊)路线。由于食物供给短缺,迫使休斯顿返回较低的海拔高度。探险队的想法是,穿过这座山脊是能够爬上顶峰的,最后证明这是正确的。

次年,另一支美国探险队在德裔美国人化学家、登山家福利兹·荷曼·恩斯特·维斯纳(Fritz Hermann Ernst Wiessner)的率领下出现在乔戈里峰。探险队雇佣了 9 个夏尔巴人,在已探明的东南山脊上取得了非常好的进展。2 位队员和 5 个夏尔巴人在大约海拔 7711 米的地方建立了 8 号营。由于队员达德里·沃尔夫病了,被留在了 8 号营。维斯纳和

一个夏尔巴人爬上了大约海拔 8382 的地方。他们下撤返回途中发现沃尔夫的食物供给短缺。因此他们赶紧把他带下到 7 号营,让他待在那里。然后他们撤下去寻找食物和援救,但是至到他们抵达 2 号营才发现所有的营地都被遗弃了。维斯纳立即派 3 个夏尔巴人去营救沃尔夫,然而他们并没有返回。沃尔夫和这几个夏尔巴人就这样在乔戈里峰上长眠了。一次悲惨却英雄般的牺牲。

尽管尽了最大努力,美国探险队还是没能从东南山脊攀登乔戈里峰

1953 年,第三支美国探险队在查尔斯·休斯顿医生的率领下尝试攀登乔戈里峰。休斯顿医生曾率领过 1938 年的美国探险队攀登过此峰,他是个医学教授,因为研究人体在高海拔上受到的影响及其影响导致的疾病所作出的贡献而闻名遐迩。时任巴基斯坦喀喇昆仑俱乐部副主席的巴基斯坦人前陆军上校阿陶拉(Colonel M. Ataullah)也参加了这次探险活动。这次探险队没有从尼泊尔雇佣夏尔巴人做挑夫,而是雇佣了罕萨人。探险队没有像前支探险队一样从斯利那加(印控克什米尔地区首府)穿过一段很长的路进入巴拉提斯坦,而是乘飞机抵达斯卡都,采用穿越巴尔托洛冰川抵达乔戈里峰这条传统路线。

在海拔 7772 米的 8 号营,探险队受到了持续好几天的大风雪的袭击。8 月 7 日,队员亚瑟·吉尔奇血栓恶化。考虑到他严重的身体状况,探险队不顾恶劣的天气决定立即下撤。在当天的晚上,探险队"因为又滑又乱的结绳而坠落到陡峭的斜坡上"而陷入困境。幸运的是没人受重伤。随后所有队员在附近的 7 号营集合。吉尔奇被两支冰镐固定在雪坡上,很安全,直到探险队能够鼓起勇气穿过斜坡把他带到营地。

然而当 3 名队员向吉尔奇走去时,发现他已经被雪崩卷走了。余下队员花了 5 天时间才艰难抵达大本营。他们一抵达那里就立即向斯卡都起程,因为队员乔治·贝尔腿部被严重冻伤。尽管尽了最大努力,美国人还是没能从东南山脊攀登乔戈里峰。

1954 年,一支意大利探险队来到巴基斯坦想在乔戈里峰上碰碰运气。探险队由 12 名登山员和 4 名科学家组成,并由经验丰富的登山家阿迪托·迪塞奥(Ardito Desio,1897～2001)教授率领;阿迪托·迪塞奥教授

阿迪托·迪塞奥(左)(1931)

曾在第二次世界大战前随意大利探险队来攀登过这些山峰。来自巴基斯坦的阿陶拉和阿沙德·默尼尔参加了这次探险活动。

在相当长一段时间里,恶劣的天气阻碍了探险队的进展。天气一晴朗,探险队就取得了很好的进展并建立了 2 号营。6 月 21 日,36 岁的高山向导玛利奥·普卓兹(Maria Puchoz)教授在 2 号营罹患肺炎与世长辞。人们认为他患了高海拔肺水肿,那时人们并不很了解这种病,没想到要用抗生素来治疗。

探险队在东南山脊建立了 6 个营地,还建立了露营地 9 号营。7 月 31 日,里诺·雷斯德里(Lino Lacedelli)和阿奇里·科帕哥诺尼(Achille Compagnoni)从露营地出发继续冲顶,并于晚上 6 点登顶。在峰顶待了一会儿,他们开始下撤,大约晚上 11 点抵达 8 号营。就这样,乔戈里峰的传奇结束了。

1976 年和 1977 年,中国登山协会曾两次组队进入乔戈里峰北侧进行路线侦察。

1979 年,梅斯纳尔(Reinhold Messner)率领一支 6 人的探险队伍试图从南—南西脊(被他称为魔鬼路线)攀登,但他很快意识到该路线相当危险,再加上几个队员的高山反应症状,梅斯纳尔决定改由传统路线并与迈克·戴克尔 2 人共同登顶。这是梅斯纳尔的第 5 次 8000 米以上

登顶的雷斯德里和科帕哥诺尼

高峰的攀登经历。在梅斯纳尔的队伍从南—南西线下撤后,一支庞大的法国队伍(包括皮尔·拜芬和杨尼克·森尼尔)沿此线路到达8400米,由于恶劣气候而下撤,在此次探险中,简·迈克波温使用滑翔伞从7600米的4号营地下降到大本营,此举创造了世界纪录。

1981年上半年,巴基斯坦方面批准了一支法、德4人登山队从南线攀登,这支队伍由杨尼克·森尼尔率领,最终到达7400米高度。随后,一支日本队由西山脊出发,沿着1979年英国人的路线,到达了8200米高度,从那里他们穿过一条雪带到达西南脊的顶部。这条线被固定了5500米的绳子,共耗时52天。

8月6日,大谷映芳、塞波等3人,沿绳索到达西南脊,准备冲顶。3人在到达8300米高度时,面对巨大的攀登困难,他们抛弃了装备,于18时到达8470米高度,并决定宿营(无任何设施和食品),在一个仓促挖掘的雪洞中仅靠蜡烛取暖。8月7日早晨,他们继续向上前进了100米,距顶点仅50米。此时大谷映芳同大本营取得了联系,但被告知下撤。因为他们已过度疲劳,塞波此时成了队伍的领导。他有信心登顶并对下撤通知感到吃惊。经过45分钟的激烈争论,大本营领队同意他们登顶,但另一位日本队员此时已精疲力竭,难以继续攀登。大谷映芳和塞波则于一小时后冲顶。最终,3人克服了劳累、脱水和随时到来的风险安全返回大本营。

另一支日本登山队在 1982 年选择了中国境内的北脊，这是一次壮美的、长达 15 千米的行程。当地人烟稀少，意味着除去日本队员之外，还要有一支高山协作队伍以提供支持。领行的队员沿 45°的北脊行进，在一个制高点上遇到一支波兰登山队，他们从西

大谷映芳

北脊的巴基斯坦境内出发，但由于路线的艰难被迫进入中国境内。这次不期而遇遭到了中方的强烈抗议。波兰人最终没能登顶，或许只能如此。而日本人则于 8 月 14 日冲顶成功。第二天又有 4 个以上的日本人沿此线路登顶。这些日本人都单独无氧气登顶，并在下撤时宿营。遗憾的是，队员柳泽幸弘连睡袋和救生衣都没有，在宿营后，滑坠并死亡。

接下来的 1986 年则是成绩非凡的 K2 攀登年。这一年有 9 次关于 K2 的探险被批准，一些人选择了传统路线，还有一些是由于遇到困难而改行传统路线。两个美国人阿兰·佩宁顿和约翰·斯诺里死于 6 月 21 日的雪崩。两周后有 6 人登顶。旺达·鲁克凯维茨成为第一位登顶的女性，丽莉恩·白瑞德是第二位，丽莉恩与她的丈夫共同冲顶。但在下撤时死于非命。1986 年 7 月 5 日有 8 人之多登顶，均由传统路线，其中勃奈特·钱慕斯，创下了仅用了 23 小时登顶的纪录；琼斯夫·利克恩斯基则是第二次登顶。到今天为止，琼斯夫·利克恩斯基是两次登顶 K2 的纪录保持者。高山给了这些成功的人极高的荣誉，使他们成为杰出的人。

这一年探险者的队伍中有两位波兰人——杰瑞森·库库齐卡和托德艾斯·平特齐卡。他们从南脊完成了一次令人吃惊的成功登顶。在 7000 米处，由于坏天气延误了 10 天时间。2 天时间仅行进了 30 米，这后来被其描述为最为艰难的高海拔攀登。在宿营地，波兰人丢下了最后的氧气罐，使用蜡烛来融化一大杯雪水。第二天，他们冲顶了，并沿山肩下撤，但被迫再次宿营。在恶劣天气和严重脱水情况下，他们沿传统路

线继续向营地下撤,但平特齐卡冰爪脱落并突然滑坠身亡,库库齐卡则安全下撤。K2 是他登上的第 11 座 8000 米高峰,并且也是最使他接近极限的一座山峰。

1986 以后的 4 年中,没有什么更进一步的探索,但却有许多失败者。一个瑞士—波兰联合登山队在西脊失败。两个队伍在东脊失败,一个波兰队伍在传统线路上失败。接着在 1990 年,一支日本队伍在北侧攀登了一条新路线——西壁—北山脊路线。

1993 年共有 16 人登顶,布瑞顿·琼恩斯·帕瑞特和美国人丹·慕斯沿西脊路线创下了一次壮举:从营地直接突击登顶并返回,仅用了 32 小时。

在 1995 年则发生了较多的事故。7 月,曾有一些成功的攀登。8 月 13 日晚上,又有 6 名登山者登顶,并通过无线电话予以证实。当他们下撤时,一场凶猛的大风袭击了山顶,将 5 名登山者吹进了地狱。同年一支德国商业探险队攀登北脊失败。

在 1998 年和 1999 年,K2 拒绝了每一位沿着巴尔托洛(Baltoro)长途跋涉而来的人,尽管汉斯·卡默兰德于 1999 年满怀雄心壮志,沿巴斯克人攀登的路线攀登,并希望登顶后滑雪而下,但他只到达了 8400 米,他发誓会再来的。

现在,几乎从所有的乔戈里峰山脊都已由探险家攀登过了。到 20 世纪末,成功登顶 K2 的探险者已接近 200 人,对于如此危险和困难的大山,这是个非凡的数字,这个数字意味着这座美丽的 K2 所具有的独特魅力。但同时有统计显示了从山顶下撤时的死亡比率是 7:1,这是一个可怕的高比率,却阻止不了仍然源源不断的未来探险者。

7. 踏平 8000 米以上高峰的"登山皇帝"梅斯纳尔

雷纳德·梅斯纳尔(Reinhold Messner)1948 年出生在意大利的南蒂罗尔,5 岁开始登山。20 岁时,他和兄弟古特尔(Gunter)几乎爬遍西阿尔卑斯所有山峰。他是全世界第一个登顶了 14 座 8000 米山峰的人。他的信条是轻装阿尔卑斯登山法。不幸的是,古特尔在南迦帕尔巴特峰遇难。

梅斯纳尔是从 1970 年开始向这 14 座世界最高峰挑战的,他首先征服了位于喜马拉雅山脉西部满布冰川的南加帕尔巴特峰，紧接着，他和他的登山老伙伴彼得·哈布勒一道征服了位于尼泊尔中部的马纳斯卢山峰和加歇布鲁山第一峰。1978年，他和当时36岁的彼得·哈布勒同时无氧登上世界最高峰珠穆朗玛峰。当时，整个世界登山界都为之惊叹不已。1979年，梅斯纳尔回到中一巴交界的登山大本营，攻克了世界第二高峰乔戈里峰。1980年他又一次登上了险象环生的珠穆朗玛峰，不过这次只有他独自一人。

梅斯纳尔

在他完成了干城章嘉山、加歇布鲁山第二峰和布罗阿特主峰的攀登任务后，人们普遍认为，梅斯纳尔的精力已经枯竭，再无继续攀登的可能。但梅斯纳尔却有自己的看法，他说："在1982年，我能在一个季度中连拿下三个山峰，这使我深信，一个人在他的有生之年里征服所有14座世界最高峰应该是件轻而易举的事，至少不是不可能的。"

梅斯纳尔成功的秘诀之一便是轻装。他的装备之简单，仿佛他不是去攀登那些世界最高峰，而是到普通的山地去旅行。对于梅斯纳尔来说，那些神秘莫测，令人谈虎色变的世界屋脊，在他脚下只不过是一堆摆在一起的小山丘。他正是采用了这种他称之为"轻装"（阿尔卑斯式登山）的方式。踏平了所有8000米以上的世界最高峰，在世界众多登山运动员中独占鳌头。

在过去的登山史上，那

梅斯纳尔在登山途中

些曾经登上过 8000 米高峰的运动员,他们都无一例外地携带了一整套繁重的登山绳索及氧气瓶之类的东西,并逐级建立高山营地,与此同时他们还得到众多身强力壮的藏族向导的协助。但是,在梅斯纳尔的登山生涯中,这一切都不曾有过。这种"轻装"登山方式吸引了成千上万的模仿者。

在第一次无氧登珠峰后,他单人攀登了南迦帕尔巴特峰。他成为第一个登上所有 8000 米高峰的人,第三个登完 7 大洲最高峰的人。他是登山者中活着的传说。梅斯纳尔最可贵的是,他是唯一攀登南迦帕尔巴特 Rupal 线路登顶的人,也可能是唯一真正单人攀登珠峰的人。今天,珠峰上人山人海,即使单人登顶,只是意味着从冲锋营地到顶峰无人帮助罢了。梅斯纳尔在季风后期登顶,现在恐怕任何人都办不到。梅斯纳尔作为顶级的登山家和真实的攀登英雄,将继续在 21 世纪激励新一代攀登者。

梅斯纳尔创造的这一连串惊人的纪录会使人认为他一定具备一副优越于其他登山选手们的不寻常的体魄。一位名叫奥斯瓦尔多·奥尔兹的瑞士医生通过在低气压下对登山运动员测试后认为,与一般登山运动员相比较,梅斯纳尔的生理机能并没有任何超常之处。对梅斯纳尔的测定结果表明:他的生理机能仅与一个中上水平的马拉松运动员相似。奥尔兹医生认为,梅斯纳尔和那些曾经突破了 8000 米高度这一障碍的登山运动员都具有比常人更为强健的呼吸系统。也就是说,当空气越来越稀薄的时候,他们的呼吸频率就会随之加快。著名登山家克莱斯·勃宁顿说道:"比起其他登山选手,梅斯纳尔的真正优势在于他具有大胆的创新精神和丰富的想象力。对于普通人来说,他们面前总是横立着一堵堵难以逾越的'高墙',但是,有一个充满着非凡想象力的人却勇于向它挑战,他就是伦霍尔德·梅斯纳尔。"

梅斯纳尔登山经历:1966 年 Yerupaja;1966 年 Yerupaja Chico(首登);1970 年南迦帕尔巴特 Nanga Parbat(8125 米,Rupal 线路,首登);1972 年玛纳斯鲁 Manaslu(8156 米,南壁);1974 年 Eiger north face;1975 年加舒尔布鲁木 1 Gasherbrum I(西北壁,首次阿尔卑斯式攀登 8000 米以上山峰登顶);1977 年道拉吉里 Dhaulagiri(8167 米);1978 年珠峰 Mount Everest(8848 米,首次无氧登顶);1978 年南迦帕尔巴特 Nanga

Parbat(8125 米,Damir 壁,首次单人攀登 8000 米以上山峰登顶);1979 年乔戈里峰(8611 米,首次阿尔卑斯式攀登该峰);1979 年 Ama Dablam(救援行动);1980 年珠峰 Mount Everest(8848米,北侧线路,首次单人登顶);1981 年希夏邦马 Shisha Pangma(8012 米);1982 年干城章嘉 Kangchenjunga(8598 米,北壁线路,首登);1982 年加舒尔布鲁木 2 Gasherbrum II(8035 米);1982 年布诺阿特 Broad Peak(8048 米);1982 年卓奥友 Cho Oyo(8208 米,冬季攀登);1983 年卓奥友 Cho Oyo(8208 米,阿尔卑斯式攀登);1984 年加舒尔布鲁木 1、2 Gasherbrum I & II(首次 8000 米山峰穿越);1985 年安那普尔纳 Annapurna(8091 米,西北壁线路,首登);1985 年道拉吉里 Dhaulagiri(8167 米,东北山脊,阿尔卑斯式攀登);1986 年马卡鲁 Makalu(8485 米,冬季攀登失败,夏季继续攀登);1986 年洛子 Lhotse(8511 米)。

十二、我国的探险家

探险家是为了探测新事物等目的而深入危险或不为人知的地方进行探索的人。探险者通常是来自一个国家或文明最先到达某地方的人。也可以指冒险家、旅行家或者职业航海家、飞行员、航天员等等。探险的目的因人而异,可能包括军事、商业、学术、旅行、宗教等各种因素。

有史以来探险家千千万万,本卷前面各章对 2000 多年以来人类主要探险活动的代表人物(主要是国外探险家)已有介绍。本章只包含我国部分著名的探险家。

1. 开拓"丝绸之路"的先驱——张骞

张骞(公元前 195 ~ 前 114)字子文,西汉汉中郡城固(今陕西省城固县)人,西元前 2 世纪,中国汉代(西汉)旅行家,外交家与卓越的探险家,对丝路的开拓有重大的贡献。他开拓汉朝通往西域的南北道路,并从西域诸国引进了汗血马、葡萄、苜蓿、石榴、胡桃、胡麻等等。

西汉建国时,北方即面临一个强大的游牧民族的威胁。这个民族,最初以"獯鬻"、"猃狁"、"俨狁"、"荤粥"、"恭奴"等名称见于典籍,后统称为"匈奴",春秋战国以后,匈奴跨进了阶级社会的门槛,各部分别形成奴隶制小国,其国王称"单于"。楚汉战争时期,冒顿单于乘机扩张势力,相继征服周围的部落,灭东胡、破月氏,控制了中国东北部、北部和西部广大地区,建立起统一的奴隶主政权和强大的军事机器。匈奴奴隶主贵族经常率领强悍的骑兵,侵占汉朝的领土,骚扰和掠夺中原居民。汉高祖七年(前 200 年)冬,冒顿单于率骑兵围攻晋阳(今山西太原)。刘邦亲领 32 万大军迎战,企图一举击溃匈奴主力。结果,刘邦反被冒顿围困于白登(今山西大同东),七日不得食,只得采用陈平的"奇计",暗中遣人纳贿于冒顿的阏氏夫人,始得解围。从此,刘邦再不敢用兵于北方。

张骞

后来的惠帝、吕后和文景二帝，考虑到物力、财力的不足，对匈奴也都只好采取"和亲"、馈赠及消极防御的政策。但匈奴贵族，仍寇边不已。文帝时代，匈奴骑兵甚至深入甘泉，进逼长安，严重威胁着西汉王朝的安全。

汉武帝刘彻，是中国历史上一位具有雄才大略的伟人。建元元年（前 140 年）即位时，年仅 16 岁。此时，汉王朝已建立 60 余年，历经汉初几代皇帝，奉行轻徭薄赋和"与民休息"的政策，特别是"文景之治"，政治的统一和中央集权进一步加强，社会经济得到恢复和发展，并进入了繁荣时代，国力已相当充沛。据史书记载，政府方面，是"鄙都庾廪尽满，而府库余财"，甚至"京师之钱，累百巨万，贯朽而不可校；太仓之粟，陈陈相因，充溢露积于外，腐败不可食"。在民间，是"非遇水旱，则民人给家足"，以至"众庶街巷有马，阡陌之间成群，乘字牝者摈而不得与聚会，守闾阎者食粱肉"。汉武帝正是凭借这种雄厚的物力财力，及时地把反击匈奴的侵扰，从根本上解除来自北方威胁的历史任务，提上了日程。也正是这种历史条件，使一代英才俊杰，得以施展宏图，建功立业。

汉武帝即位不久，从来降的匈奴人口中得知，在敦煌、祁连一带曾住着一个游牧民族大月氏，中国古书上称"禹氏"。秦汉之际，月氏的势力强大起来，攻占邻国乌孙的土地，同匈奴发生冲突。汉初，多次为匈奴冒顿单于所败，国势日衰。至老上单于时，被匈奴彻底征服。老上单于杀掉月氏国王，还把他的头颅割下来拿去做成酒器。月氏人经过这次国难以后，被迫西迁。在现今新疆西北伊犁一带，赶走原来的"塞人"，重新建立了国家。但他们不忘故土，时刻准备对匈奴复仇，并很想有人相助，共击匈奴。汉武帝根据这一情况，遂决定联合大月氏，共同夹击匈奴。于是下令选拔人才，出使西域。汉代的所谓"西域"，有广义和狭义之分。广义地讲，包括今天我国新疆天山南北及葱岭（即帕米尔）以西的中亚、西亚、印度、高加索、黑海沿岸，甚至达东欧、南欧。狭义地讲，则仅指敦煌、祁连以西，葱岭以东，天山南北，即今天的新疆地区。天山北路，是天然的优良的牧场，当时已为匈奴所有，属匈奴右部，归右贤王和右将军管辖。西北部伊犁河一带原住着一支"塞人"，后被迁来的月氏人所驱逐。而大月氏后又为乌孙赶走。

天山南路，因北阻天山，南障昆仑，气候特别干燥，仅少数水草地宜于种植，缺少牧场，汉初形成 36 国，多以农业为生，兼营牧畜，有城廓庐舍，故称"城廓诸国"。从其地理分布来看，由甘肃出玉门、阳关南行，傍昆仑山北麓向西，经且末（今且末县）、于阗（今于田县），至莎车（今莎车县），为南道诸国。出玉门、阳关后北行，由姑师（今吐鲁番）沿天山南麓向西，经焉耆（今焉耆县）、轮台（今轮台县）、龟兹（今库车县），至疏勒，为北道诸国。南北道之间，横亘着一望无际的塔里木沙漠。这些国家包括氐、羌、突厥、匈奴、塞人等各种民族，人口总计约 30 余万。张骞通西域前，天山南路诸国也已被匈奴所征服，并设"僮仆都尉"，常驻焉耆，往来诸国征收粮食、羊马。南路诸国实际已成匈奴侵略势力的一个重要补给线；30 多万各族人民遭受着匈奴贵族的压迫和剥削。

葱岭以西，当时有大宛、乌孙、大月氏、康居、大夏诸国。由于距匈奴较远，尚未直接沦为匈奴的属国。但在张骞出使之前，东方的汉朝和西方的罗马对它们都还没有什么影响。故匈奴成了唯一有影响的强大力量，它们或多或少也间接地受制于匈奴。

从整个形势来看，联合大月氏，沟通西域，在葱岭东西打破匈奴的控制局面，建立起汉朝的威信和影响，确实是孤立和削弱匈奴，配合军事行动，最后彻底战胜匈奴的一个具有战略意义的重大步骤。

当汉武帝下达诏令后，满怀抱负的年轻的张骞，挺身应募，毅然挑起国家和民族的重任，勇敢地走上了征途。

（1）第一次出使

公元前 139 年（汉建元四年），张骞率 100 多名志愿人员，出使西域的大月氏国（在今阿富汗），打算与月氏人结盟来对付匈奴人。匈奴人曾杀月氏王并以其头为饮器，迫使月氏部落放弃原居地甘肃，穿过塔克拉玛干戈壁沙漠，迁往遥远的康居。

张骞等人从陇西（今甘肃）往妫水（今阿姆河一带，乌兹别克斯坦）流域出发，中途在祈连山遭匈奴俘虏，当时匈奴的首领单于没有照例杀掉他们，而是把张骞囚禁起来，还让他娶了匈奴女人为妻，甚至还生了几个小孩。但张骞并没有忘记自己的使节身份，始终保留着使节的象征——"汉节"，等待完成汉武帝交付他们使命。

公前 129 年，张骞随从堂邑父（中国汉朝时的西域胡人张骞第一次出使西域的助手和向导，很优秀的射手，和张骞一起被匈奴人所抓，最后整个使队数百人仅有他和张骞二人安全回国。归国后，汉武帝封他为奉使君）两人逃出了匈奴的控制，取道车师国（今新疆吐鲁番盆地），进入焉耆，接着沿塔里木河西行，经龟兹国（今新疆库车东）、疏勒国（今新疆喀什）等地，翻越葱岭，到达大宛（今费尔干纳盆地），这里，离他们出发地有 6000 千米之遥。在这里，他们看到了汗血马，大宛国王欢迎中国的使节，并派人做向导，帮助张骞等人到达了月氏人所在地——妫水流域的康居（今巴尔喀什湖和咸海之间），这里土地肥沃，民众生活安乐，月氏人无意联合汉朝来对付宿敌匈奴。张骞在附近的大夏国看到了"邛竹杖"、"蜀布"（都是我国四川的特产），当地人称这些来自"身毒"（印度）。

公元前 128 年（汉元朔元年），张骞启程回国，此时他已经搜集了丝绸之路腹地的大量资料，包括大宛、大夏（巴克特里亚）、康居（索格狄亚纳）等。为避免再次被匈奴俘虏，张骞绕远路从葱岭、沿昆仑山北麓而行，经莎车、于阗（今新疆和田）、鄯善（今新疆若羌），但不幸又被匈奴擒获。

公元前 126 年，匈奴单于死去，张骞乘机带着堂邑父以及匈奴妻子逃脱，终于回到了中国。100 多人的使团，生还的只有两人，汉武帝封张骞为太中大夫，堂邑父为奉使君。

张骞开拓的这一条路线，也就是今日的丝路中线，主要在天山南麓。

（2）征战

公元前124年，汉武帝派张骞自蜀至夜郎（贵州遵义府桐梓县东），谋通身毒，但为昆明夷所阻，不能通，因昆明夷欲垄断中印商务。

公元前123年（汉元朔六年），张骞随西汉大
将军卫青攻打匈奴得胜，封为博望侯

公元前121年（汉元狩二年），张骞与李广一同到右北平攻打匈奴，但因延误军期（李广被围、张骞的军队隔天才到，因赶路劳累而没有追击匈奴），原本要被处决，他用博望侯的爵位赎罪，最后被贬为庶人；李广也因此役而功过相抵。

（3）第二次出使

公元前119年，汉武帝命张骞为中郎将，再度出使西域，执行联合乌孙以"断匈奴右臂"的外交政策，随行人员约300，牛羊以万计，丝绸、漆器、玉器和铜器等贵重物品成千上万。张骞平安抵达伊犁盆地的乌孙国，乌孙王昆莫欢迎张骞的来访，并收下了丰厚的礼物，但当时乌孙国已经分裂，而且乌孙人对汉朝还不了解，所以张骞并没有得到满意的答复。此后，张骞派遣副使，对乌孙周边地区大宛、康居、大月氏、安息、身毒、于阗、扜弥（今新疆于田克里雅河东）等进行外交活动。

公元前115年（汉元鼎二年），张骞启程回国，并带着数十位来汉朝探路的乌孙国使者,以及数十匹乌孙良马。张骞被封为"大行",位列九卿。隔年(前114年),张骞去世。汉武帝为了纪念他,将日后奉派往西域的使节都改称为博望侯。

张骞两次出使的外交成果,与他所带的礼品和原本的期待相比,相差甚远,但在一定程度上满足了汉武帝对"天马"的渴望。在偏于封闭自保的传统社会,张骞的出使,在民族交流史上开辟了新纪元,被誉为"凿空"的行动。西域诸国从此呈现在中原人的视野中,东西方的商人们纷纷沿着张骞探出的道路往来贸易,成就了著名的"丝绸之路"。张骞在危难中不失气节,如梁启超称赞他"坚忍磊落奇男子,世界史开幕第一人"。

2. 古代的名僧和旅行家——法显

法显法师于公元399年,以65岁高龄发迹长安,涉流沙、逾葱岭,徒步数万里,遍游北印,广参圣迹,学习梵文,抄录经典,历时多年,复泛海至师子国今斯里兰卡,经耶婆提(今印度尼西亚)而后返国。时年已80岁,仍从事佛经翻译。他著有《佛国记》,成为重要的历史文献。义净法师稍晚于玄奘,取道南海去印度求法,经时二十五载,凡历三十余国,寻求律藏,遍礼圣迹。回国后翻译经律五十多部二百多卷,撰有《南海寄归传》及《大唐西域求法高僧

法显法师

传》。法显、义净和玄奘法师一样,都是以大无畏的精神,为法忘身,冒九死一生的艰险,为求真理而百折不挠,鲁迅称赞他们为中华民族的脊梁确非过誉。他们为汉族民族争得了荣誉,为灿烂的东方文化增添了异彩,为佛教的发扬光大建立了不世出的奇勋。

(1)法显法师的生平

法显(334～420),俗姓龚,平阳郡武阳(今山西临汾)人,东晋高僧、旅行家、翻译家。法显3岁出家,20岁受大戒。

法显兄弟四人,其中3人都于幼年死亡,父母担心他也会夭折,三岁时便把他度为沙弥。嗣因他在家患重病,送到寺院里住就好了,从此他便不大回家。父母死后,便决心出家,20岁时受戒。他常慨叹律藏传译未全,立志前往印度寻求。晋安帝隆安三年(399),他约了慧景、道整、慧应、慧嵬四人,一同从长安出发。

当时河西走廊一带,有许多民族割据建国,各自为政,行旅很受影响。法显等经过了乞伏乾归割据的范川(今甘肃省榆中县东北)后,隆安四年(400)的夏天在张掖和另一批西行的僧人宝云、智严、慧简、僧绍、僧景等五人相遇。秋间到达敦煌,得到敦煌太守李浩的供给,法显等五人先行,沿着以死人枯骨为标识的沙碛地带走了17天,到达鄯善国。大概因为前途阻梗难行,他们便转向西北往邬夷,又遇着宝云等。时邬夷诸寺都奉行小乘教,规则严肃,汉僧到此不得共处。法显等(此时智严、慧简、慧嵬三人返高昌,只余七人同行)得到符公孙供给,又折向西南行,再度在荒漠上走了一个月零五天,约于隆安五年(401)初到达于阗国。慧景、道整随慧应先走,法显等留在那里等着看四月一日至十四日的行像盛会。会后,僧绍去罽宾,法显等经子合国南行入葱岭,在于麾国过夏。山行二十五日,到了和印度接境的竭叉国与慧景等会合,在那里参加了国王举行的五年大施会。

晋元兴元年(402),法显等度过葱岭,进入北印度境,到了陀历国。又西南行,过新头河,到达乌苌国,即在该地过夏。其后南下经宿呵多、竺刹尸罗、健陀卫到弗楼沙;宝云、僧景随慧应回国,慧应在此国佛钵寺病故,慧景、道整和法显三人,先后往那竭国小住。元兴二年(403)初,南度小雪山,慧景冻死,法显等到罗夷国过夏。后经过西印跋那国,再度新头河到毗荼国。从此进入中印摩头罗国,过蒲那河东南行,于元兴三年(404)到达僧伽施国,在龙精舍过夏。又东南行经罽饶夷等六国,到达毗舍离,度恒河,南下到摩竭提国巴连弗邑。又顺恒河西行,经迦尸国波罗捺城,再西北行到达拘睒弥国,他在这些国家,瞻礼了佛陀遗迹,并听到了关于南印达嚫国的情况和大石山五层伽蓝的传说。晋义熙元年(405),他再回到巴连弗邑,在这里住了三年(405~407),搜求到经律论六部,并学习印度语文,抄写律本,达到他求法的素愿。这时他唯一的同伴道整,乐居印度,法显便独自准备东还流通经律,东下经瞻波国,于义熙四年（408）到达东印多摩梨帝国，在此为了写经和画像，又住两年（408～409）。

义熙五年（409）冬，法显从多摩梨帝国海口搭商人大船西南行，离印度往狮子国。义熙六年（410），他在狮子国都城观看了三月出佛牙的盛会，并为继续搜求经律在此住了两年（410～411），抄得四部，乃准备归国。义熙七年（411）秋，他搭了载客 200 余人的大商船泛海东行归国，途遇大风，在海上漂流了 90 天，到了南海的耶提婆，在此住了五个月。义熙八年（412）夏初，他再搭乘大商船，预计 50 天航达广州，即在船上安居。不料航行一个多月，又遇暴风雨，船上诸婆罗门认为载沙门不利，商量将法显留在海岛边，幸亏法显从前的施主仗义反对，得免于难。经过了两个多月的漂流，终于航抵青州长广郡牢山（今山东省即墨县境）南岸。法显前从长安出发，途经六年，才到印度的中部，在那里逗留了 6 年，归程经狮子国等地，又三年才回到青州，前后经过了 15 年，游历所经将近 30 国，这是以往求法僧人所没有过的经历。

法显到达青州的消息，被太守李嶷听到了，便迎法显到郡城住了一冬一夏。义熙九年（413）秋间，法显南下赴晋都建康（今江苏省南京市）。他在道场寺会同佛驮跋陀罗及宝云等从事翻译。从前和法显一同西行求法的，先后有 10 人，或半途折回，或病死异国，或久留不还，只有法显一人，孜孜不倦，终于完满凤愿，求得经律，又冒了海行的危险回到祖国，翻译流通，这种勇猛精进为法忘身的精神，真足为后人所取。他在建康约住了四五年，于译事告一段落之后，又转往荆州辛寺，后在那里逝世。

（2）法显法师的贡献

法显西行的目的原在寻求戒律，当时北印度佛教律藏的传授，全凭师师口传，无本可写。他到了中印巴连弗邑摩诃衍僧伽蓝才抄得最完备的《摩诃僧祇众律》（其本传自祇洹精舍）；又抄得《萨婆多众钞律》一部（即《十诵律》）约七千偈，这都是当时所通行的本子。此外还得着《杂阿毗昙心》约六千偈，《方等般泥洹经》约五千偈及《摩诃僧祇阿毗昙》等。法显后来又在狮子国（斯里兰卡）抄得《弥沙塞律》，又得着《长阿含》、《杂阿含》和《杂藏经》，都带了回来。这些都是中土旧日所无的大小乘三藏中的基本要籍。其《涅盘》一经，首唱佛性（即如来藏）之说，而又不

探索自然丛书

许阐提成佛,保存经本原来面目,更为可贵。他在建康道场寺和佛驮跋陀罗共同译出的有下列五部:《摩诃僧祇律》40 卷、《僧祇比丘戒本》1 卷、《僧祇尼戒本》1 卷、《大般泥洹经》6 卷、《杂藏经》(勘同《鬼问目连经》1 卷)。

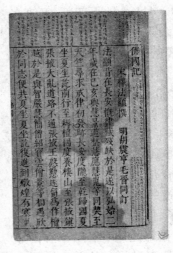

《佛国记》(木刻本)

这些译本,由法显在场共同斟酌,译文都很朴素而传真,别成一格。此外,旧传他还共佛驮跋陀罗译出《杂阿毗昙心论》13 卷,其本早佚,确否待考。至于他带回的《弥沙塞律》,后于刘宋景平元年(423)由罽宾律师佛陀什译出;《杂阿含经》亦于刘宋元嘉十二年(435)由求那跋陀罗译出。又元嘉十年(433)印度三藏僧伽跋摩补译《杂心论》(原经求那跋摩翻译未毕),他所依据的也许就是法显从印度抄写带回的梵本。《长阿含经》在法显回国的次年(413)由罽宾婆沙师佛驮耶舍在长安依另一底本译出,法显的抄本埋没未传。

此外,法显还详述西行求法的经历,留下了《历游天竺记传》一卷。此书成于义熙十二年(416),为中国古代以亲身经历介绍印度和斯里兰卡等国情况的第一部旅行记。它对于后来

《历游天竺记传》

362

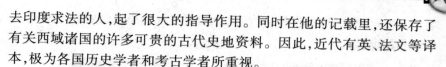

去印度求法的人,起了很大的指导作用。同时在他的记载里,还保存了有关西域诸国的许多可贵的古代史地资料。因此,近代有英、法文等译本,极为各国历史学者和考古学者所重视。

（3）法显法师的精神及意义

法显以老年之躯西行求法,为了使佛法在中土进一步完善与弘扬,特别是当时中土戒律的不完善至使僧众没有一个真正的依凭。法显在长安常住时期,因他一直对戒律严谨而实际生活中又缺少戒律文本,使其在戒律的修持上没有一个圆满的解释,同时有感于当时僧众威仪的不严整又没有一个统一标准去衡量,至使其发愿西行求取律本。在法显以前,中国佛教的传入大都是以外来僧众为主体,由于当时的交通条件非常不便,由天竺来汉地传法的僧众相对较少,而由西域到汉地的僧众比较多一些,这就说明早期佛教的传入大都以西域为中介向汉地传入。这样就引起了在传入佛法当中,汉地佛法不是直接由梵语而译而是经过西域的胡语而译,这样在翻译佛典中难免会因语言不通而出现差异。同时,由天竺到汉地直接传入的经本较少,至使许多经本不全而义理不通,法显西行也是因为律本的不全,使其在平常的行持中遇见问题没有合理的律本得以解决,这是支持其西行求法的精神力量之一。另一方面,佛教是由天竺发源的,在天竺有许多佛陀当时修行说法的圣迹,朝礼这些圣迹自然成为每一位佛子的向往,法显作为持律严谨的圣僧,自然以佛为自己的榜样向往佛迹也就成为了他西行的另一精神支柱了。在西行的路上,千险万阻,要经过荒无人烟的大沙漠,要翻过四季积雪的大雪山,没有路标只好以前行者的死骨为标记,没有救援只好眼看同行者在自己怀中死去。法师乃不惜自己的性命,为的是一种为法忘躯的精神,把个人的生死抛之法外,越紫塞,渡沧海,朝圣地,取法卷,为了使佛法在中土得到弘扬而不惜自我牺牲,这种菩萨精神激励了不少西行者,成为一批批西行者求法的精神动力,至使西行路上留下了不少的白骨与孤魂。

3. 在我国家喻户晓的唐三藏西行取经

玄奘（602~664）,唐朝著名的三藏法师,汉传佛教史上最伟大的译经师之一,中国佛教法相唯识宗创始人。俗姓陈,名祎,出生于洛州缑氏县(今河南省偃师市缑氏镇)。他是中国著名古典小说《西游记》中心人物唐僧的原型。

玄奘故居

玄奘祖籍河南洛州缑氏县,家族本是儒学世家。为东汉名臣陈寔(104~187)的后代,曾祖陈钦曾任东魏上党(今山西长治)太守,祖父陈康为北齐国子博士,父亲陈惠在隋初曾任江陵县令,大业末年辞官隐居,此后潜心儒学修养。他有三个哥哥,二哥陈素,早年于洛阳净土寺出家,以讲经说法闻名于世,号长捷法师。

玄奘于隋朝仁寿二年出生,少时因家境困难,跟长捷法师住净土寺,学习佛经五年。在这期间他学习了小乘和大乘佛教,而他本人偏好后者。他11岁(613)就熟读《妙法莲华经》、《维摩诘经》。13岁时(615)洛阳度僧,被破格入选。其后听景法师讲《涅槃》,从严法师学《摄论》,升座复述,分析详尽,博得大众的钦敬。

隋炀帝大业末年,兵乱饥荒,618年隋朝灭亡。玄奘跟长捷法师前往唐朝首都长安,后得知当时名僧多在蜀地,因而又同往成都。在那里听宝暹讲《摄论》、道基讲《杂心》、惠振讲《八犍度论》。三五年间,究通诸部,声誉大著。唐高祖武德五年(622),玄奘在成都(据传在成都大慈寺)受具足戒。

武德七年(624)离开成都,沿江东下参学。先到了荆州天皇寺。讲《摄论》、《杂心》,淮海一带的名僧闻风来听。60岁高龄的大德智琰也对他执礼甚恭。讲毕以后,继往赵州从道深学《成实论》,又到扬州听惠休讲《杂心》、《摄论》。贞观元年(627),玄奘重游长安学习外国语文和佛学。先后从道岳、法常、僧辩、玄会诸师钻研《俱舍》、《摄论》、《涅槃》,他很快就穷尽各家学说,其才能备受称赞,声誉满京师。仆射萧瑀奏请令他住庄严寺。

　　玄奘感到多年来在各地所闻异说不一,特别是当时流行的摄论宗(后并入法相宗)、地论宗两家有关法相之说多有乖违,因此渴望得到总赅三乘学说的《瑜伽师地论》,以求融汇贯通一切,于是决心前往印度求法。因得不到唐朝发放的过所(即护照),所以始终未能如愿以偿。

　　627年,玄奘毅然由长安出发,冒险前往天竺。经过高昌国时,得高昌王曲文泰礼重供养,复欲强留奘师以为国之法导,奘师"水浆不涉于口三日,至第四日,王觉法师气息渐惙,深生愧惧,乃稽首礼谢",遂与奘师结为义兄弟,相盟自天竺返国时更住高昌三载受其供养,讲经说法。离开高昌后,奘师继续沿着西域诸国越过帕米尔高原,在异常险恶困苦的条件下,以坚韧不拔的英雄气概,克服重重艰难险阻,终于到达天竺。

玄奘法师去印度取经的路线图

　　阿克苏河是塔里木河最大的一支源流。玄奘法师就是沿着这条河流,翻越天山隘口,经中亚去印度取经的。

库马力克河和托什干河流经的天山主体,是古生代摺折隆起最高的部分,雄峙着被称为"天山之王"的海拔 7000 米的汗腾格里峰和有"铁山"之名的海拔约 7500 米的天山第一峰托木尔峰。库马力克河源出的天山隘口,就在这两座巨峰之间。

天山主体是一个巨大的冰雪世界,是中国最大的冰川区和固体水库。据说这里的冰川多达 7000 多条,仅汗腾格里峰南侧的一道冰川就长达 60 千米,它的下半部一直伸进吉尔吉斯斯坦境内,被誉为"天下第一冰川"。只见那密集的冰川纵立横陈,每个冰川都是一座巨大而厚重的银色山体。沿天山一线,仅 6000 米以上的高峰就有 20 座,巨峰拱列,如万笏朝天,托日擎月。每座高峰的大小峰顶,都酷似一座座金字塔,崴嵬挺拔于山林云海之上,在阳光下闪烁着玄妙的五彩光辉。

公元 629 年初春,玄奘法师远涉流沙,西行求法,入阿耆尼国(今新疆焉耆一带),越孔雀河,沿渭干河来到西域大国、佛教文化中心龟兹国(今新疆库车一带),受到国王和僧众的隆重接待,他在这里讲经弘法,研习经典。因天山冬季雪封,山路未开,玄奘在龟兹国滞留了两个月。春末夏初,玄奘才又登程西行,到达跋禄迦国(今新疆阿克苏一带),又沿着阿克苏河和库马力克河向天山隘口凌山进发。

这凌山隘口,正是库马力克河出山口附近的木札特冰达坂。山势险峻,高耸云天,自从开天辟地以来,这里就冰凝雪集,四季不消。山岭之中,冰峰崩落,巨大的冰碛横七竖八地堆积在沟谷山野里,错落相连,结成屏障。玄奘一行或爬行或绕行,进一步退两步,备尝艰辛。每当天空阴霾,风雪交加,他们就裹上裘袍,披上褥,可仍冻得瑟瑟发抖。吃饭时,找不到一块干地方,就捡些柴草把锅吊起来烧水煮饭。晚上睡觉就把被褥铺在冰雪之上,合衣而卧。七天之后翻过凌山隘口,同行的 50 余人中,竟有 10 余人冻饿而死,驮运乘骑的牛马死亡的就更多了。

玄奘的随行人员、牛马物品,都是高昌国王麴文泰慕其高名而为他配备的。玄奘从长安出发,险涉沙河,途中遇险,迷路断水……经受这一切灾难时,年仅 28 岁的玄奘还是孤身一人。

《西游记》中描绘的唐僧,是一个好坏不分、软弱无能的庸僧。而历史上真实的玄奘法师,不仅是博学多才的佛学家,旷世扬名的翻译家,而且还是一位意志坚强的探险家,在极其凶险的自然环境磨难下,能够忍受生命的极限考验,坚持求学西方,决心如钢,矢志不移。

玄奘在高昌时,国王麴文泰强求他留下,以国师之待遇终生供养,这样的利禄也不能打动玄奘这位贫僧,他以绝食来表示他西行求法不可动摇的决心。他在凉州(今甘肃武威)讲学,广征博引,妙极玄理,谈吐高雅,蕴藉深厚,听者称玄奘悟性奇高,神异如此,无不为之倾倒,布施自然也十分丰厚,"得金钱、银钱、牛马无数",但他终将所得"并施诸寺",淡泊金钱,只求学法。

玄奘在翻越凌山后,留下了这样的印象:"山谷积雪,春夏合冻,虽时消泮,寻复结冰,经途险阻,寒风惨烈,多暴龙,难凌犯。行人由此路者,不得赭衣持瓠大声叫喊,微有违犯,灾祸目睹。暴风奋发,飞沙走石,遇者丧马,难以求全。"又说:"昔有贾客,其徒万余,囊驼数千,赍货逐利,遭风遇雪,人畜俱丧。"

这条令人毛骨悚然的冰川古道上,常常有一些古人的尸骨和牲畜的遗骸被发现。有人裹着被子睡觉,就再也没有起来;有人缩成一团,变成一个人形大冰砣;有人失足雪坑冰穴,被积雪掩埋;还有的残肢裂脑,不是从崖上摔下,就是被雪崩滚石所害……这样的实景皆由于气候严寒和冰雪的作用,才得以长久保存,成为文物。

玄奘一行苦行七日,翻过天山隘口凌山冰达坂,到达今日吉尔吉斯斯坦共和国的伊塞克湖,经由中亚再度葱岭、兴都库什山,去迎接更大的艰难险阻。

玄奘之后,人们在冰峰古道行走的脚步始终没有停止过。这里留下过僧侣、使者顽强跋涉的脚印,商贾贩客驼队的驼铃声,将军士卒征战厮杀的古战场的遗痕。

清人徐松因玄奘的壮举,专程来考察了天山隘口的凌山冰达坂,他惊叹其"冰崖矗立攀登艰难,行旅跋涉,困顿万状"。但因此处是去中亚一带之要津,而那时的中亚诸国又属中国的版图,所以自玄奘以来步其后尘者更是屡见不鲜。又据清代诗人肖雄说,为了这条冰山古道的通行,曾"每日拨民工二十余名,于冰山凿蹬为路,凡度岭人马皆用绳系而迁之,缓步挨进,冰多震动,时有拆裂,或深数丈,望之战惧"。

有民工维修此道,攀越尚且如此艰难,玄奘当年的艰苦情况就可想而知了。难怪玄奘说经过此地"不得赭衣持瓠大声叫喊",如果穿着红褐色袈裟,手持铜仗大声喧哗,弄出响动就要惊扰山神,可能招致冰裂雪崩、泥石俱下,带来灭顶之灾。

在天竺的十多年间,玄奘跟随、请教过许多著名的高僧,他停留过的寺院包括当时如日中天的著名佛教中心那烂陀寺,他向该寺的住持,印度佛学权威戒贤法师学习《瑜伽师地论》与其余经论,戒贤是护法的徒弟,世亲的再传弟子。在贞观十三年,他曾在那烂陀寺代戒贤大师讲授《摄大乘论》和《唯识抉择论》。此后,玄奘还徒步考察了整个南亚次大陆。

学成以后,他立真唯识量论旨,在曲女城无遮辩论法会上,等待18天,结果无人敢于出来辩难,他因此不战而胜,名声鹊起,威震全天竺,被当时大乘行者誉为摩诃耶那提婆(Mahayanadeva),亦即"大乘天",被小乘佛教徒誉为木叉提婆,亦即"解脱天"。

玄奘九死一生,游学19年,载经典千余卷返回长安后,唐太宗亲自召见了他。当唐太宗让他还俗做官时,玄奘当即婉谢,并重申"愿得毕身行道"的初衷。唐太宗只得让他到慈恩寺主持译经,此后玄奘不仅译出了被称为"镇国之典,人天大宝"的上千卷佛经,而且写出了传世巨著《大唐西域记》。

643年,玄奘载誉启程回国,并将657部佛经带回中土。贞观十九年(645年),回到长安,受到唐太宗的热情接待。玄奘初见太宗时即表示希望前往嵩山少林寺译经,但没有得到批准,被指定住长安弘福寺。

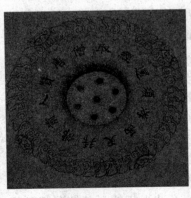

西安大雁塔中的天花板

652年(永徽三年),玄奘在长安城内慈恩寺的西院筑五层塔,即今天的大雁塔,用以贮藏自天竺携来的经像。1962年,寺内建立了玄奘纪念馆。大雁塔成为玄奘西行求法、归国译经的建筑纪念物。

在唐太宗(李世民)大力支持下,玄奘在长安设立译经院(国立翻译院),参与译经的优秀学员来自全国以及东亚诸国。他花了十几年时间在今西安北部约150千米的铜川市玉华宫内将约 1330 卷经文译成汉语。玄奘本身最感兴趣的是"唯识"部分。这些佛经后来从中国传往朝鲜半岛、越南和日本。显庆二年（657）五月，高宗下敕，要求"其所欲翻经、论，无者先翻，有者在后"。显庆二年（657）九月，玄奘借着陪驾住在洛阳的机会，第二次提出入住少林寺的请求，"望乞骸骨，毕命山林，礼诵经行，以答提奖"。次日，高宗回信拒绝。

玄奘依翻译佛典与对经文的阐释而开创了中国法相唯识宗，其学说却深深地影响了其他诸多宗派。玄奘一生所翻经论，合 75 部，总 1335 卷，为中土一切译师之最。另外，由玄奘大师口述，弟子僧辩机笔撰的《大唐西域记》，堪称中国历史上的经典游记。尤有甚者，由于印度历史纪录的缺乏，这本珍贵的游记更成为历史文化学者研究古天竺地理历史时不可或缺的文献，而近现代以来，根据本书记载所进行之考古遗迹挖掘，亦证明玄奘当时所述真实可信，允为瑰宝。

4. 我国伟大的地理学家和旅行家——徐霞客

徐霞客（1586～1641），汉族，名弘祖，字振之，号霞客，江苏江阴人。明朝地理学家、旅行家和文学家。他经 30 年考察撰成的 60 万字《徐霞客游记》，开辟了地理学上系统观察自然、描述自然的新方向；既是系统考察祖国地貌地质的地理名著，又是描绘华夏风景资源的旅游巨篇，还是文字优美的文学佳作，在国内外具有深远的影响。近年，视徐霞客为游圣，步徐霞客足迹，游览祖国大好河山已成为中国旅游界的崭新时尚。

（1）徐霞客的生平

受耕读世家的文化熏陶，徐霞客幼年好学，博览群书，尤钟情于地经图志。少年即立下了"大丈夫当朝游碧海而暮苍梧"的旅行大志。徐霞客的旅游生涯，大致可分为三个阶段：

第一阶段为 28 岁以前的纪游准备阶段。重点放在研读祖国的地理文化遗产，并凭兴趣游览太湖、泰山等地，没有留下游记。

第二阶段为 28 岁（1613）至 48 岁（1633）的纪游前段，历时 20 年，游览了浙、闽、黄山和北方的嵩山、五台山、华山、恒山诸名山。但游记仅写了一卷，约占全书的 1/10。

第三阶段为 51 岁（1936）至 54 岁（1639）为纪游后段，历时 4 年，游览了浙江、江苏、湖广、云贵等江南大山巨川,写下了9卷游记。

徐霞客的足迹遍及今19个省、直辖市、自治区。他不畏艰险,曾三次遇盗,数次绝粮,仍勇往直前,严谨地记下了观察的结果。直至进入云南丽江,因足疾无法行走时,仍坚持编写《游记》和《山志》,基本完成了60万字的《徐霞客游记》。55岁(1640)云南地方官用车船送徐霞客回江阴。56岁(1641)正月病逝于家中。遗作经季会明等整理成书,广泛流传。

"曾有霞仙居北坨,依然虹影卧南旸。"

在江苏省江阴县城南20千米,有一个村庄名叫南阳岐,村南有座古老的石桥。这副对联就是刻在桥橡上的。对联的意思是说曾经有位霞仙居住在石桥的北边,如今霞仙虽然已经不在了,但是他的精神就像彩虹一样,永远飘在南阳岐的上空。这里的霞仙指的就是徐霞客。人们为什么这样称颂他呢?这要从徐霞客的经历讲起。

徐霞客的祖上都是读书人,称得上是书香门第。他的父亲徐有勉一生不愿为官,也不愿同权势交往,喜欢到处

徐霞客

游览欣赏山水景观。徐霞客幼年受父亲影响,喜爱读历史、地理和探险、游记之类的书籍。这些书籍使他从小就热爱祖国的壮丽河山,立志要遍游名山大川。15岁那年,他应过一回童子试,没有考取。父亲见儿子无意功名,也不再勉强,就鼓励他博览群书,做一个有学问的人。徐霞客的祖上修筑了一座万卷楼来藏书,这给徐霞客博览群书创造了很好的条件。他读书非常认真,凡是读过的内容,别人问起,他都能记得。家里的藏书还不能满足他的需要,他还到处搜集没有见到过的书籍。他只要看到好书,即使没带钱,也要脱掉身上的衣服去换书。19岁那年,他的父亲去世了。他很想外出去寻访名山大川,但是按照封建社会的道德规范"父母在,不远游",徐霞客因有老母在堂,所以没有准备马上出游。他

的母亲是个读书识字、明白事理的女人，她鼓励儿子说：

"身为男子汉大丈夫，应当志在四方。你出外游历去吧！到天地间去舒展胸怀，广增见识。怎么能因为我在，就像篱笆里的小鸡，套在车辕上的小马，留在家园，无所作为呢?"徐霞客听了这番话，非常激动，决心去远游。临行前，他头戴母亲为他做的远游冠，肩挑简单的行李，就离开了家乡。这一年，他22岁。从此，直到56岁逝世，他绝大部分时间都是在旅行考察中度过的。

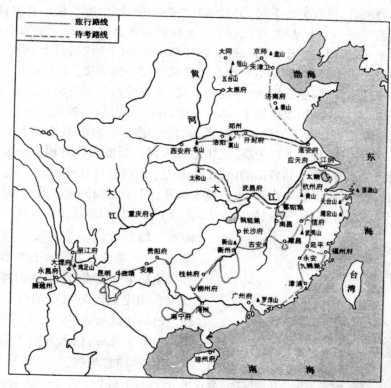

徐霞客旅行路线图

徐霞客在完全没有政府资助的情况下，先后游历了江苏、安徽、浙江、山东、河北、河南、山西、陕西、福建、江西、湖北、湖南、广东、广西、贵州、云南和北京、天津、上海19个省、直辖市、自治区。东到浙江的普陀山，西到云南的腾冲，南到广西南宁一带，北至河北蓟县的盘山，足迹遍及大半个中国。更可贵的是,在30多年的旅行考察中,他主要是靠徒步跋涉,连骑马乘船都很少,还经常自己背着行李赶路。他寻访的地方,多是荒凉的穷乡僻壤,或是人迹罕见的边疆地区。他不避风雨,不怕虎狼,与长风为伍,与云雾为伴,以野果充饥,以清泉解渴。他几次遇到生命危险,出生入死,尝尽了旅途的艰辛。

徐霞客28岁那年,来到温州攀登雁荡山。他想起古书上说的雁荡山顶有一个大湖,就决定爬到山顶去看看。当他艰难地爬到山顶时,只见山脊笔直,简直无处下脚,怎么能有湖呢?可是,徐霞客仍不肯罢休,继续前行到一个大悬崖,路没有了。他仔细观察悬崖,发现下面有个小小的平台,就用一条长长的布带子系在悬崖顶上的一块岩石上,然后抓住布带子悬空而下,到了小平台上才发现下面斗深百丈,无法下去。他只好抓住布带,脚蹬悬崖,吃力地往上爬,准备爬回崖顶。爬着爬着,带子断了,幸好他机敏地抓住了一块突出的岩石,不然就会掉下深渊,粉身碎骨。徐霞客把断了的带子结起来,又费力地向上攀缓,终于爬上了崖顶。还有一次,他去黄山考察,途中遇到大雪。当地人告诉他有些地方积雪有齐腰深,看不到登山的路,无法上去。徐霞客没有被吓住,他拄了一根铁杖探路,上到半山腰,山势越来越陡。山坡背阴的地方最难攀登,路上结成坚冰,又陡又滑,脚踩上去,就滑下来。徐霞客就用铁杖在冰上

徐霞客塑像

凿坑。脚踩着坑一步一步地缓慢攀登,终于爬了上去。山上的僧人看到他都十分惊奇,因为他们被大雪困在山上已经好几个月了。他还走过福建武夷山的三条险径:大王峰的百丈危梯,白云岩的千仞绝壁和接笋峰的"鸡胸"、"龙脊"。在他登上大王峰时,已是日头将落,下山寻路不得,他就用手抓住攀悬的荆棘,"乱坠而下"。他在中岳嵩山,从太室绝顶上也是顺着山峡往下悬溜下来的。徐霞客惊人的游迹,的确可以说明他是一位千古

奇人。

徐霞客在跋涉一天之后，无论多么疲劳，无论在什么地方住宿，他都坚持把自己考察的收获记录下来。他写下的游记有240多万字，可惜大多失散了。留下来的经过后人整理成书，就是著名的《徐霞客游记》。这部书40多万字，是把科学和文学溶合在一起的一大"奇书"。

徐霞客的游历，并不是单纯为了寻奇访胜，更重要的是为了探索大自然的奥秘，寻找大自然的规律。如他对福建建溪和宁洋溪水流的考察，就是一例。黎岭和马岭分别为建溪和宁洋溪的发源地，两座岭的高度大致相等，可是两条溪水入海的流程相差很大，建溪长，而宁洋溪短。徐霞客经过考察，找出宁洋溪的水流比建溪快的结论。"程愈迫则流愈急"，也就是说路程越短，水

《徐霞客游记》（明刻本）

流越急。这个地理学上的著名结论，就是由徐霞客通过实地考察得出来的。他在山脉、水道、地质和地貌等方面的调查和研究都取得了超越前人的成就。

他对许多河流的水道源进行了探索，像广西的左右江，湘江支流萧、彬二水，云南南北二盘江以及长江等等，其中以长江最为深入。浩荡的长江流经大半个中国，它的发源地在哪儿，很长时间都是个谜。战国时期的一部地理书《禹贡》，书中有"岷江导江"的说法，后来的书都沿用这一说。徐霞客对此产生了怀疑。他带着这个疑问"北历三秦，南极五岭，西出石门金沙"，查出金沙江发源于昆仑山南麓，比岷江长500多千米，于是断定金沙江才是长江上源。由于当时条件的限制，徐霞客没能找到长江的真正源头。但他为寻找长江源头，迈出了极为重要的一步。在他以后很长时间内也没有人找到。直到1978年，国家派出考察队才确认长江的正源是唐古拉山的主峰格拉丹冬的沱沱河。

徐霞客还是世界上对石灰岩地貌进行科学考察的先驱。我国西南地区石灰岩分布很广泛。徐霞客在湖南、广西、贵州和云南作了详细的考察，对各地不同的石灰岩地貌作了详细的描述、记载和研究。他还考

察了 100 多个石灰岩洞。在湘南九嶷山,他听说有个飞龙岩,就请当地的和尚明宗引导,带着火炬去考察。飞龙岩是个巨大的洞穴,曲曲折折,洞里有洞,洞内又是坑又是水,很难行走。徐霞客全不顾及,一直深入进去,他的鞋跑掉了也不在乎。明宗几次劝他回去,他都不听。直到火炬快烧完了,他才恋恋不舍地往回走。他没有任何仪器,全凭目测步量,但他的考察大都十分科学。如对桂林七星岩 15 个洞口的记载,同今天我们的地理研究人员的实地勘测,结果大体相符。徐霞客去世后的 100 多年,欧洲人才开始考察石灰岩地貌,徐霞客称得上是世界最早的石灰岩地貌学者。

徐霞客在地理科学上的贡献很多。除上述所说,他对火山、温泉等地热现象也都有考察研究,对气候的变化,对植物因地势高度不同而变化等自然现象,都作了认真的描述和考察。此外,他对农业、手工业、交通的状况,对各地的名胜古迹演变和少数民族的风土人情,也都有生动的描述和记载。他的这部奇书,在文学上的价值也很高,篇篇都可以说是优美的散文。

徐霞客最后一次出游是在 1636 年,那时他已 51 岁了。这次他主要游历了我国的西南地区,一直到达中缅交界的腾越(今云南腾冲),至 1640 年重新返回家乡。他回乡不久就病倒了。他在病中还翻看自己收集的岩石标本。临死前,他手里还紧紧的握着考察中带回的两块石头。

徐霞客热爱祖国,热爱科学,在科学事业上奋勇攀登的精神,是值得后人永远学习的。

(2)徐霞客的游历生活

徐霞客从小就对四书五经不感兴趣,他喜欢读地理、历史和游历探险方面的书,向往着"问奇于名山大川"的生活。徐霞客在参加科举考试失败后,便埋头专心攻读和研究前人的地理学著作。但是,他并不是把前人的著述当作一成不变的经典盲目地相信,而是在吸取前人知识的同时,进行独立思考。在攻读中,他发现前人著述的内容,很多是历代沿袭,转抄自较早的地理学著作,很少有人进行实地的考察。因而,有的地理著作记述错了,也被照抄照搬,以讹传讹。前代的人错了,后代的人也跟着错。他对前人著作中的不少问题,提出了大胆的怀疑。例如关于长江的源头问题,在被认为是经典地理著作的《禹贡》中,说是"岷山导江"，后来不少人都沿袭这一说法，徐霞客提出了为什么长江比黄河长，而长江之源那么短，黄河之源却那么长的疑问，认为《禹贡》上的说法是解释不通的。为了搞清祖国河山的真实面貌，徐霞客决定亲身进行实地考察。

从 22 岁起，徐霞客开始了游历考察生涯。30 多年间，他先后四次进行了长距离的跋涉，足迹遍及相当于现在的江苏、浙江、山东、河北、山西、陕西、河南、安徽、江西、福建、广东、湖南、湖北、广西、贵州、云南和北京、天津、上海等 19 个省、直辖市、自治区。在三四百年前，交通是很不发达的，徐霞客游历了如此广阔的地区，靠的完全是自己的两条腿。单凭这一点，就足以令人赞叹不已了，更何况他所考察的主要是陡峭的山峰和急流险滩呵。不难想象，他要经历多少艰难险阻，甚至随时有丧生的危险。这从中也可以看到，徐霞客献身大自然的决心是如何大，意志是如何坚强。徐霞客的考察探险活动，持续进行到 1640 年他 55 岁的时候。当时，他正在云南，不幸身患重病，被人送回江阴老家，第二年就去世了。可以说，徐霞客把自己的毕生精力献给了祖国的地理考察事业。

徐霞客在游历考察过程中，曾经三次遭遇强盗，四次绝粮。上面说的湘江遇盗，跳水脱险的事，便是发生在 1636 年他 51 岁时的第四次出游中。这次出游，他计划考察湖南、湖北、广西、贵州、云南等地。出游不久，就在湘江遇到强盗，他的一个同伴受伤，他的行李、旅费被洗劫一空，他自己也险些丧命。当时，有人劝他不如回去，并要资助他回乡的路费，但他却坚定地说："我带着一把铁锹来，什么地方不可以埋我的尸骨呀！"徐霞客继续顽强地向前走去。没有粮食了，他就用身上带的绸巾去换几竹筒米；没有旅费了，就用身上穿的夹衣、袜子、裤子去换几个钱……重重的困难被他踩在脚下，他终于达到了自己的目的。

更为可贵的是，徐霞客在野外考察生活中，每天不管多么劳累，都要把当天的经历和观察记录下来。有时跋涉百余里，晚上寄居在荒村野寺之中，或露宿在残垣老树之下，他也要点起油灯，燃起篝火，坚持写游历日记。他先后写了 240 多万字的游记，为后人留下了珍贵的地理考察记录。可惜的是，他的日记大部分已经散佚，现存的《徐霞客游记》，仅是其中的一小部分。但这仅存的 40 万字的《徐霞客游记》，仍然向我们展现了他广阔范围的考察纪实，特别是边远地区的地理风貌。

（3）徐霞客对地理学有重大贡献

在世界上，从来没有不劳而获的东西，付出的代价愈多，收获也就愈大。徐霞客艰苦卓绝的地理考察活动，终于结出了丰硕的科学成果。

徐霞客通过亲身的考察，以无可辩驳的事实材料，论证了金沙江是长江的正源，否定了被人们奉为经典的《禹贡》中关于"岷山导江"的说法。同时，他还辨明了左江、右江、大盈江、澜沧江等许多水道的源流，纠正了《大明一统志》中有关这些水道记载的混乱和错误。他认真地观察河水流经地带的地形情况，看到了水流对所经地带的侵蚀作用，并认识到在河岸凹处的侵蚀作用特别厉害。他还注意到植物与环境的关系，观察在不同的地形、气温、风速条件下，植物生态和种属的不同情况，认识到地面高度和地球纬度对气候和生态的影响。对温泉、地下水等，徐霞客也都有一定的科学认识。

在徐霞客对地理学的一系列贡献中，最突出的是他对石灰岩地貌的考察。他是我国，也是世界上最早对石灰岩地貌进行系统考察的地理学家。欧洲人中，最早对石灰岩地貌进行广泛考察和描述的是爱士培尔，时间是1774年；最早对石灰岩地貌进行系统分类的是罗曼，时间是1858年，都比徐霞客晚了一二百年以上。

徐霞客不仅对地理学有重大贡献，而且在文学领域里也有很深的造诣。他写的游记，既是地理学上珍贵的文献，又是笔法精湛的游记文学。他的游记，与他描绘的大自然一样质朴而绮丽，有人称赞它是"世间真文字，大文字，奇文字"，这一点也不过分。读他的游记，使人感到是真与美的享受。大自然雨、雾、晴、晦的千变万化，山、水、树、岩的千姿百态，再现在徐霞客的笔端，仿佛使我们也随着徐霞客的足迹，跋涉奇峰峻岩、急流险滩，置身于祖国的秀丽山河之中，为之陶醉，为之骄傲，心中油然升起对祖国的无限深情。

5. 我国第一位骑自行车单人环球旅行的人——潘德明

潘德明（1908～1976）祖籍上海南汇，出生在离上海不远的邻省浙江的湖州城内，父亲是一个"红帮裁缝"，年轻时从上海来到湖州，专门给外国人做衣服。这样，潘德明自小就有了与外国人说话、打交道的机会和经验。小小的潘德明看到湖州城内的外国人都过着十分宽绰的生活,心里常想:为什么中国人这么穷,外国人这么富?要是有一天能亲自到外国去看看该有多好。

16 岁时,潘德明一家返回上海。在南洋高等商业学校读了 2 年书后,潘德明与人合伙在南京开了一家小西餐厅。他每天能接触许多不同国家的外国人,对外面的世界又更加了解了。1930 年 6 月下旬,潘德明偶然在《申报》上看到上海有几个年轻人组织了一个"中国青年亚细亚步行团",立志要以徒步走向亚洲的报道。这个步行团还发表了对公众的宣言,慷慨激昂地疾呼:"在历史上背负了五千余年的文明

潘德明,一个被人们遗忘的英雄

和创造的中华民族,不幸到了近世,萎靡和颓废,成了青年们普遍的精神病态,我们觉得时代的精灵,已在向我们欢呼,我们毫不客气地把这个伟大的重担肩负起来,我们决定以坚韧不拔的勇敢精神,从上海出发,逐步实现我们的目标。在每一步中,我们要显示中华民族历史的光荣,在每一步中,给社会以极深刻的印象,一直到我们预定的全程的终点。"

1896 年,第一届现代奥运会在希腊雅典开幕。此时的中华民族正处在水深火热之中。为洗刷"东亚病夫"的耻辱,为强国强种,许多有识之士不断进取,致力于近代体育的传入、传播,扩展中国的影响———潘德明就是其中之一。

然而,潘德明是一个被人们遗忘的英雄。他的故事应当广为人知,他的塑像应当矗立在中国的某个都市中。但是,他被人们遗忘了。他的故事发生在 20 世纪 30 年代,原本应当很轰动的,可惜那个时代国难当头,战乱频频,这件壮举很快便被突变的风云淹没了。

鸦片战争后,西方列强用炮舰轰开了中国的大门。英国一位军官在日记里惊叹:"没想到版图如此辽阔的东方大帝国,竟这样不堪一击!"

他像一颗巨大而冷寂的流星,在茫茫夜空中悠然闪过,那灿烂的光芒曾令全世界为之瞩目。尽管那时中国已经衰败到极致,但各国元首和

政府首脑依然礼貌地以贵宾之礼接见了潘德明,各国传媒也对潘德明的壮举倍加称颂。

1930 年夏,年仅 22 岁的他,随中国青年亚细亚步行团从上海出发,而后只身徒步和骑自行车周游世界,历经七载,经越 40 多个国家和地区,受到印度甘地和尼赫鲁、"土耳其之父"凯末尔、英国首相麦克唐纳、美国总统罗斯福等国家元首和世界文坛大文豪泰戈尔等的接见和招待,壮丽的业绩为世人所惊叹。据介绍,潘得明异国万里行,足迹遍五洲的志向,少年时代就已经立下了。

年幼的潘德明很喜欢在城里到处跑,父亲称他是"关不住的野马"。1917 年农历正月初一,9 岁的潘德明看到城里人过年的热闹景象,突然想去山中,看看庙宇中的和尚是怎么样过年的?

为了看个究竟,他好奇地只身跑到城外风景秀丽的山庙中。寺院里的僧人盛情地款待了这位小客人。方丈看他天真活泼,兴致勃勃地带他登上山巅游玩。潘德明四下眺望,只见一望无垠的大地,美不胜收;繁华的湖州城,竟成了一个小方块。他不禁嚷道:"这世界可真大啊!"方丈抚摸着小德明的头,意味深长地说:"这世界确实很大。如果你站得再高点,还可以看得更远、更大。但是,不管怎样,你始终不可能把大千世界都看到,因为地球是圆的。早在一千三百多年以前,我们中国有一位玄奘法师。就是你们平时所说的唐僧和尚,他为了去西天取经,走了 17 年,可是,连世界的一半的一半还没有走到呢。"说者无心,听者有意。老方丈的一番话,在潘德明平静的心海中投进了一颗小石子,激起了他要看看这个世界的涟漪。

有谁会想到,当时一个才 9 岁的孩子心中,竟然立下了一个环游世界的壮志。

旧时湖州城头有城墙环抱,俗称"十八里县城"。自从潘德明立下周游世界的壮志以后,为了练就铁脚板,每天金鸡报晓,他便翻身起床,踏着晨曦,爬上城墙,迈着轻松的步伐,把大地唤醒。严寒酷暑,从不间断。开始,他一天锻炼下来,感到浑身酸痛。父母知道了,心疼地劝他别"傻",以免弄坏身体。但小德明每天清晨还是偷偷地起床,顽强地坚持下去。日复一日,年复一年,功夫不负有心人,"十八里县城",他能跑得轻松自如了。

潘德明为了检验自己的锻炼成果,每年暑假父亲上莫干山(湖州地名)给洋人缝衣,他总是跟随前往。莫干山上没有蔬菜供应,必须到山下村里购买。潘德明便请父亲把买蔬菜的任务交给他。父亲担心他年纪小,上山下山几十里路吃不消,可德明硬是争着要去。父亲无可奈何只得让他试试,岂料他由于平时坚持锻炼,脚底生风,上下神速。有人风趣地称他是"小爬山虎"。

少年时的潘德明考虑要周游世界,少不了跋山涉水,不学会游泳可不行。幸好他家门口有条运粮河,因此,就在他打定"周游世界"这个大主意的那年夏天,年仅9岁的他瞒着家里人,独自来到运粮河中戏水,立志征服"水霸王"。在同伴的帮助下,他终于学会了"狗爬式"。这时,他兴奋地跳起来,连忙请邻居凌老先生前来观看他的游泳表演。凌先生被他天真烂漫的样子逗得捧腹大笑,并为他好学上进的精神所感动,于是亲自下水教他学习自由泳。从此,他每天在运粮河中锻炼不止,游泳技术日见长进。

当潘德明学会自由泳以后,为了经得起大风大浪的考验,他还常常相约比他年龄大的同伴跃身湖州城西龙溪江中锻炼。滔滔龙溪江,使他练出了好水性,少年时期有人称他为"浪里白条"。

随着年龄的增长,周游世界的决心越发坚定,为了完成这个宏伟的计划,没有一个好身体是不行的。为此,他在学生时代,十分注意锻炼身体,特别喜欢长跑和跳高。在上小学时,学校里举行体育比赛,他常常夺魁。后来,进入海岛中学,体育成绩更加突出,学校举行运动会,他总是夺得跳高和10000米跑两项第一名。当时,教会学校常举行地区性比赛,他总是为学校夺取跳高和长跑比赛的两项桂冠,因此深受同学们欢迎,大家都尊称他为"长跑健将"、"跳高大王"。

1930年春,中国为数不多的几家报纸在不大显眼的位置登了一条消息,称上海由李梦生发起,有八位青年,组织"中国青年亚细亚步行团",计划分三期徒步走遍亚洲。其中最大的27岁,最小的一个女孩才16岁。《申报》称他们"以一种任重致远的毅力,完成环行亚细亚一周的宏愿,真是非常的豪举!"这八位青年的宣言写道:"在历史上背负了五千余年的文明和创造的中华民族,在他悠久的继续发展中,也产生了不少的冒险家,为我们的历史增加了光荣的材料。不幸到了近世,尤其是我们这个政治社会种种设施尚未走上轨道的现代,萎靡和颓废成了青年们普遍的精神病态。一切坚毅有为、勇敢卓绝的伟大雄图,都从我们青年的堕落生活中被淘汰消失去了!……我们这个小小的集团,虽然人数并不多,财力并不厚,然而我们决心以坚韧不拔的勇敢精神,从上海出发,逐步实现我们的目标。在每一步中,我们要显示中华民族的光荣。要在每一步中,给社会以极深刻的印象,一直到我们预定的全程终点。"

读了这血气方刚的宣言,已是青年的潘德明不能平静了。

得知八位青年勇士准备步行环游亚洲的消息后,潘德明萌生了一种强烈的冲动,要汇入到这振奋民族精神的行列中去。经写信征得父亲的同意,迅即赶往上海。可步行团已于1930年6月28日出发,踏上了徒步环游的征程。他又马不停蹄乘车赶到杭州,终于赶上了步行团。潘德明慷慨陈词,要求加入。可是,真正走了一段路,步行团的成员才晓得激昂的宣言和实践的劳苦是两码事。尽管此时已经被新闻界"炒"得十分郑重庄严,其中的冯冰魂、崔小琼等三人还是难耐其苦,先后告退,而潘德明却成了步行团的新成员。10月中旬,步行团到达广州,先后又有黄越等人退出。此时只剩下三人:李梦生、胡素娟和潘德明。办完离境手续,三人于1930年11月21日乘船到达越南海防港。炎热的气候和旅途的劳顿,无疑是更为严峻的考验。步行至西贡(现胡志明市),李梦生和胡素娟病倒了。潘德明等了一段时间,见两位队友缠绵病榻,并准备打道回府后,全团竟只剩下最后一个加入该团的潘德明了!他的思想发生了激烈的斗争:退回去,还是走下去?

退回去,就意味着这次行动的完全失败,新闻成了丑闻,势将遭到国人和各方舆论的嘲笑,如果就这样给中华民族被外国人称为"东亚病夫"增添耻辱的筹码,还不如当初就不做,不发宣言。经过一番思考,潘德明做出了一个悲壮的抉择:言必信,行必果。哪怕就剩我一个人,哪怕死在半路上,也要坚决走下去。他的热血沸腾了,那八个伙伴的退缩更加激发了他的豪情。潘德明决定要来个更伟大的举动;索性走出亚洲,环绕地球一圈!

他越过越南边境,经金边横穿柬埔寨进入泰国。去曼谷的路很难走,有1/3的路程他要推着或扛着脚踏车走路。之后,他沿着马来半岛南行,经吉隆坡,于3月13日抵达新加坡。在那里,潘德明受到了各界

1931 年元旦,潘德明买了一辆英国产的兰翎牌脚踏车。他身穿已日见褴褛的童子军服,告别昨天的伙伴,深情地望了一眼身后的道路,昂然前行了

探索自然丛书

特别是华侨界的隆重欢迎。新闻界做了大量的报道,多数对他的英雄壮举倍加称颂,但也有暗讽他"硕果仅存",准备"拭目以待"的。《星洲日报》的大标题为"亚细亚步行团分崩离析,只剩潘德明独步世界各区"。因各界名人题词比较多,潘德明请人制作了一本 4 千克重、8 开的《名人留墨集》题词纪念册。他在扉页上自述其志:"余此行乃以世界为我大学校,以天然配人事为我之教科书,以耳闻目见、直接的接触为我之读书方法,以风霜雨雪、炎荒烈日、晨星夜月为我之奖励金。德明坚决地一往无前,表现我中国国民性于世界,使知我中国是向前进的,以谋世界之容光,必欲达到目的而无退志。"

新加坡华侨巨商,人称"万金油大王"的胡文虎先生首先在上面题词:"我希望全世界的路都印着你脚车的痕迹。"并慷慨解囊相助。当时的中华民国驻新加坡总领事题词为:"万里壮游。"

徒步环绕地球一圈,不但是中国人的第一次,而且还是人类史上的第一次,他怀着为中华民族争光,替"东亚病夫"雪耻的壮志,踏上了漫漫征程。

从大洋洲,潘德明乘船到了印度尼西亚。他最初的计划是访印度尼西亚后去日本,从日本返国。但其时日本已侵占我国的东三省,军国主义气焰嚣张。他决定不临日本国土,以示抗议。他渡海仍到新加坡,至此,潘德明实际已完成"环球一圈"的伟大目标。

潘德明从新加坡到马来西亚,穿过其中部山高林密布、人迹罕至的地带,到达遏罗。在其北部重镇清迈市,一位80多岁的老华侨热心地为他画了一张前往缅甸的路线图,潘德明便循着这条路线进入缅甸,由缅甸入境来到云南。1936年6月,潘德明终于回到了阔别多年的祖国。

潘德明在云南停留了相当长的时间,然后,入湖南沿长江顺流而下,过湖北、江西、安徽、江苏,于1937年7月返回上海。至此,潘德明历尽千辛万苦,延续七载,行程数万里,经过40多个国家和地区的环球旅行正式结束。

7年的世界之行,其艰难困苦的程度是可以想象的:酷暑严寒、水土不服、疲劳过度、经济拮据,更加上还有来自自然和人为的各种各样的危险。但另一方面,潘德明也得到了周游世界的巨大收获:他得以饱览了沿途各国的奇情胜景,受到了各国人民,尤其是海外华侨的热烈欢迎,并且还获得了许多国家名人政要的礼遇。这些名人政要有印度圣雄甘地、诗哲泰戈尔、美国总统罗斯福、土耳其之父凯末尔、瑞典大探险家斯文·赫定、新加坡巨商胡文虎,还有英国首相、希腊首相、法国总统、瑞士总统、挪威国王、保加利亚国王、澳大利亚总理等许许多多人,他们亲自接见,或予勉励,或给题辞,或赠财礼。

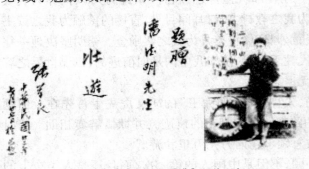

张学良在《名人留墨集》上的题词

在印度,世界文豪泰戈尔与前来拜访的潘德明一起合影留念,他对中国和亚洲的未来充满了信心,他对潘德明说:"我相信,你们有一个伟大的将来;我相信,当你们的国家站立起来,把自己的精神表达出来的时候,亚洲也将有一个伟大的将来——我们都将分享这个将来带给我们的快乐。"印度国大党领袖圣雄甘地送给潘德明一面亲手用粗麻布织成的印度国旗和一张签名照,给潘德明留作纪念,甘地还流着泪对潘德明说:"中印两国山水相邻,又都是人口众多、饱受列强欺负的国家,这一方面是由于近代政治的腐败,一方面是由于经济的落后,希望我们两国迅速地自强起来。"

希腊首相维尼各罗斯在接见潘德明时这么说:"我从你身上看到了东方古国的觉醒。"法国总统莱伯朗也由潘德明的壮举出发,对中国的辉煌未来作出了完全的肯定,他深情地对潘德明说:"对于你的壮举,我想用法国之雄拿破仑的一句话奉送:'中国是一个多病的沉睡的巨人,但是当他醒来时,全世界都会震动'。"世界大探险家斯文·赫定十分钦佩潘德明环游世界的壮烈之举,他与来访的潘德明从上午一直谈到黄昏,分手时,他热情地把自己设计的一种特殊的旅行包赠送给潘德明。在美国,第 32 任总统罗斯福亲自接见潘德明,并赠送他一枚金牌。罗斯福对潘德明震动世界的奋斗精神予以高度的评价和热情的鼓励。他对潘德明说:"这是美国人民赠送给你的,你应该享有荣誉,荣誉永远属于有奋斗精神的人。旅行家先生,希望你在今后的旅途中再勇敢些。"

潘德明自制的《名人留墨集》珍贵之极。全集共 260 页,里面有中外名人用世界各种文字书写的签名和题词,包括 20 多位国家元首和政府首脑的亲笔手迹,以及世界各地 1200 多个组织团体和个人的签名题词。此外,集中还盖有潘德明所到各地大量的地方邮戳。

在潘德明返回上海的第二天,七七"芦沟桥事变"爆发,为时 8 年的中日战争开始。在日益险恶的环境中,潘德明试图探险青藏高原和其他的旅行计划均未能实现。

以后潘德明一直定居在上海,一段时间曾在联合国善后救济总署上海办事机构中任普通职员。再以后,他长期处于失业和个体劳动的状态,靠熨烫衣服和画宫灯养家糊口。解放后曾在昆明益兴汽车材料行工作,生活困苦惨淡。

他有 6 位子女,多为画家,大儿子潘薇生,二儿子潘荷生,三儿子潘蓢生,四儿子潘芹生,五儿子潘芸生。女儿潘芝。孙子潘晓峰,潘博,潘溯。孙女潘申申。1976 年 10 月 18 日,他风闻"四人帮"倒台,大喜过望,因多喝了几杯酒突发心肌梗塞而辞世,终年 68 岁。

探
索
自
然
丛
书

6. 中国历史上第一位职业探险家——刘雨田

刘雨田

刘雨田,1942 年 2 月 26 日生于河南省长葛县,原是新疆乌鲁木齐铁路局机关的一名干部。面对外国人的挑战,1984 年 5 月,他毅然舍弃一切,开始徒步万里长城。经过一年多的艰苦跋涉完成壮举,成为世界上第一位徒步万里长城的人。之后,他又徒步走完丝绸之路、黄土高原、新疆罗布泊、攀登格拉丹冬和昆仑雪山、考察神农架野人、喜马拉雅雪人、绒布冰川、沿喜马拉雅和雅鲁藏布江旅行、试登珠穆朗玛峰、三次穿越塔克拉玛干和古尔班通古特等中国五大沙漠。至今他已经完成 43 个考察旅行探险项目。足迹遍及祖国大陆的山山水水,世界数百家报刊、杂志、电视台报道了他的探险事迹,人称他为“20 世纪世界罕见的旅行家、探险家”。

刘雨田拍摄了 1 万多张黑白彩色照片,写下了 200 多万字的探险日记,内容涉及政治、历史、地理、文学、哲学、艺术、气功和考古等各种领域,他的几部作品已陆续发表,曾多次获得全国大奖,有的还作为爱国教材选进初中课本,待出的书目是《长城漫记》《丝路纪行》《神秘的罗布泊》《穿越死亡之海》《世界第三极探险记》《探险生涯》等。

刘雨田徒步探险完成的 43 个考察旅行探险项目是:

1. 徒步万里长城(1984.5.13 ~ 1986.4.5)

2. 穿越巴丹吉林大沙漠(1984.5)

3. 穿越腾格里大沙漠(1984.8)

4. 穿越贺兰山考察岩画(1984.10)

5. 穿越毛乌素大沙漠(1984.11)

6. 穿越黄土高原(1984.11)

徒步万里长城时的刘雨田

7. 圣地行,纵贯黄土高原(1984.11)

8. 徒步丝绸之路(1985.3.3)

9. 翻越六盘山(1985.4)

10. 翻越乌鞘岭(1985.6)

11. 考察疏勒河故道(1985.7)

12. 徒步罗布泊(1985.8)

13. 考察库鲁克羽状沙漠(1985.9)

14. 考察燕山山脉(1985.11)

15. 考察上古元界地貌(1986.2)

16. 考察黄子保护区(1986.3)

17. 穿越古尔班通古特和准噶尔盆地(1986.11)

18. 考察阿尔泰山(1987.2)

19. 两次穿越死亡之海塔克拉玛干沙漠和塔里木盆地(1987.4)
    (1987.10.25－1988.2.7)

20. 考察刀朗王国(1987.5)

21. 第三次穿越死亡之海(1988.12)

22. 考察穆孜塔格山(1989.1)

23. 考察天鹅湖(1987.7)、(1989.7)

24. 考察尤尔都斯草原(1989.7)

25. 考察巩乃斯谷地(1989.8)

26. 考察秦长城越长城(1990.2)

27. 穿越鄂尔多斯台地(1990.3)

28. 翻越大青山(1990.5)

29. 考察神农架野人(1991.5)

30. 考察阴山岩画(1991.7)

31. 攀登格拉丹冬雪山(1991.7)

32. 考察昆仑山冰川(1991.8)

33. 攀登玉珠峰雪山(1991.8)

34. 考察雅鲁藏布江大转弯(1991.8)

35. 攀登多雄拉雪山(1991.9)

36. 考察墨脱立体自然景观(1991.9)

37. 考察藏东原始森林和热带雨林(1991.9)

38. 考察喜马拉雅雪人(1991.9)

39. 穿越帕龙天险(1991.9)

40. 考察绒布冰川(1991.12)

41. 试登珠穆朗玛峰(1992.1)

42. 进入尼泊尔(1991.11)

43. 考察卡拉麦里山(1992.7)、鸣沙山、野生动物保护区、将军戈壁、野生胡杨林、硅化谷、恐龙谷、魔鬼谷

7. 徒步全程考察西南丝绸之路的第一人——邓廷良

邓廷良,男,藏族,青海果洛人,1943年生于重庆,著名历史学家、人文学家、探险家。四川省科学探险协会副主席,协会创始人之一。中国科学院研究员,主要致力于人类学,少数民族语言、文化、宗教与历史方面的考察与研究。

邓廷良

邓廷良教授为研究中国西部少数民族各部族的历史与文化,自20世纪60年代起,每年都有不少时间只身耗在雪山草地之间,在旷野、丛林、

邓廷良的著作《千碉净土》

河谷、山麓拜访犷悍或和蔼的部族居民。他先后在民族地区度过了十几个春节,有时甚至整年不归,人称"牦牛"教授。他还是中国徒步全程考察西南丝绸之路的第一人。是研究"南丝路"、"茶马古道"、"蒙军入滇"、"横断山民族走廊"、"华夏文明起源"等领域的权威。

邓廷良教授诗、书、画、散文具佳,且有着康巴汉子特有的豪爽、率真与刚毅,极富人格魅力。他的"关注地球,关注生命"的人文关怀思想影响甚广。30年来,

他用坚实的双脚不断书写、记录着人类发展艰辛历程的史书,他告诉我们在现代都市以外,人原来可以与自然和谐地共生,质朴简单的生活也展现着五彩缤纷的人生。作为现代中国探险家的典范,邓廷良教授主持策划了协会的"西南丝绸之路电视片拍摄","炎黄子孙大型系列画册"、"黑竹沟科学探险"等多项主题活动。如今,年过六旬的他依然活跃在协会活动的最前沿。

邓廷良先生除了探险外,剩余的时间大部分都在高校里任教。作为历史学、民俗学的资深专家,同时作为有深厚艺术造诣的书法家、雕塑家和美术教育家,他先后在北京大学、四川大学、西南师范大学、重庆美术学院、四川音乐学院等多所大学被聘为教授、博士生导师,以其渊博的知识,认真、翔实的考察经历,幽默的谈吐,经常赢得学生的满堂喝彩。

8."当代徐霞客"——余纯顺

有"中国的托马斯"、"当代徐霞客"之称的余纯顺是一位罕见的传奇人物。他自 1988 年 7 月 1 日起开始"孤身徒步走访全中国",至 1996 年 6 月像一尊"倒下的铜像"在罗布泊遇难。他在 8 年间克服千难万险,风餐露宿,跋山涉水,走访了祖国 33 个少数民族主要居住点,完成了 59 个探险项目,总行程已达 4.4 万千米(接近了阿根廷人托马斯的 4.5 万千米世界纪录),其中尤以他前后用一年半时间,冒着泥石流、雪崩、高原反应等不断穿越海拔 5000 米左右的"生命禁区",创下人类史上第一个孤身徒步考察"世界第三极"——

余纯顺

青藏高原的纪录而震惊海内外,著名作家余秋雨曾为其遗作写序言。

余纯顺(1951~1996),上海人,中国探险家。其父亲余金山是中医师。1988 年 7 月 1 日,余纯顺开始孤身徒步全中国的旅行、探险之举,

余纯顺在罗布泊庄严地走完了他不平坦的人生之路。身后也不平静,墓被盗,墓碑被破坏

走遍了 23 个省,行程 4 万多千米;访问过 33 个少数民族;发表游记多达 40 余万字;沿途拍摄照片 8 千余幅;为沿途人们作了 150 余场题为"壮心献给父母之邦"的演讲,尤其是完成了人类首次孤身徒步川藏、青藏、新藏、滇藏、中尼公路全程,征服"世界第三极"的壮举。

1996 年 6 月,余纯顺走到了自己生命的最后一站——罗布泊沙漠。对于徒步探险的人,这是个死亡地带,几乎没有人曾经走过去。余纯顺要徒步穿越,他走进了罗布泊。不久,就发生了一场沙尘暴。余纯顺悲壮遇难。

余纯顺于 1996 年 6 月 6 日下午沿孔雀河北岸向罗布泊出发,6 月 12 日却没有出现在预定地。1996 年 6 月 18 日早上约 10 时 20 分,救援直升机在湖心岛仅 50 多米外的地方(座标为东经 90°19′09″,北纬 N40°33′90″)发现了余纯顺的尸体,确认已死亡 5 天。同日 19 时 35 分,救援队安葬了余纯顺。

一般推测余纯顺死亡的三个重要原因是迷路、缺水、高热,6 月份的罗布泊的地表温度会高达 70 摄氏度以上,加上余纯顺在死前曾大量饮用红酒,造成人体水分蒸发。

在《关于对余纯顺尸体检验报告》中,结论为:"……余纯顺的死因,系在高温环境下缺水而引起急性脱水,全身衰竭而死亡。"解剖后:"胃内未见食物残留及胃液,胃粘膜有小片状褐色出血。"这说明,余纯顺自 6 月 11 日早饭后只补充了少量的水,而没有补充任何食物。

余纯顺在罗布泊不幸遇难的地点,座标为 E90°19′09″,N40°33′90″,彭加木失踪地的座标为 E91°46′71″,N40°11′29″。一个在罗布泊西北,一位在罗布泊东南,两地距离 160 千米左右。他们的遇难和失踪整整 16 年,这给原本就波诡云谲扑朔迷离的罗布泊又罩上了神秘的光环。

9. 身兼三职（探险家、摄影家、作家）的黄效文

2002 年，黄效文被《时代杂志》选为"五位亚洲（探险）英雄"之一，并誉为"中国成就最高的在生探险家"。

探险家黄效文

黄效文是我国著名非牟利机构香港中国探险学会之创办人及会长，该会专从事中国偏远地区之探险、研究、保护及教育工作，为保护中国的自然和文化资源奋斗了 20 年。他在中国大陆的探险工作始自 1974 年。而在 1986 年于美国创会之前，黄效文曾先后 6 次为《国家地理杂志》率领大型探险队，其中一次探险发现了长江之新源头。

黄效文在一次探险旅程中发现长江之新源头

黄效文先生在《国家地理杂志》身兼三职——探险家、摄影家、作家，其文章曾获提名"美国海外新闻协会奖"（Overseas Press Club Award of America）。黄效文的短文集《自然在心》及《文化在心》于 2003 年 11 月面世，以故事及图片描述黄效文在文化和自然两方面的丰富多彩之工作。

2002 年出版的《高原仙鹤》— 以非常个人化的文字和照片记录了

探索自然丛书

《接近天堂》的首发式

黄效文对黑颈鹤保育 14 年的纪实。于 2001 年出版的《跨世纪探险》专辑之《接近天堂》及《边城显影》收集了他在野外探险中所思所写，中、英文并列，亦配以精彩照片展现他的探险世界。而另一本书《从满洲到西藏》"From Manchuria to Tibet"（正确的译名应为《从东北到西藏》——编者注）则于 1999 年荣获美国"洛厄尔汤玛士旅游新闻金奖"。光盘"长江——饮水思源"及"西藏"亦分别夺得 11 个及 5 个国际奖。他的西藏寺庙及壁画修复项目亦在 1993 年获取了"劳力士事业奖"。

黄效文持有多间研究学院的学术头衔，他的工作广为国际传媒报导，包括美国有线新闻网络（CNN），美国广播公司（ABC），商业电视新闻网络（CNBC），探索频道（Discovery Channel）等等。黄效文先生的工作得到了包括路虎（Land Rover）在内的多家国际企业的支持。

黄效文的格言为："值得做，做得好，仍不够，还要有创新。"前两句不外聊以慰藉，最后一句才是挑战所在。

10. 世界首位徒步横越撒哈拉沙漠和古代丝路的人

林义杰（1976 ~　）是我国台湾地区著名的现役马拉松运动员。2007 年 2 月 20 日晚间 22 时 45 分，来自中国台湾的他和美国的查理、加拿大的雷伊，在埃及红海之滨相拥落泪，庆祝这次历时 111 天、行程约 7500 千米的横越撒哈拉大挑战，终于成功抵达终点，这是人类首次写下徒步横越撒哈拉沙漠的世纪纪录。他是第六届中国户外年度金犀牛奖获得者。

他曾获"四大极地超级马拉松巡回赛"总冠军（2006 年），被 2009 年 1 月的美国《时代》杂志（TIME magazine）评为世界最困难的赛事第二名。2006 年 11 月 11 日至 2007 年 2 月 20 日 111 天的时间中，由塞内加

林义杰以111天的时间完成徒步横越撒哈拉沙漠的壮举

尔出发,途经毛里塔尼亚、马利、尼日利亚、利比亚,抵达终点站埃及开罗,与二位队友美国人查理·恩格、加拿大人雷伊·萨哈布一起完成徒步横越撒哈拉沙漠的世界纪录壮举。被我国台湾媒体封为"台湾之光"。

"拥抱丝路"由林林义杰担任跑者队长,大陆跑者白斌、陈军与加拿大友人布罗美尔加入长跑

林义杰担任策划发起人并于 2010 年完成"拥抱丝路"计划,杰出艺人周杰伦也以共同发起人的身份亲自参与,并为该活动制作歌曲(《惊叹号!》)。"拥抱丝路"由义杰担任跑者队长,并邀请大陆跑者白斌、陈军与加拿大友人布罗美尔(Jodi Bloomer)共同加入长跑。自 2011 年 4 月 20 日由土耳其伊斯坦布尔圣索非亚大教堂出发,用整整 150 天的时间横越土耳其、伊朗、土库曼斯坦、乌兹别克斯坦、哈萨克斯坦进入中国,最后与来自贵州的长跑队员白斌于 2011 年 9 月 16 日抵达中国西安,完成这场人类史上首见,以长跑方式横越 1 万千米古丝绸之路的壮举。